四川省科技文献共享服务平台——信息医学大数据特色数据库建设
项目编号：2017TJPT0042

信息医学与医疗信息化

李泰峰　许　毅　主编

电子科技大学出版社
University of Electronic Science and Technology of China Press
·成都·

图书在版编目(CIP)数据

信息医学与医疗信息化 / 李泰峰，许毅主编. -- 成都：电子科技大学出版社，2019.8
ISBN 978-7-5647-7371-7

Ⅰ. ①信… Ⅱ. ①李… ②许… Ⅲ. ①计算机应用－医学②信息化－应用－医疗卫生服务 Ⅳ. ①R319 ②R197.1-39

中国版本图书馆 CIP 数据核字（2019）第 182275 号

信息医学与医疗信息化

李泰峰　许　毅　主编

策划编辑　周清芳
责任编辑　周清芳

出版发行　电子科技大学出版社
　　　　　成都市一环路东一段159号电子信息产业大厦九楼　邮编　610051
主　　页　www.uestcp.com.cn
服务电话　028-83203399
邮购电话　028-83201495

印　　刷　四川墨池印务有限公司
成品尺寸　170mm×240mm
印　　张　14.25
字　　数　280千字
版　　次　2019年8月第一版
印　　次　2019年8月第一次印刷
书　　号　ISBN 978-7-5647-7371-7
定　　价　68.00元

QIANYAN

前言

信息医学是一门基于信息科学、计算机科学、医学、生物学、管理学、工程学，并结合其他应用科学理念和方法的交叉学科。在信息科学与医学交叉的基础上，强调用信息科学与技术促进医学的发展，同时通过借鉴生命过程中的信息原理，在为信息科技的发展寻找新动力的同时，也为医学发展提供新的突破口。

近年来，在医学领域所开展的信息化建设，在医疗研究、医学实践、医学教育科研、医学决策和管理等方面起着越来越重要的作用，各种医疗信息系统，如临床医疗系统、图像处理系统、公共卫生系统和决策支持系统不断进一步完善。基于物联网技术，对实现患者与医务人员、医疗机构、医疗设备之间互动的智慧医疗模式的积极探索和发展，正不断地推动医疗信息化模式创新。目前，电子病历、电子健康档案、医学决策支持系统、生物信号采集与识别系统、医学影像信息系统等对各种医学信息资源进行整合和利用，在为提高医疗卫生水平和诊断效率方面做出了重要贡献。医学信息化的不断推进和普及，在很大程度上转变了人们对于医疗的传统观念，正在深刻而广泛地影响和改变着医学的整体面貌。

本书内容在对基础知识、基本概念进行梳理的同时，关注学科新发展，对理论性较强的部分，辅以丰富的图表，有利于读者加深对理论、概念的理解，结合专业领域的实际应用需求出发，突出专业特色，淡化理论推导，是一本知识内容较为丰富，并适应科普需求的读物。

编　者

2019年7月

前言

目录

CONTENTS

第一章 绪论

DIYIZHANG

第一节 信息科学与信息技术

信息科学，相较于传统科学，是一门较新但发展迅速的科学。其研究对象是信息，研究内容是信息的运动规律，主要研究目标是拓展人类的智力和信息功能，主要研究方法是信息科学方法论。随着该学科的发展，现代科学以及它所体现的以物质、能量和信息为中心的观念，逐步取代了传统科学及其所体现的以物质、能量为中心的观念。不仅如此，社会科学的各个领域，多多少少地融入了信息科学的概念、理论和方法，信息科学和其他社会科学、自然科学之间的边界越来越模糊，成为新兴的交叉学科。事实上，在哲学、经济学、社会学、管理学、人文科学的研究过程中，其研究方法、研究路径等得到信息科学的启发和助力。在信息科学理论的启迪下，一大批信息技术，包括感测技术、通信技术、计算机技术、智能控制技术等也迅速成长起来，成为当代新科学革命的中流砥柱和核心。这一切都有力地表明，信息科学的兴起已经对现代人类文明的进步产生了巨大的影响。

在本部分中，首先对信息科学是什么做一个概略、总体的认识，其次再对信息科学所蕴含的概念、原理和方法进行讨论。

第一，信息科学的概念是什么？

第二，信息科学的研究范围、研究内容和体系是什么？

第三，信息科学具体有哪些研究背景？

第四，信息科学的起源和发展是怎样的？

第五，人类的生存和发展与信息科学之间的联系和意义何在？

一、信息科学

信息科学是一门以信息作为研究对象的，借助于计算机技术，对信息的运动规律和运动方法进行研究，致力于拓展人类智力的新兴综合性学科。简单来说，信息科学就是研究信息及其运动规律的一门科学。

（一）信息科学的研究对象

信息科学的主要研究对象就是信息，这是它与其他学科最大的、最显著的区别，也是其中一个根本特点。也就是说，其特殊的研究对象和特点，是保证它能成为一门独立学科的基本前置条件。

从信息的本体论意义方面来看，它是事物运动的方式，这种方式包含了其状态和状态如何进行变化；从信息的认识论意义方面来看，它是认识主体——人类所感知、表述的事物运动的方式和事物的状态。无论是客观外部世界的客体实在，还是主观世界中的精神现象，在这里均属于“事物”；而物体在空间、时间中的位移和变化，以及其他一切意义上的变化，在这里均属于“运动”；事物在特定时空中的特性、状态和形式就是“运动的状态”；随着时空的变化，事物改变自身的式样和规律，这就是“运动的方式”。基于前文所描述的信息概念，可以梳理出若干基本的认识。

第一，信息属于普遍存在的研究对象之一。无论是在思维范畴还是在人类客观世界中，均有信息。有事物就有运动，有运动就有事物运动的状态和方式，这就是本体论意义的信息。

第二，从概念上看，信息与物质之间，既有联系又有区别：物质承载着信息，信息的来源是物质的运动，但信息并非事物本身，不可等同，它只是描述了事物运动的状态和方式。

第三，信息和能量的概念既相关又有差别：信息需要借助能量才能得以传递，而控制能量又需要信息；但是，事物运动的状态和方式是通过信息表现出来的，物体工作的能力表现为能量，能量与物质存在本质不同。

第四，从本体论意义来看，由于事物运动的状态和方式表现为信息，而从认识论意义来看，认知主体感知或表达的事物运动的状态和方式包含于信息范畴，因此，认知主体要想理解某件事物，就必须通过获取相关的信息，也必须通过获取、掌握信息，才能对事物进行改造。

当然，还可以从上述的信息概念中引出更多的结果。但目前，我们只需要认清上面四点，即：信息普遍存在；信息不同于物质；信息不同于能量；信息作用巨大。根据这四点认识，我们就可以很自然地得到下面的重要结论。

第一，既然信息对于人们认识事物（世界）和变革事物（世界）是十分必要的，那么，为了能够更好地完成认识世界和改造世界的使命，对于信息问题，就有必要进行深入研究。

第二，由于信息是普遍存在于客观世界的，那么，作为研究对象的信息，人们对其研究的意义就非常具有普遍性。

第三，对信息问题的研究就自然成为一门独立的学科，因为信息既不等同于物质，也不等同于能量。

这里有两个问题值得思考：

第一，既然上述结论表明信息问题的研究对人类认识世界和改造世界具有十分重要的意义，那为什么在人类进入20世纪中叶以前，信息科学一直没有放到“议事日程”上来?关于这一点，将在本章后半部分做出深入的解释。

第二，信息科学是具有独立性的。信息科学被认为是一门独立的科学，就是因为其研究对象——信息，具有区别于物质和能量的独立性。一般来说，诸如物理、地球科学、化学、天文学、生物学等这些自然科学的基础研究对象是物质和能量的不同层次和形式，相应的，天体物质、地球物质和生命物质，以及它们的物质结构，和它们所包含的机械、化学、生物能量的转换规律，就成为这些学科的主要研究内容。虽然在上述学科领域中，各种具体研究对象中存在着不同程度的信息问题，但传统自然科学所关注的问题，只是物质和能量。例如，目前在对生命遗传及思维的研究方面，传统的自然科学研究者们利用物质结构和能量转换的观点来研究遗传和思维的关键机制是信息过程。因此，采用生物解剖这种传统经典的方法常常在揭示问题的本质方面遇到重重困难。现在，信息科学把信息作为一个新的研究对象，将其推向科学的舞台。信息本身是一个独立的对象，它不仅不同于物质，也不同于能量。因此，信息科学的研究必然形成一门与传统科学有着显著差异的新科学。

（二）信息科学的研究内容

研究信息的运动规律是信息科学的研究内容，这是由该学科自身所特有的新的独立的研究对象和研究领域所决定的。信息的哪些运动规律被信息科学研究，并且该学科是基于什么样的背景下进行研究的呢？通过图1.1.1，我们可以用抽象的方式表示出信息问题的一般模型。

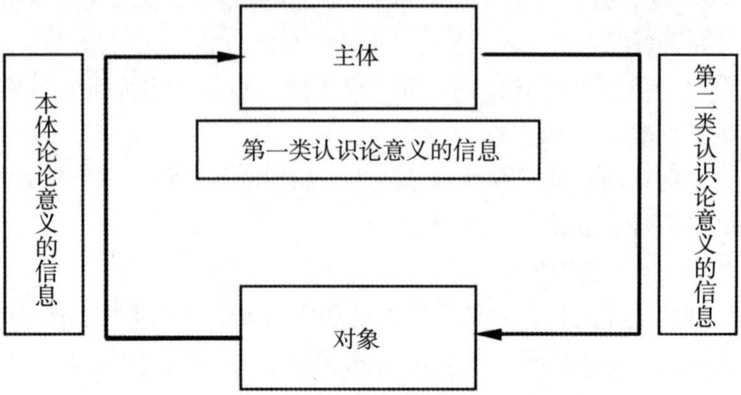

图1.1.1　信息科学研究内容的抽象模型

从图1.1.1中可以看到，信息把认识对象和认识主体联系在一起，并构成一种抽象的系统：本体论意义的信息——对象/事物运动的状态和方式；认识论意义的信息——被主体所感知的该对象/事物运动的状态和方式，为了方便区别，我们称之为第一类认识论意义的信息；第二类认识论意义的信息，是由主体所表述的主体思维运动的状态和方式，或者亦可称为主体的意志，也是一种认识论意义的信息。

这个模型的抽象过程包含了一些重要方面：

首先，本体论意义的信息是由对象产生的，这一过程被称为“信息的产生”。其次，第一类认识论意义的信息，是由本体论意义的信息转变而成的，这一过程被称为“信息的获取”。再次，第二类认识论意义的信息是由第一类认识论意义的信息转变而成的，这一过程被称为“信息的再生”。最后，对象客体被第二类认识论意义的信息作用，从而，对象的新运动状态和方式由此产生，这一过程被称为“信息的施效或利用”。

以这个抽象模型为背景，信息科学所要研究的信息运动规律至少包含信息产生、信息获取、信息再生、信息施效或利用四类规律。

但是我们注意到，图1.1.1实际上是一种动态的、自发的学习、组织和适应的过程，因此，在一个复杂的、主客观相互作用系统中，还必须包含信息传递、信息系统优化或自组织以及信息过程智能化的规律。

在图1.1.1的基础上，对这一抽象模型再进一步丰富化，就可以形成如图1.1.2所示的“人类认识及改造世界”的典型模型。

与图1.1.1的抽象模型相比，图1.1.2典型模型中“主体”的内容大大地丰富和具体化了。图1.1.2中的“信息识别”“信息变换”“信息传递”“信息存储”

“信息检索”“信息处理”“信息表示”“信息检测”等单元在大多数情况下是不可或缺的。有了这些单元，主体才能真正实现对对象进行认知，进而对对象做出修改甚至变革等一系列活动。具体来说，这些单元的作用如下。

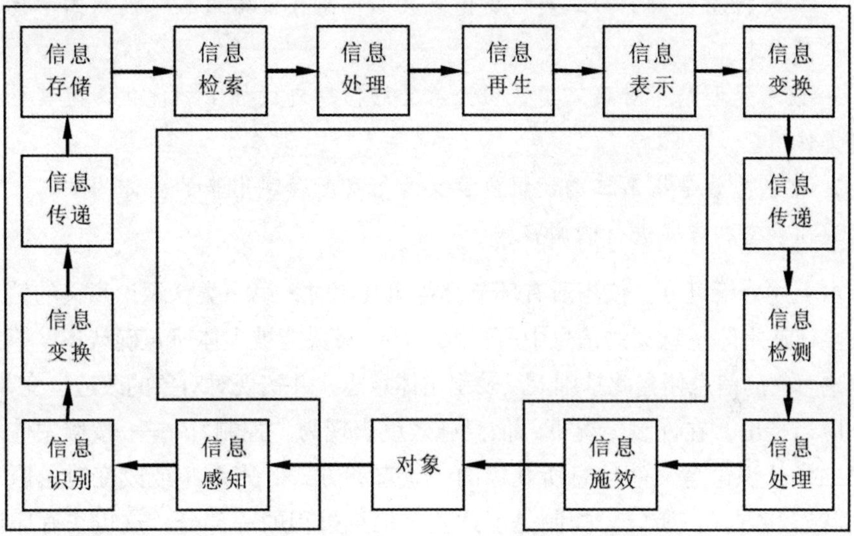

图 1.1.2　人类认识世界和改造世界的典型模型

➢ 信息感知是指将本体论意义的信息转变为第一类认识论意义的信息。

➢ 信息识别是指辨识和分类所感知到的信息。

➢ 信息变换是指为了便于下一步的传递，预先对识别出来的信息做适当的变换，或对信息的载体进行变换。

➢ 信息传递是指为了使用，将信息所在的空间位置进行转移。

➢ 信息存储是指为了便于检索，对收集到的信息，以适当的形式进行存储。

➢ 信息检索是指能够在需要使用信息的时候，能以高效、准确的方式取得预先存储的信息。

➢ 信息处理是指通过注入分析、比较和计算等一系列有针对性的适当处理，使得在大多数情况下不能直接使用的信息变得可用。

➢ 信息再生是指对信息经过抽象化处理，以获取其规律性，也称为本质的信息，主体再基于此形成主体自身对对象的策略，也就是对第二类认识论意义的信息进行再生。

➢ 信息表示是指主体通过适当方式，将再生出来的第二类认识论意义的信息表示出来。

➢ 信息变换，这里的信息变换的作用与前者类似，也是为了利于后续的传递，对以某种方式表示的第二类认识论意义的信息进行变换。

➢ 信息传递，同样与前类似，即把经过变换的第二类认识论意义的信息，从主体所在的空间某位置，转移到对象所在的空间另一位置。

➢ 信息检测是指把第二类认识论意义的信息在传输过程中混入的干扰，过滤、分离出来。

➢ 信息处理是指对第二类认识论意义的信息进行加工和优化，使其更有效地发挥作用。

➢ 信息施效是指第二类认识论意义的信息所表现出来的主体的意志，对对象的运动状态和方式进行的调整。

由上述分析可见，仅当所有环节都各司其职时，第一类认识论意义的信息才能被主体从本体论意义的信息中所提取，从而对象能被主体所正确认识，第二类认识论意义的信息便在此基础上反映出主体意志，并实现对对象的改造、变革。

应当指出，在许多情况下，信息施效就表现为"控制"。——按照主体发出的第二类认识论意义的信息所规定的"状态和方式"来调整或改变对象原来的运动状态和方式。所以，控制是上述整个信息过程的一部分。这也正好印证了控制论的奠基者维纳（N·Wiener）的一个重要论断：

"控制工程的问题和通信工程的问题是不能区分开来的，而且，这些问题的关键并不是环绕着电工技术，而是环绕着更为基本的信息概念。"

"因此工程中的控制论，不论是关于人、动物还是机器，都不过是信息理论中的一部分罢了。"

维纳的这些论断和分析，表明了控制与信息的关系，以及控制理论与信息科学的关系。

还应当指出，无论是图1.1.1的抽象模型还是图1.1.2的典型模型都非常清楚地表明：整个信息过程总是始于对象初始运动的状态和方式，终于对象终了运动的状态和方式。后者是主体所期望的对象的运动状态和方式，因此可以称之为主体的目的状态和方式。整个信息过程就是不断地控制对象，使它逐渐由初始的状态和方式转移到目的的状态和方式。于是，从主体的立场来看，整个信息过程实质上就是对于对象的运动状态和方式进行优化的过程；或者，如果我们把"对象"看作是某种"系统"，那么，这个信息过程实际上就是利用信息通过控制（即信息的反作用）来优化系统的过程。

这样，图1.1.2的典型模型就可以化为图1.1.3所示的另一种变形模型。对该模型的具体解释是：当主体与对象/系统进行交互时，主体认识系统的初始运动状态和方式，是通过获取和处理信息；在处理和获取信息的基础上，对第二类认识论意义的信息进行再生；通过特定规范和方式，将系统的初始状态转变到预先确定了的目的状态；控制的作用，是通过对信息的理解、消化，根据信息执行并将系统引导至既定的目的状态，由此，对象因主体所施加的作用，从而完成被改造、被变革的过程。

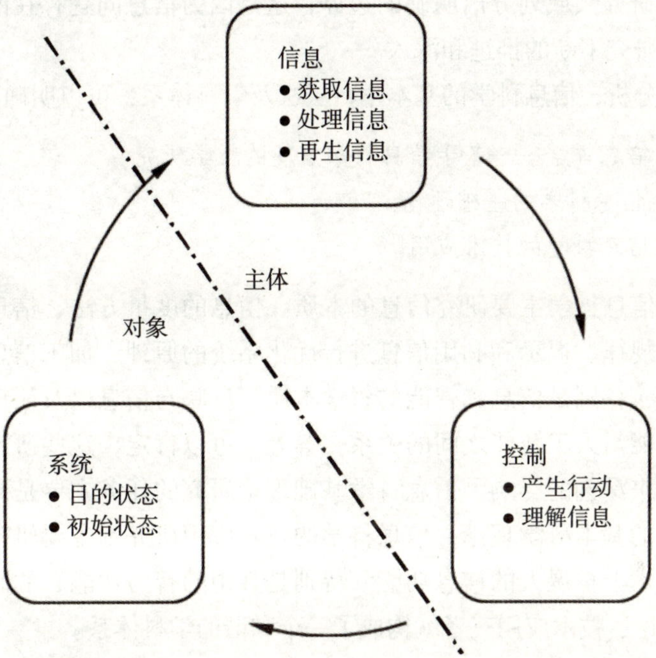

图 1.1.3 信息科学研究内容的另一种模型

如前所述，在获取、处理、再生和理解信息等过程中，主体应当具有智能，且主体智能水平越高，相应的信息过程就越有效。反之，则越差。因此，智能乃是认识世界、改造世界这类信息过程的基本特征。实际上，智能本身也并不是什么神秘的东西，它在本质上正是一种利用信息的能力。

这样，由图 1.1.1 ~ 图 1.1.3 的各个模型可以归纳出以下五个方面的内容，也是信息科学的主要研究内容。

（1）研究、讨论信息的本质及其基本概念。

（2）以数值为切入点来探讨信息的度量方法。

（3）阐明信息的感知、信息的识别、信息的变换、信息的传递、信息的存储、信息的检索、信息的处理、信息的再生、信息的表示、信息的施效/控制等，以及这些过程的一般规律。

（4）通过揭示和利用信息，对系统的原理进行描述，并找到优化的方法。

（5）对信息进行加工，以此来寻求生成智能的方式和机制。

可见，香农（C.E.Shannon）的信息论所研究的范围，已远不如目前信息科学的研究领域，它已深入到了认知科学、控制论科学、协同理论、系统科学、思维科学、耗散结构理论以及人工智能理论等领域。从实际情况来看，研究者们无法为其研究领域划分出明确的边界，这是因为信息问题存在的普遍性以及随着时间和研究不断的推进和深入。

由上文分析，信息科学的基本学科层次及学科体系，可以明确如下：

- 研究信息哲学——基于信息科学角度的哲学研究。
- 研究信息科学的基础理论。
- 研究信息科学的技术应用。

其中，信息哲学主要研究信息的本质、信息的度量方法、信息运动一系列过程的一般规律、揭示和利用信息进行优化系统的原理、加工信息等方面涉及哲学的问题，特别是信息和智能的哲学本质、反映与信息以及认识与信息的关系、人类智能与人工智能之间的关系，等等。可以肯定，这些研究的突破将给传统哲学带来深刻的影响。信息科学基础理论研究的任务主要是研究上述五项内容所涉及的基本科学理论，信息科学的技术应用研究则主要研究如何应用这些理论在技术上扩展人的信息功能（特别是其中的智力功能）的问题。信息哲学、基础理论、技术应用三者就构成了一个和谐的学科体系。

（三）信息科学的研究方法

值得注意的是，在信息科学的研究过程中已经形成了信息科学方法论，这是因为它的研究对象非常独特，研究内容具备完全的新颖性，具备一套相当完善的科学方法论体系。

正是因为信息科学独特的对象和完全新颖性的内容，因此，它必须建立适合研究对象、研究内容的科学方法论，而不是依靠传统的自然科学方法论，否则，它就无法完成该学科领域的研究使命。

在通常情况下，生物、人类及其智力活动和人类社会，以及模拟前者的精密仪器系统等，这些事物的结构非常复杂，一般都具备着普遍的高级运动形式，如果仅靠物质观点或者能量观点，是无法弄清楚其物质结构的，并且这些事物的运动本质，也无法仅通过其所包含的能量转换关系所表现出来，因此，这也是传统的自然科学方法论无法完全发挥作用的原因之一。在信息科学的研究范畴中，引入了信息这个概念后，对于物质和能量之间的运动现象，通过基于信息的观点和方法去探求问题解决方法，对这些现象就能够通过信息的支配性对其进行解释，由此，信息科学方法论的出现，无论从研究的原因上看还是从研究的结果上看都是必然的。

信息科学方法论体系主要包括信息的分析法、综合法和进化法三类方法，以及功能性和整体性两个准则。在信息科学方法论的完整体系中，三个方法处于核心地位，两个准则是使得信息方法能够正确实施的重要保障。

信息科学方法论体系中的方法，简单来看，其基本含义是：在对高级的、复杂事物进行研究时，不从物质或能量的观点出发，而应当从信息的观点出发，通过分析该事物的复杂工作机制中所包含的信息过程，揭示其蕴含的奥秘，从而这些高级、复杂事物的各类行为和运动，就能够通过与之相适应的信息模型以及适当的技术手段来模拟、甚至重现。因此，信息科学方法论体系中的方法有三层含义：分析法、综合法和进化法。分析法能够对高级复杂事物的工作机制问题进行认识，综合法能够对高级复杂事物的工作机制进行实现，进化法能够对高级复杂系统进行优化与完善。信息始终贯穿在“认识—实现—完善”这一过程的始终，因此，这一过程是该方法论体系核心。

信息科学方法论体系中的方法处于核心地位，方法和准则互为统一。因为是信息科学方法论体系中的方法为现代科学的探索打开了一扇新的大门，使人们得以从二元（物质和能量）的传统方法论观念中解脱出来，从而使许多用传统方法无法突破的难关豁然洞开，使许多高级复杂的问题有了解决的希望。而且，从一定的意义上也可以认为，实施信息方法必然要引出的结果，即为功能准则和整体准则。

（四）信息科学的研究目标

信息科学的研究目标是扩展智力功能，也是信息科学定义中的最后要点。

根据信息科学研究的内容以及图 1.1.1、图 1.1.2、图 1.1.3 所示的各个模型，可以很明确地得出：（1）主体（人和生物）获取、传递、处理、再生、施用信息等过程的内在机制，会随着不断深入的信息科学研究而逐步被阐明，诸如遗传、思维等这类高级复杂信息过程的奥秘就有望被解开，研究前景也逐渐变得明朗和乐观；（2）人们通过机器对信息过程的机制进行重现的方法探究会越来越有效，甚至还能对某些机制的工作性能进行优化和改善。人们的研究结果，必然会促使各类高级人工智能信息系统的产生，同时人们也会借助于它们的优异性能，对人类的智力功能进行助力、增强和扩展，即获取、传递、处理、再生、施用信息功能。

一旦信息科学把主要研究对象——信息，确定了，把主要研究内容——信息运动规律，确定了，并进行深入研究，那么对人类的信息功能，尤其是智力功能的拓展和强化这个目标是必然会实现的。

综上所述，信息被信息科学前所未有地推到了科学的聚光灯下，至此，信息与物质、能量三足鼎立，科学的宝库因其崭新的思想和方法而变得更加丰富，这也是信息科学和其他传统科学的显著区别。信息科学的出现并迅速发展，将信息、能量和物质为中心的现代科学观念，逐步取代了传统的以物质和能量为中心的自然科学观念。它使得以能量为基础的科学，发展成为智慧与能量相结合的科学。它将把传统科学的以解放体力劳动的目的，转化为现代科学的以解放体力劳动和脑力劳动的目的。总之，信息科学的兴起，相当程度地从科学研究的思维方式、科学发展的方向，甚至从内容、结构和发展前景方面对科学进行了变革。

二、信息技术

通常情况下，信息科学和信息技术是相互联系的统一体。因此，在研究信息技术的同时，也离不开与信息科学的联系。在本节中，将简要地讲述一些必要的信息技术基本概念，力求将对信息技术的认识能够比较全面地展示给读者。

（一）信息技术概念及其内涵

为了明确信息技术的概念，需要了解什么是信息和什么是技术。技术并不是从古就有的，也不是永恒不变的。在人类发展的初始阶段，既没有技术也没有科学，人们完全是以赤手空拳来争取自己的生存和发展。人类在认识与改造自然的过程中，为了获得更高质量的生存发展机会，不断地增强自身的力量和各方面能力，并在这个过程中，信息技术得以发展起来。因此，科学技术，甚至更直接的称谓——技术，其本质就是为人类的能力提供辅助和强化。具体来看，科学技术通过延长或强化人类的四肢或器官来实现对人类能力的增强。例如，陆地上行驶的车辆、水里运行的船舰、空中飞行的飞机、火箭等是用来增强或延长人的行走器官的功能，千斤顶、液压钳等各种动力工具是用来增强或延长人的体力和力量功能。

这样，我们就可以从技术的本质意义上对其做明确的定义：信息技术就是能够扩展、延伸、增强人的信息器官功能的一类技术。

那么，人的信息器官有哪些？这些器官各有哪些重要的功能？这些器官功能得以扩展，所依据的主要技术内容是什么？经过分析，人有感觉器官、传导神经网络、思维器官、效应器官等四类信息器官，如图1.1.4所示。

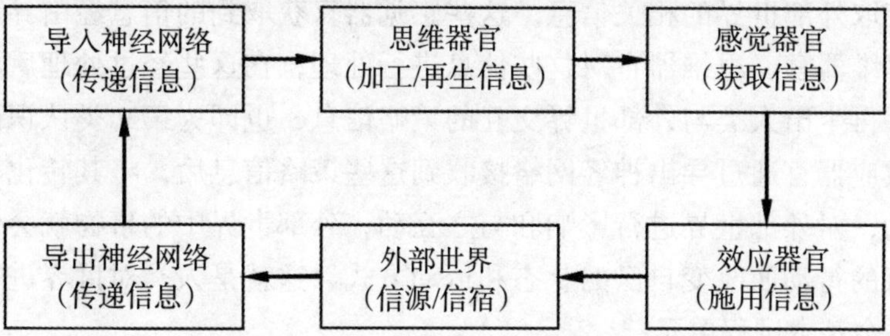

图1.1.4 信息器官及其功能系统

（1）感觉器官：包括视觉、听觉、嗅觉、味觉、触觉以及平衡感觉器官等。

（2）传导神经网络：按照传输方向，可以分为导入和导出神经网络等。

（3）思维器官：包括联想、记忆、分析推理和决策系统等。

（4）效应器官：包括手（即操作器官）、脚（即行走器官）、口（即语言器官）等。

这些信息器官的主要功能分别是：

（1）感觉器官：主要作用是信息的获取。它通过视觉、听觉、嗅觉、味觉和触觉感觉器官来感知（即获取）外部世界各种事物运动的状态和方式；通过平衡感觉器官感知主体与客体之间的运动关系来获取位置、加速度等信息。

（2）传导神经：主要作用是信息的传输。感觉器官获取到信息，经过导入神经网络把信息传给思维器官；思维器官对信息加工之后，再通过导出神经网络把经过加工后的信息再传送给相应的各类效应器官或其他特定功能的器官。

（3）思维器官：主要作用是对信息进行加工和再生。它主要承担的任务或功能有：信息的存储、信息的检索、信息的加工和信息的再生等一系列复杂任务，通过一系列的信息处理，从而能够认识外部事物运动的规律。主体对于外部事物进行影响、改造等意图，是通过对信息的再生（也即为第二类认识论意义的信息）来表达的。

（4）效应器官：主要作用是对信息进行施用。大脑这一思维器官发出再生信息，来控制操作器官和行走器官对大脑再生的信息进行执行，或者通过语言器官来表达，使这些信息产生实际的效果。

人类的上述四类信息器官与其各自所具备的信息功能之间的联系是有机而紧密的。这种有机而紧密的联系，使它们能够执行对世界进行认识并进而做出改造过程中所需要的智力功能。这种高级的整体性功能，恰恰印证了系统学中著名的一个原理——整体大于各部分之和。图1.1.4示出了这四种信息器官互相联系形成智力功能的情形。

从图1.1.4中可以看出，人类与客观世界沟通交互的过程。首先，人类的感觉器官获取外部世界的相关信息，这些感觉器官获取到的信息经由导入神经网络传入思维器官，思维器官对这些信息进行处理，在这些经过处理后的信息的基础上，再生出人类与外部世界交互的策略信息，也即为第二类认识论意义的信息；效应器官通过导出神经网络接收到这些策略信息后，将其转化为效应器官的行动，对外部世界进行影响和与之互动，外部世界中的事物就会依据主体效应器官的行动而改变自己的状态和运动方式，这就是人类对世界进行认识和改造的一个基本过程单元。

通常情况下，要想达到预期的认识和改造目标，人们要循环反复地经历多次上述的回合，才能实现。由于事物包含多样的复杂信息，感觉器官通常无法对这些复杂信息一次性获取；而且，导入神经网络也可能因为受到各种内外因素所产生的干扰，从而在传输信息的过程中，造成一定的损耗；由于不同的人所掌握的知识领域或背景有差异，智力水平也有高有低，因此，人们再生的策略信息不一定能达到理想状态，因而，人们通过效应器官对外部事物的控制效果，就可能没法立即或者完全达到预期的目标。所以，在最初的回合完成之后，人们的感觉器官将获取到的控制效果信息反馈给思维器官，思维器官依据反馈的效果信息来判断是否需要对自身的策略进行修正，以及在确定需要修正的情况下，给出合适的修正方式。随后，把修正后的策略信息再传输给效应器官，从而实现对外部事物的第二轮控制。此即为第二回合的对事物进行的认识与变革。依据实际情况和效果，还会有第三轮和第四轮等。

依据前文信息技术的定义及相关分析，信息技术的四项基本内容可称为“信息技术四基元”，具体如下。

（1）感觉器官功能的延长，形成了感测技术。顾名思义，该技术包括了传感和测量两种技术，同时，也包括了遥测和遥感技术等。这项技术能使人们从更远或者间接的或者更高效准确的从外部世界获得各种有用的信息。

（2）传导神经网络功能的延长，形成了通信技术。该技术的作用是通过传输、交换和分配信息，从而消除或克服空间上的局限性，使认识主体利用信息资源的能力更强。

（3）思维器官功能的延长，形成了计算机和人工智能技术。人们借助于包含软硬件技术的计算机技术以及人工智能技术，可以更好地加工处理和再生信息。

（4）效应器官功能的延长，形成了控制技术。人们通过输入的指令（决策信息），通过控制技术或装置，对外部事物的运动状态实施作用、影响或调整，即信息施效。

人类各类信息器官功能通过延长，形成了对应的信息技术，那么相应的，信息技术四基元的关系，也应当视作类似于人体的、和谐有机的合作的一个整体，以此来共同实现扩展人的智力功能的目标。图1.1.5示出了它们之间的这种联系。

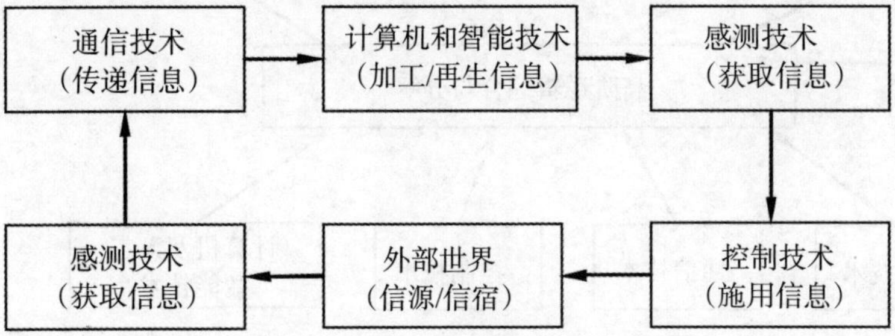

图1.1.5 信息技术四基元及其功能系统

由图1.1.4和图1.1.5可见，四类信息技术及其功能系统与人类的信息器官及其功能系统完全一一对应。信息技术的功能和人的信息器官，除了在功能水平和性能上有差异之外，其核心功能是一致的。从图1.1.5可以看出，处于核心角色地位的是通信技术和计算机与智能技术，而感测技术和控制技术是将核心与外部世界进行连接的通路。由此可见，信息技术的基本意义就在于通信技术和计算机与智能技术；而信息技术的基本作用能否正常发挥，则需要依赖感测技术和控制技术：一方面决定了信息的来源，另一方面决定了信息的归宿。可见，信息技术的完整的体系是由其四个重要方面/四基元构成的，也即为其内部结构。

由此，基于前文所述的信息技术的基本定义，有两个较为具体的定义可被引出，即：

（1）信息技术是指能够完成信息的获取、传递、加工、再生和施用等功能的一类技术。

（2）信息技术是指感测技术、通信技术、计算机和智能技术以及控制技术等技术的整体。

显然，这些定义基本上是等效的，第一个定义是最基本的，而第二个定义的内容则相对更加具体和直观。

有了“四基元”，我们就可以通过对事物的功能进行逻辑的综合或分解，并由此可推导出，各类具体功能形式的信息技术应用。例如，对通信技术进行逻辑分解，产生了电视和广播这种单向通信技术，信息只能由广播中心向用户进行传播。再如，感测技术与通信技术的综合，产生了雷达技术，它是一种相对直观的遥感技术。再如，将感测技术、通信技术、计算机及人工智能技术和控制技术相结合后，可产生管理信息系统。而将感测技术、计算机及人工智能技术与控制技术一体化地进行综合应用，可产生生产过程自动化系统，诸如此类。图1.1.6给出了信息技术逻辑生成关系示意图。

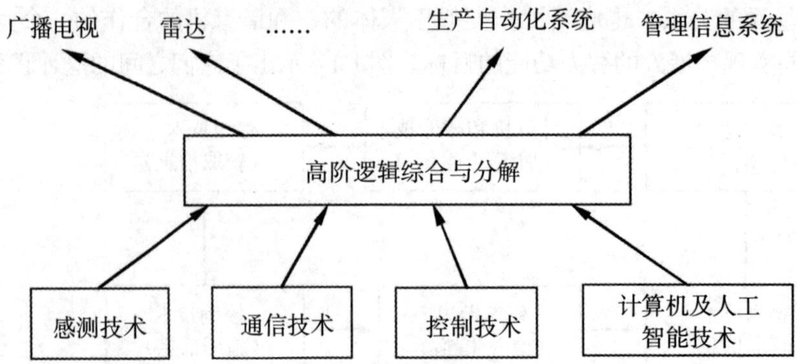

图1.1.6　信息技术逻辑生成关系示意图

由上面的分析可知，把信息技术单纯理解为“一个C”（Computer，计算机）、“两个C”（Computer and Communication，计算机及通信）和“三个C”（Computer，Communication，Control，计算机、通信以及控制）并不准确。

（二）信息技术体系、层次及外延

通过剖析信息技术的定义，已经明确了什么是信息技术的内部结构，所以，我们既要了解它的内部结构，也要了解信息技术的体系、层次和外部联系。

信息技术的体系包括主体技术、应用技术、支撑技术、基础技术等四个基本层次。这四个层次之间的关系如图1.1.7所示。可以把信息技术的四个层次分别比喻为大树的不同部位，大树的根系所依赖的土壤就是基础技术层次，根系就是它的支撑技术层次，大树的躯干就是它的主体技术层次，而大树的枝、叶、花、果，则是它的应用技术层次。只有肥沃的土壤、发达的根系、粗壮的躯干，才能为大树健康茁壮成长，生长出繁茂的枝叶和丰满的花果提供必备的条件。信息技术这四个层次的关系与此极为相似。

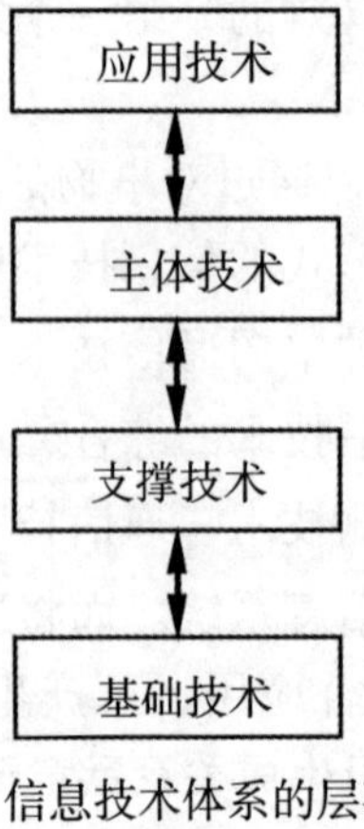

图1.1.7　信息技术体系的层次关系

下面，我们进一步分析这四个层次各自的内部结构。

如图1.1.8所示，信息技术的基础技术主要是新材料技术和新能源技术（以及能量转换技术、能量控制技术等）。

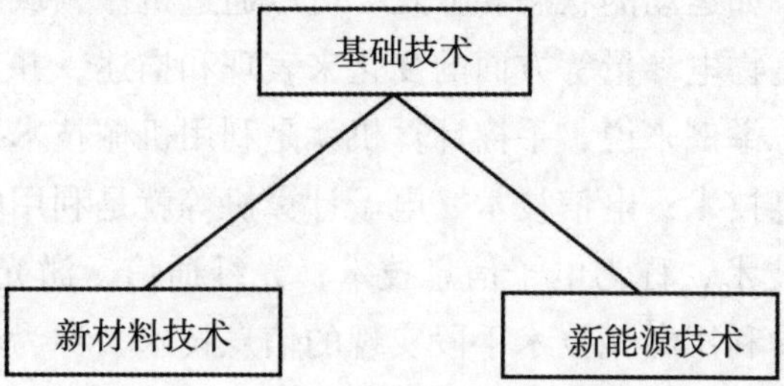

图1.1.8　信息技术的基础技术

材料和能量技术的进步，推动了信息技术在性能水平方面的进步。例如，在电子技术领域，经历了真空管、晶体管、集成电路以及超大规模集成电路时代的演进，形成这种演进的基础，正是因为锗、硅、金属氧化物半导体材料、砷化镓材料等的研究、开发和利用。光学材料的研发和激光能量的利用，推动了激光技术的出现和发展。由此可见，某种或某些新材料和新能量技术的研发和应用，会推动更新更好的支撑技术出现，进而这些新的支撑技术最终会推动相应的信息技术得以实现。反之，研究已经表明，引力波和中微子也可以用来表现和描述信息，只是由于现在还没有掌握有关产生和控制引力波及中微子的实用材料和能量转换技术，因而还没有出现引力波及中微子信息技术。如果有朝一日在这方面的基础技术有了突破，那么新的信息技术和支撑技术就迟早要问世。由上文分析可明显地看到，发展和改善信息技术的最基本的途径，就是进行新材料的研发、掌握新能量技术的应用。

如图1.1.9所示，机械技术、电子与微电子技术、激光技术和生物技术等，是现代信息技术的支撑技术。

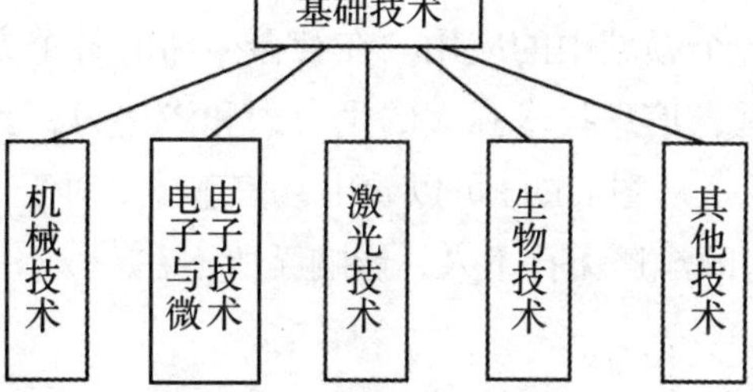

图1.1.9　信息技术的支撑技术

无论是信息的获取、信息的传递、信息的处理与再生，还是信息的施用，以及与之对应的感测系统、通信系统、计算机和智能系统及控制系统，都要通过机械技术、电子或微电子技术、激光技术、生物技术等手段来实现。这是因为，事物的信息，如运动的状态和方式，可以通过机械领域的力学、电学、光学基本参量以及生物电参量等方面的变化来表现和描述，并且这些参量都比较容易控制和处理。举例来说，手摇计算机就是利用机械技术手段实现的信息技术，称为机械信息技术；电信技术、电子计算机等就是利用电子或微电子技术手段实现的信息技术，称为电子信息技术；光纤通信、激光控制、激光遥感、激光计算机等就是利用激光技术手段实现的信息技术，称为激光信息技术；生物传感器及生物计算机等就是利用生物技术手段实现的信息技术，称为生物信息技术。

如图1.1.10所示的信息技术的主体技术就是它的“四基元”——感测技术、通信技术、计算机及人工智能技术和控制技术。这几个概念已经在前一节论述过，这里就不再赘述。

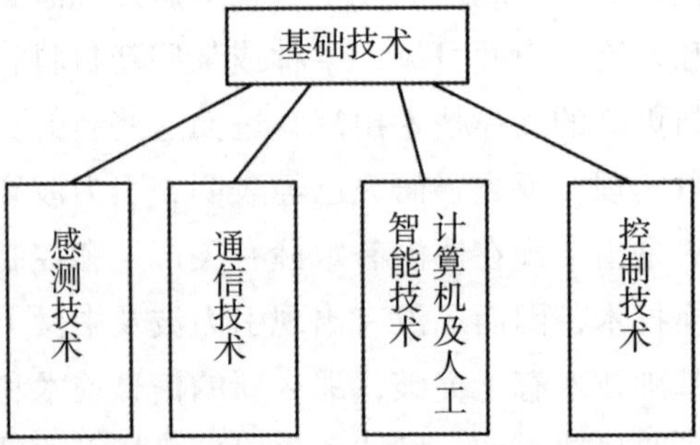

图1.1.10　信息技术的主体技术

针对各种以实用为目的的，由“四基元”延伸、拓展出来的多样化的具体技术类型，属于信息技术的应用技术，包括信息技术在工业、农业、国防、交通运输、科研、文化教育、工商业、医疗、体育、文化艺术、各类管理、社会服务、家庭事务等各个领域中的应用。在社会生活的各个方面都能见到信息技术的实际应用，可见，信息技术强大的生命力和渗透力，紧密而牢固地与人类社会各个领域相联系。从图1.1.11可以看出，信息技术对于人类社会各个领域和国民经济的各个部门的渗透无孔不入，影响无所不在。

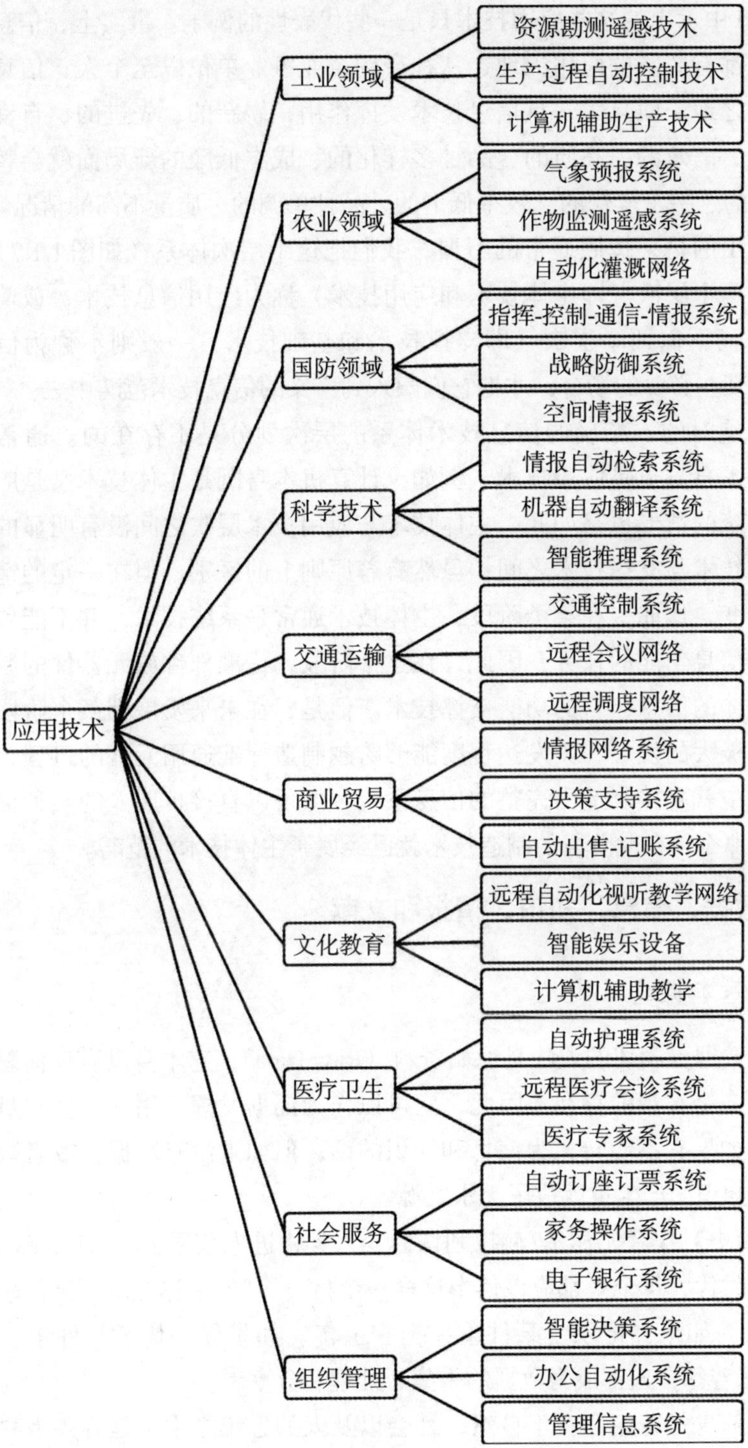

图1.1.11　信息技术的应用技术举例

图1.1.11中示出的这些应用技术只是一些代表性的例子。事实上，信息技术在各行各业都有广阔的应用天地，从社会到企业事业单位以至个人，信息技术都大有用武之地。而且，一旦信息技术发挥作用，崭新的、先进的、自动化智能化操作的、高效的、高质的、品种多样化的、成本低廉的新局面就会替代传统的、落后的、手工操作的、效率低下的、品种单调的、质量不高的情况。

还要指出的是，按照通常的习惯，我们把这个层次体系（如图1.1.7所示）中最上面的两个层次（即主体技术和应用技术）称为应用信息技术，或简称为信息技术，而下面两个层次（即支撑技术和基础技术）一般则不称为信息技术。只有在某些必要的场合，才把它们归入到广义的信息技术范畴中去。

但是，绝对的、精确的信息技术体系的层次划分是不存在的。通常情况下，主体技术自身也是应用技术，例如，计算机本身既是主体技术又是应用技术；通信系统的情形也是如此。主体技术与应用技术层次之间没有明显的分界线。在主体技术与支撑技术之间，虽然有着原则上的区别，但在一定的情况下也会发生转变，比如，在某个阶段，主体技术通常是系统技术，并不能单独变成扩展人的信息功能的任务，因此，在这个阶段，标准部件或元器件的制造技术是扩展主体的信息器官的功能支撑技术。但是，在未来发展到某个阶段，制造技术有了极大的发展，其发达程度能够跨越制造标准通用元件的过程，在一次制造过程中就直接制造出完整的信息系统，即可以直接扩展人的某种信息器官的功能。那么，在此阶段的制造技术就已经属于主体技术的范畴。

三、数据、信息、知识、情报和文献

（一）基本概念及定义

数据：数据更确切的说法是原始资料（Raw Data），它本身没有任何意义和价值，只是一个客观的存在，因此，它可以作为证据发挥作用。数据本身是没有意义的，如果它不能转化为信息和知识的话；但如果没有数据，或者数据匮乏，信息和知识的产生也就成了无水之源。

《未来简史》作者尤瓦尔·赫拉利认为，人类将进入数据主义（Dataism）时代，在这个时代，每个人都应该信奉这样一个格言：“如果你经历了某件事，把它记录下来。如果你记录了某件事，把它上传。如果你上传了某件事，分享它。”这意味着每个人都成为数据的采集、处理和分享者。

信息：信息是普遍存在于自然、社会以及人的思维之中，是客观事物本质特征千差万别的反应。广义上，它是事物运动时发出的信号所带来的消息，是事物存在方式和运动规律的一种表现形式。不同的事物具有不同的存在方式和运动规律，从而构成了各种事物的不同特征。信息是被组织起来的数据，是为了特定目的对数据进行处理和建立内在关联，从而让数据具有意义，它可以回答谁（Who）、什么（What）、哪里（Where）、什么时候（When）的问题。

知识：知识是经过人脑加工处理过的系统化了的信息，是人们对客观事物运动规律的认识。知识是人们科学地认识世界、改造世界的力量，是人类经验和智慧的总结。

信息之间的联系组成了知识，它是人们总结出来的规律和方法论，它为为什么（Why）和怎么做（How）等类似问题提供答案。

举个例子，北京夏季高温多雨，8月份温度在20℃~36℃之间，平均降水天数12天，这是根据多年资料总结出来的北京气候的规律，这个知识有三个作用：

（1）问题诊断（回答为什么）：如这个知识解释了北京今年8月份为什么下了那么多雨；

（2）预测：明年8月份北京很可能温度还在20℃~36℃之间，平均降水天数12天；

（3）最佳做法：8月份来北京旅游穿短袖衣服即可，体弱者要带长袖，最好带伞。

情报：情报是指为了特定的目的，经过选择而传递给用户的信息。《辞源》最早的版本（1915年10月）将情报解释为："军中集种种报告，并预见之机兆，定敌情如何，而报于上官者。"《辞海》初版（1939年10月）解释为："战时关于敌情之报告，曰情报。"这是我国早期最原始的情报定义。《辞海》1979年版重新定义为："1.以侦察手段或其他方法获得的有关敌人军事、政治、经济等方面的情况，以及对这些情况进行分析研究的成果。是军事行动的重要依据之一。2. 泛指一切最新的情况报道。"长期以来，人们对情报一词的理解，主要侧重于军事、敌情等方面。在英语中，情报（Information）一词的含义比较广泛，还含有信息、消息等多种意义。19世纪末叶以来，现代科学技术迅速发展，涌现出了大量的新兴知识，并相继创立了控制论、信息论、系统论三大理论，人们对情报概念的认识得到了进一步扩展和深化，情报被赋予了更加广泛和深刻的含义："情报是人与人之间传播着的一切符号系列化的知识。"（吉田贞夫：《情报组织概论》，日本法律文化社，1976年）"情报就是作为交流对象的有用知识。"（严怡民等：《情报学基础》第5页，武汉大学出版社，1987年）"推动用户当前事业的信息选择传递"（王万宗：《情报学概论》第6页，北京大学出版社，1988年），等等。但到目前为止，学术界还没有一个公认的定义。总之，情报是一个多因素的概念，它与信息、知识等相关概念有着不可分割的密切联系；信息是知识的原料，系统化的信息即为知识，而情报属于知识和信息中，具备特定需求属性的部分。情报的三种基本属性包括：知识性、传递性和效用性。从不同的角度出发，情报可以分为多种类型：一是按情报应用的学科范围进行划分，可分为政治、军事、经济、技术及科学情报等。二是按情报的载体类型进行划分，可分为语言、文字、声像及实物情报等。三是按情报的加工程度进行划分，可分为一次、二次和三次情报。四是按情报的传递的范围进行划分，可分为公开、内部和秘密情报等。

文献：文献是指把一定的信息内容，通过文字、图像、符号、声频、视频等方式，记录到特定的载体上形成可存储的传递媒介。"文献"这个词，出自于《论语·八佾》篇中。最初，"文献"并非一个词，"文"与"献"是分开各自独立的，有关典章制度的文字资料成为"文"；而多闻熟悉掌故的人则成为"献"。之后，在用于泛指有史料价值的文章和图书时，二者才合二为一成为一个词语。1983年7月2日发布的国家标准《文献著录总则》把文献规定为"记录有知识的一切载体"。

文献必须具备内容和形式两个要素：首先是文献的内容，它是指被记录、存储于物质载体内的文献所包含的思想、知识和信息；其次是文献的形式，它是指某类物质载体，它可用于记录思想、知识和信息。古今文献类型一般可分为非印刷型文献（如造纸术发明前的甲骨文、金石铭文、简策、帛书和造纸术发明后的各种写本等）、印刷型文献（即古今各类印本的图书、报刊、资料、档案等）、缩微型文献（包括缩微平片和缩微胶卷等）、视听型文献（即电影胶卷、录像带、录音带等）、机读型文献（如计算机磁带、磁盘、光盘等）。"文献"一词起源很早，其含义也在逐渐变化。《论语·八佾》即载孔子言："夏礼，吾能言之，杞不足徵也；殷礼，吾能言之，宋不足徵也：文献不足故也。足，则吾能徵之矣。"南宋朱熹在其《四书集注》中为此作注说："文，典籍也；献，贤也。"意即文献有两种含义，一是指历史资料，二是指熟悉历史掌故的人。元代马端临的《文献通考》，是最早以"文献"为书名的著作。其《自序》中解释说："引古经谓之文，参与唐宋以来诸臣奏议、宿儒之议论谓之献。"则其所谓"文献"，已完全是指各种各样的典籍和文字记录了。近现代一度强调文献的历史文物性，如《辞海》（上海辞书出版社，1979年）将"文献"解释为"具有历史价值的图书文物资料"。

作为人类文明的重要构成部分之一，文献，在推动社会发展方面，有着不可忽视的重要作用。存储信息、传递信息是文献的两大基本功能。其中，文献传递信息的作用，会随着社会发展变得愈发明显。文献的大量出版是为了广泛传播，人们创造出不同的形式也是为了便于传播。文献的存储是手段，传播是目的。文献具有各种类型，按载体形式可分为：印刷型、缩微型、声像型以及计算机阅读型文献；按性质和加工程度可分为：一次、二次和三次文献；依据记录内容和用途可分为：图书、期刊、科技报告、政府出版物、学位论文、产品样本、会议文献、专利文献、标准化文献，等等。人们对文献的认识，会随着技术手段的革新而逐步突破“图书文物资料”的范围，其形式和范围也都在不断地丰富和扩大。

（二）数据、信息、知识之间的关系

数据、信息和知识都可以用数字、文字、符号、图形、声音、影视等多媒体形式来表示，它们都是社会生产活动中的一种基础性资源。这种基础性资源具有客观性、真实性、价值性、共享性、正确性以及结构性等特点。

从事知识工作的人们对客观事物的感知和认识，包括三个阶段，也即组织数据、创造信息和发现知识。

组织数据的阶段。数据既可以来自于测量仪器的直接的、实时的记录，也可以来自于人类的认识，它是一种将客观事物按照某种测度感知而获取的原始记录。但是，大量的数据多是借助于数据处理系统自动地从数据源进行采集和组织的。数据源是指客观事物发生变化的实时数据。

创造信息的阶段。信息是根据一定的发展阶段及其目的进行定制加工而生产出来的。信息系统就是用于加工、创造信息产品的人机系统。根据对象、目的和加工深度的不同，可以将信息产品分为一次信息、二次信息直至高次信息。

发现知识的阶段。知识是人类主体，特别是从事知识工作的人类，将获取或积累的信息通过人的脑力活动并对其进行系统化的提炼、研究和分析的结果，因而，知识对于事物的本质能做到精确的反映。

数据、信息、知识三个阶段是螺旋上升的循环周期。人类主体通过信息系统，结合信息和相关的知识，总结规律，探究本质，进行系统性的思考，从而创造新的知识。而新的知识又为人类开启了新的领域，引导人们去进一步探究，使人们再去获取新的数据和信息，进入新一轮的上升式的数据、信息、知识的循环周期。

第二节　疾病的现代医学原理

什么是疾病（Disease，Disorder）？对此，至今尚无明确的定义。事实上，疾病是相对于健康而言的。然而，在相当长的一段时间里，“不生病”常常就被认为是健康；但在1948年发表的《世界卫生组织宪章》中，关于健康的新定义被首次提出，宪章认为，“健康不仅是免于疾病和衰弱，而是保持体格方面、精神方面和社会方面的完美状态”；之后世界卫生组织又在1978年9月召开的初级卫生保健大会上通过的《阿拉木图宣言》中重申“健康不仅仅是没病和没有痛苦，而且包括在身体、心理和社会各个方面的完好状态。”根据世界卫生组织最新的健康定义，完整的健康应该包含：躯体健康、心理健康、道德健康和社会适应良好。四个方面都健全的状态，才算是完整的健康。由此可见，对健康的定义有一个发展过程，同样的，对与健康相应的疾病的认识也必定是一个发展的过程。

在人类文明的不同时期和医学的不同发展阶段，人们对疾病的认识并不相同。就目前一般观点认为，疾病是一定条件下某一或某些特定致病因素与生物体（人体）交互作用而产生的一种损伤（致病）与抗体（保护）的过程。在这一过程中有一定的规律可行？首先，任何疾病都有其发生的原因，疾病是机体对这些致病因素做出的反应。一般认为，导致人体产生疾病的原因可概括为内在的和外在的两类；其次，疾病是一个过程，在这一过程中，一方面机体与致病因素交互作用，或者致病因素对机体细胞产生损害作用。另一方面，机体细胞对致病因素产生反应（在多数情况下，这一反应是保护机体细胞摒弃有害的致病因素）。这些交互作用的结果决定着机体细胞未来的发展方向，或恢复细胞的正常生理功能，或细胞出现异常损害，继而发生组织、器官的损害，导致疾病的形成病在临床上表现为一定的特征。

一、疾病的生物学机制

参与很多疾病的共同机制即为疾病发生的基本机制（Mechanism）。基本机制包括神经机制、体液机制、细胞机制和分子机制四方面。

（一）神经机制

大多数疾病的发病都有神经机制参与其中，有些因素直接损害神经系统，如流行性乙型脑炎病毒。另外，一些致病因子可通过神经反射引起相应器官组织的功能代谢变化，或者对神经递质的合成、释放和分解产生抑制，促进致病因子与神经递质的结合，对正常递质的功能和作用造成阻断或减弱。最常见的内脏器官功能障碍，通常是由早期精神紧张、焦虑、烦恼导致大脑皮质功能紊乱，皮质与皮质下功能失调所导致的。

（二）体液机制

致病因素引起体液的质和量的变化是疾病中的体液机制的主要表现，某些疾病的发生原因在于体液调节的障碍，最后造成身体内环境紊乱。各种体液因子（Humoral Factor）数量或活性如果变化不正常，则常常会引起体液调节紊乱，它包括各类可作用于全身范围的体液性因子，如组胺、去甲肾上腺素、前列腺素、激活的补体、活化的凝血与纤溶物质等，以及作用于身体局部的体液因子，如内皮素、某些神经肽等，还有细胞因子（Cytokines），如白介素（IL）、肿瘤坏死因子（TNFα）等。体液因子常通过以下三种方式作用于靶细胞：（1）内分泌（Endocrine）：体内一些特殊的分泌细胞分泌的各种化学介质，如激素，通过血液循环输送到身体的各个部分，被远距离靶细胞上的受体识别并发挥作用；（2）旁分泌（Paracrine）：由某些细胞分泌的信息分子由于很快被吸收破坏，故只能对邻近的靶细胞起作用，采用这种方式的有神经递质（如神经元之间的突触传递）及一些生长因子等；（3）自分泌（Autocrine）：细胞能对它们自身分泌的信息分子起反应，即分泌细胞和靶细胞为同一细胞，许多生长因子能以这种方式起作用。

在很多疾病中存在体液调节紊乱，这主要是因为内分泌激素在其中起了主要作用，而神经机制对内分泌腺体的功能又起着调节作用，体液机制与神经机制常常在疾病的发生、发展过程中是同时发生、共同参与的，因此，它们常被合称为“神经-体液”机制。

（三）细胞机制

导致疾病的因子（致病因子）通过直接或间接作用于机体的细胞或组织后，会阻碍某些细胞的代谢功能，从而扰乱细胞的自稳调节功能。致病因子引起的对细胞的损伤，不仅表现在直接的破坏，例如，外伤和肝炎病毒侵入肝细胞等，有时还表现为对细胞膜和细胞器造成的功能性障碍。在细胞膜功能障碍中，目前对膜上的钠泵（Na^+-K^+ATP酶）和钙泵（Ca^{2+}-Mg^{2+}ATP酶）等各种离子泵关注最多，一旦这些泵功能失调，会导致细胞内钠、钙离子大量积聚、细胞水肿，甚至死亡。有关细胞及器官功能障碍被引发的重要机制便在于此。在细胞器的功能障碍中，例如，线粒体功能障碍，其主要表现为氧化还原电位下降，无法再生辅酶Ⅱ，各类酶系统受到抑制，特别是丙酮酸脱氢酶系统催化过程受阻，丙酮酸无法脱氢、脱羧无法生成乙酰辅酶A，葡萄糖、脂肪及酮体无法进入三羧酸循环，此时的细胞因为能量不足而产生严重的功能性障碍。此外，ATP的产生量降低，导致依赖cAMP（第二信使）的激素不能发挥其调节作用，从而最终造成细胞死亡。

（四）分子机制

无论任何病因所引发的疾病，都会在分子层面上表现出异常，例如，大分子多聚体与小分子的异常。反之，正常生命活动会因为分子水平的异常变化而造成不同程度的影响。近年来，分子病理学（Molecular Pathology）或分子医学（Molecular Medicine）就是基于分子水平研究疾病的发生机制而建立起来的。分子病理学广义的研究对象是：所有疾病的分子机制；狭义的研究对象是：生物大分子（主要是核酸与蛋白质）在疾病中的作用。由于DNA遗传变异引起的一类以蛋白质异常为特征的疾病，被称为分子病（Molecular Disease）。它主要分成以下几类：

（1）DNA遗传变异引起的酶蛋白异常所致的疾病，又称为酶缺陷所致疾病。如，Ⅰ型糖原沉积病，它是由于编码6-磷酸-葡萄糖脱氢酶的基因发生突变，导致有机体中该酶缺乏，使6-磷酸-葡萄糖无法酶解为葡萄糖，反而经可逆反应转化为糖原，并沉积于肝。

（2）血浆蛋白和细胞蛋白缺陷所致的疾病，如，镰刀细胞性贫血，它是由于缬氨酸异常取代了血红蛋白的珠蛋白分子中在β-肽链氨基端第六位的谷氨酸，导致血红蛋白失去稳定性，当血氧分压降低时，容易形成棒状晶体，红细胞被扭曲为镰刀状，故细胞容易被破坏，从而发生溶血。

（3）受体病，是由于受体基因突变使受体缺失、减少或结构异常而致的疾病。常见的有：家族性高胆固醇血症，该症属于遗传性受体病；重症肌无力，该症属于自身免疫性受体病。

（4）膜转运障碍所致的疾病，是由于基因突变引起的特异性载体蛋白缺陷而造成膜转运障碍。目前了解最多的是肾小管上皮细胞转运障碍，表现为肾小管重吸收功能失调，如，胱氨酸尿症，该症患者的肾小管上皮细胞对胱氨酸、精氨酸、鸟氨酸与赖氨酸转运的载体蛋白存在遗传性缺陷而发生转运障碍，氨基酸能被肾小管重吸收，随尿排出，形成胱氨酸尿症。

某些疾病（如糖尿病、高血压等）相关基因（Disease-associated Gene）或易感基因（Susceptibility Gene）也已找到，因此出现了基因病（Gene Disease）的新概念。基因病主要是指基因本身突变、缺失或其表达调控障碍引起的疾病。由一个致病基因引起的基因病，称为单基因病（Mono-gene Disease or Single Gene Disorder），如多囊肾，主要是由于常染色体16p13.3处存在有缺陷的等位基因PKD 1所引起的显性遗传。由多个基因共同控制其表型性状的疾病，称多基因病（Polygenic Disease或Multi Gene Disease）。此时多个基因的作用可以相加、协同或相互抑制。由于这些基因的作用也受环境因素的影响，因此，多基因病也称多因子疾病（Multifactorial Disease）。高血压、冠心病、糖尿病等均属此类疾病。

二、疾病的遗传学证据

疾病发生的分子机制与疾病的遗传学证据密切相关，遗传性疾病（Hereditary Disease，Genetic Disease）是分子层面上引发染色体、基因等遗传物质发生突变而引起的疾病，简称遗传病。由于是染色体、基因等遗传物质发生改变所致，因此一般具有以下几个特点：一是上下代之间的垂直传递，但并不是所有遗传病在家系中都可以看到这一现象，例如，隐性遗传病不是连续遗传，看不到垂直传递现象；从某些早期夭折或者不育的染色体遗传病患者身上，垂直传递的现象也无法被观察到；二是垂直传递的物质基础是遗传物质的改变，这也是遗传病与其他疾病存在区别的依据；三是传递给下一代的唯一途径，只有通过生殖细胞或者受精卵遗传物质的改变；四是遗传病具有终生性，通过治疗可以减轻患者的症状，但是其遗传物质不变，所以，这类疾病大多数仍然是无法从根本上治愈的。

遗传病并不同于先天性疾病（Congenital Disease），后者是个体出生时即表现出来的疾病，如白化病、先天愚型等。有些先天性疾病是母体内的胎儿在发育过程中由环境因素，如病毒、药物和一些致畸因子所致。例如，孕妇怀孕期间感染风疹病毒可导致胎儿先天性心脏病；孕妇服用沙利度胺可导致胎儿营养不良症，到儿童发病期；亨廷顿舞蹈症一般发病于25～45岁；痛风发病于30～35岁；先天性家族性多发性结肠息肉一般发病于青壮年期。因此，出生时未表现出来的疾病也可以是遗传病，一些遗传病在出生后发育到一定阶段才表现出症状，甚至到了成年以后才发病。

家族性疾病（Familial Disease）也不同于遗传病。家族性疾病是指症状在家族成员中聚集显现的疾病，即存在有两个或以上的家族成员患相同的疾病。家族性疾病常常是遗传病的表现之一，特别是诸如多指、并指等显性遗传病。但是，一些常染色体隐性遗传病通常不表现出家族聚集性而是散发的，还有些遗传病也可能是由于基因突变所致，同样看不到家族聚集现象。某些表现为家族聚集现象的疾病却不是遗传病，如缺碘导致的甲状腺肿，在某一地区或某一家族中聚集；维生素A缺乏所致的夜盲症也常有家族性，但这些都不是遗传病，而是由于同一家族的不同成员生活在相同环境中，因环境因素所致。因此，遗传病有时看不到家族聚集现象，家族性疾病不一定都是遗传病。

目前，遗传病一般分为单基因病、多基因病、染色体病、线粒体遗传病（Somatic Cell Genetic Disorder）和体细胞遗传病（Mitochondrial Genetic Disorder），其中，后两者是随着遗传病概念的不断扩展而提出的。

（一）单基因病

单基因遗传病（Single-gene Disease，Monogenic Disease）是指受一对等位基因控制而发生的疾病，而这一对等位基因起着单独决定性状或疾病的遗传方式的作用，由于孟德尔定律在该遗传中发挥着作用，故亦称为孟德尔式遗传病。

由于有些致病基因在常染色体上，有些在性染色体上；有些致病基因决定的性状是显性的，有些是隐性的，因此，在单基因遗传病中，可将其分为常染色体显性、常染色体隐性、X连锁隐性、X连锁显性以及Y连锁遗传等五种不同的遗传方式。

受孟德尔式遗传方式主导的人类性状或疾病，是通过对这些性状或疾病在家系内分离或传递的观察进行推断的，这种方法称为系谱分析法（Pedigree Analysis）。从先证者入手，以某种遗传病或性状为依据，对其家系所有成员的亲属关系进行调查和追溯，按预先规定的格式绘制成的图解，即为系谱（Pedigree）。先证者（Proband）是指这样一类人：医生或研究者在某个家系中首先发现的罹患某种遗传病的患者，或者是具有某种遗传性状的成员。

（二）多基因病

人类的许多性状、疾病或畸形是两对或两对以上的等位基因和多种环境因子相互作用的结果，这类性状、疾病或畸形被称为多基因遗传性状或多基因遗传病（Polygenic Inheritance Trait or Disease）。身高、肤色、智力、血压、性格等是多基因遗传性状；人类的一些常见疾病，如原发性高血压、糖尿病、冠心病、精神分裂症、哮喘、消化性溃疡、癫痫和风湿性关节炎等属于多基因遗传病；脊柱裂、无脑儿、唇裂、腭裂、先天性心脏病、先天性幽门狭窄和髋关节脱位等疾病属于与多基因遗传性状或疾病相关的先天性畸形。

由于受到环境因子的影响，多基因遗传性状或遗传病又称为多因子遗传性状或疾病（Multifactorial Inheritance Trait or Disease），近年来，它又称为复杂性状或疾病（Complex Trait or Disease）。常见的人类多基因遗传病有原发性高血压、糖尿病、支气管哮喘、精神分裂症、先天性唇腭裂。多基因遗传病的遗传特点主要体现在以下几方面。

第一，多基因遗传病的群体发病率大都高于1/1000，如表1.2.1所示。

表1.2.1　不同类型遗传性疾病的群体发病率（‰）

类型	出生发病率	25岁发病率	群体发病率
基因突变和染色体病	6	1.8	3.8
单基因病	10	3.6	20
多基因遗传病	~50	~50	~600

（数据来自：Rimoin DL，Connor JM，Pyeritz RE. Emery and Rimoin's Principles and Practice of Medical Genetics. 3rd ed. Edinburgh，Churchill Livingstone，1997。）

第二，家族聚集倾向是多基因遗传病的表现，与患者有亲缘关系的人的发病率高于群体发病率。在系谱中，与单基因遗传病的遗传方式不符合或者不明显，与患者是一级亲缘关系的人的发病率为1%~10%。低于通常单基因遗传病患者一级亲缘关系的人50%（显性遗传病）或25%（隐性遗传病）的发病风险。

第三，近亲属之间的婚姻，会存在发病风险。近亲属之间婚配时，会增加后代的患病风险，高于非近亲之间婚配的后代的发病风险，但从显著性方面来看，不如常染色体隐性遗传病，这是由于多对微效基因的累加效应。

第四，患者的双亲、同胞、子女等这类与患者亲缘系数相同的亲属，发病风险相同。亲属级别越低，患者亲属的发病风险也会相应降低，并且发病率会逐渐向群体发病率接近。一些先天性畸形患者不同级别亲属的发展风险比较，如表1.2.2所示。例如，唇裂+腭裂的发病风险，一级亲属（4%）>二级亲属（0.7%）>三级亲属（0.3%）>一般群体（0.17%）。在群体发病率越低的多基因遗传病中，这种下降的趋势越明显。

表1.2.2　一些先天性畸形患者不同级别亲属的发展风险比较

病名	群体发病率	患者亲属的发病风险			
		单卵双生	一级亲属	二级亲属	三级亲属
唇裂+腭裂	0.0017	0.4(×400)	0.04(×40)	0.007(×7)	0.003(×3)
畸形足	0.001	0.3(×300)	0.025(×25)	0.005(×5)	0.002(×2)
先天性髋关节脱位	0.002	0.1(×200)	0.05(×25)	0.006(×3)	0.004(×2)

续表

病名	群体发病率	患者亲属的发病风险			
		单卵双生	一级亲属	二级亲属	三级亲属
先天性幽门狭窄（男性）	0.005	0.4(×80)	0.05(×10)	0.025(×5)	0.0075(×1.5)
神经管缺陷	0.002	—	0.016(×8)	—	—

第五，发病率有明显的种族（或民族）差异。唇裂和腭裂在最常见出生缺陷中居第四位，美国每700名高加索人种的新生儿中就有一人出现此缺陷。这两种缺陷的发病率也存在种族差异。亚裔美国人的发病率是1/500，而非裔美国人的发病率只有约1/2000。一些多基因遗传病（畸形）发病率的种族差异，如表1.2.3所示。

表1.2.3　一些多基因遗传病（畸形）发病率的种族差异

病名	群体发病率	
	日本人	美国人
脊柱裂	0.003	0.002
无脑儿	0.006	0.005
唇裂+腭裂	0.0017	0.0013
先天性畸形足	0.014	0.055
先天性髋关节脱位	0.01	0.007

Ⅱ型糖尿病发病率在各地不一，欧洲人的患病率只有2%，而非裔美国人患病率有13%，中南美裔美国人有17%。美国亚利桑那州皮马印第安人的糖尿病发病率达50%，几乎属全球种族之冠。

（三）染色体病

染色体病是染色体畸变引起的疾病，可分为常染色体病和性染色体病。

染色体畸变（Chromosome Aberration）是指染色体数目和结构的改变，这种改变可在光学显微镜下被观察到。数目畸变和结构畸变是染色体畸变的两种主要形式。染色体畸变按照内因和外因可分为自发畸变和诱发畸变，前者是自发产生，后者是由环境因素诱发引起。目前，已知多种因素都可能引起染色体畸变，如，物理因素、化学因素、生物因素、母亲年龄因素等。

染色体畸变往往导致染色体上成群基因的增减或位置的移动。这些基因可以是结构基因，也可以是调控基因；可以涉及拷贝数少的基因，也可以涉及重复序列。由于染色体畸变造成了基因群的改变，可能会打乱原有基因间相互作用的平衡，影响正常的新陈代谢等基本生命活动，造成多个器官的病变，并在临床上表现出各种症状，因此，染色体病发生的基础是染色体畸变。个体发育的任何阶段和任何细胞的染色体，都有可能发生畸变。生殖细胞和受精卵内染色体畸变可导致流产、死胎或染色体病；体细胞内染色体畸变则可能会诱发肿瘤等疾病的发生；有的染色体畸变不引起遗传物质失衡，故无表型效应。

染色体包含着基因信息，平均每条染色体内连接着约一千个基因，因此，染色体畸变往往涉及成群基因的改变，从而受累个体表现出先天性多发畸形、智力发育障碍、生长发育迟缓以及流产和死胎等多种临床症状，故又称为染色体异常综合征（Chromosomal Aberration Syndrome）。

（四）体细胞遗传病

体细胞遗传病（Somatic Cell Genetic Disorders）指体细胞中遗传物质突变和异常所致的疾病，通常不具备后代传递性。例如，体细胞遗传物质发生突变，原癌基因和抑癌基因的结构及其功能发生变化，从而形成恶性肿瘤。体细胞DNA上相关基因突变是癌变的直接原因，这种染色体DNA异常大多数不是遗传来的，但却发生于遗传物质，因此，肿瘤属于体细胞遗传病。另外，白血病以及自身免疫缺陷病等均属于体细胞遗传病。

（五）线粒体遗传病

真核细胞的能量代谢中心和能量来源是线粒体（Mitochondria）。线粒体承担了人体细胞95%的三磷酸腺苷（ATP）的合成，因此，线粒体可以被看成是细胞的氧化中心和能量工厂。1963年，Nass首次在鸡卵母细胞中发现线粒体中存在脱氧核糖核酸。后来，研究者发现线粒体DNA（ mitochondrial DNA，mtDNA）广泛存在于真核细胞的线粒体中，并具有相应的遗传学效应。除了成熟的红细胞外，线粒体存在于所有动物体内组织细胞中，但它是存在于动物细胞核外的，唯一含有DNA的细胞器。早期曾有学者提出：某些疾病可能是细胞质遗传所致。但直到1987年Wallace等人通过研究mtDNA突变和Leber遗传性视神经病之间关系后，才明确地提出mtDNA异常可引起人类疾病。近年来，这一领域研究迅猛发展，目前已证实人类100多种疾病与mtDNA突变有关。

线粒体遗传病是线粒体DNA缺陷引起的疾病。线粒体是动物的细胞核外唯一含有DNA的细胞器。线粒体基因突变可引起多种疾病，如Leber遗传性视神经病和MELAS综合征（Mitochondrial Encephalomyopathy With Lactic Acidosis and Strokelike Episodes，线粒体肌病脑病伴乳酸中毒及中风样发作）等。受精卵的线粒体完全来自卵子，因此，线粒体遗传病呈母系遗传，并有很多其他特点。常见的线粒体遗传病有：Leber遗传性视神经病［OMIM#535000］、MELAS综合征［OMIM#540000］、MERRF综合征［OMIM#545000］（Myoclonic Epilepsy with Ragged Red Fibers，肌阵挛性癫痫伴蓬毛样红纤维病）、AAID［OMIM*561000］（Aminoglycoside Antibiotics Induced Deafness，氨基糖苷类抗生素引起的耳聋、KSS［OMIM#530000］（Keams-Sayre Syndrome，慢性进行性眼外肌麻痹）、PD［OMIM#556500］（Parkinson Disease，帕金森病）、DMDF［OMIM#520000］（Diabetes Mellitus-deafness Syndrome，糖尿病-耳聋综合征）。

三、疾病的影像学表现

德国物理学家伦琴（Wilhelm Conrad Rontgen）在1895年发现X线之后，短时间内，X线即很快被用于检查人体内部构造及疾病，放射学科自此逐渐形成并建立，由此，医学影像学随之诞生。经过100多年来的发展，放射学不断发展壮大，X线设备从简单的气体放电管和荧光屏变成集成机械、电子、自动化、计算机、数字化技术的高科技设备，满足了临床上日益增长的各种要求。而各种影像检查设备和新技术的不断丰富又补充着放射学的内涵和外延，将放射学从单一的传统X线检查逐步发展成包含：传统X线成像、数字X线成像、多种CT成像、磁共振成像、超声成像甚至结合了核医学影像的医学影像学；从开始仅显示结构信息到现在集结构、功能和分子影像信息于一体的为疾病精准诊断提供多模态影像信息的综合技术手段。与这些影像技术相关的设备或设施（如对比剂、图像后处理软件等）也发展迅速，在很大程度上推动了医学影像学的学科发展。这些不同技术手段的优化综合应用，为临床医生全面了解疾病的病理特征，进而做出正确诊断提供了丰富的影像信息。

（一）医学影像主要诊断技术简述

医学影像学作为一门科学，它属于生物影像。同时，内视镜、医疗用热影像技术、影像诊断学、放射学、医学摄影和显微镜等技术或学科也被包括在内。另外，包括脑波图和脑磁造影等技术也被看作是另外一种形式的医学影像，这是因为其产生的数据，虽然没有影像显现，但是记录和测量的数据具有位置信息等定位特性。

医学影像在临床应用方面也称为影像医学或医学成像。设施齐全的医院通常会设置影像医学中心、影像医学部或影像医学科，配备有相关的仪器设备和专门的护理师、放射技师以及医师。这些工作人员通过操作这些仪器设备，获取被检查者的影像，并对其做出解释和诊断。但是，这与放射科的放射治疗存在区别。

现今的医学影像，X线成像技术仅为其中一种，还包括其他多种成像技术。在这些成像技术的基础上，又发展出各类影像技术的应用。另外，在医疗信息管理应用领域，可为所产生的数字影像建立相应文档，或者建立影像数字化档案，并能够传输、交换、查询和阅读，发展出医疗数字影像传输协议技术。医学影像常见的诊断方式包括以下几种。

1. X线成像

X线产生在高度真空的X线球管内，如图1.2.1所示。当灯丝（阴极）通电点亮和加热后可在附近产生自由电子，此时位于灯丝对面，呈斜面的钨靶（阳极）由高压变压器提供高压电，致使在阴极和阳极之间形成巨大电势差，使自由电子高速撞击阳极钨靶。撞击的能量约有99%的转化成热能，而约有1%的转化成X线，并由球管的射线窗口发出。

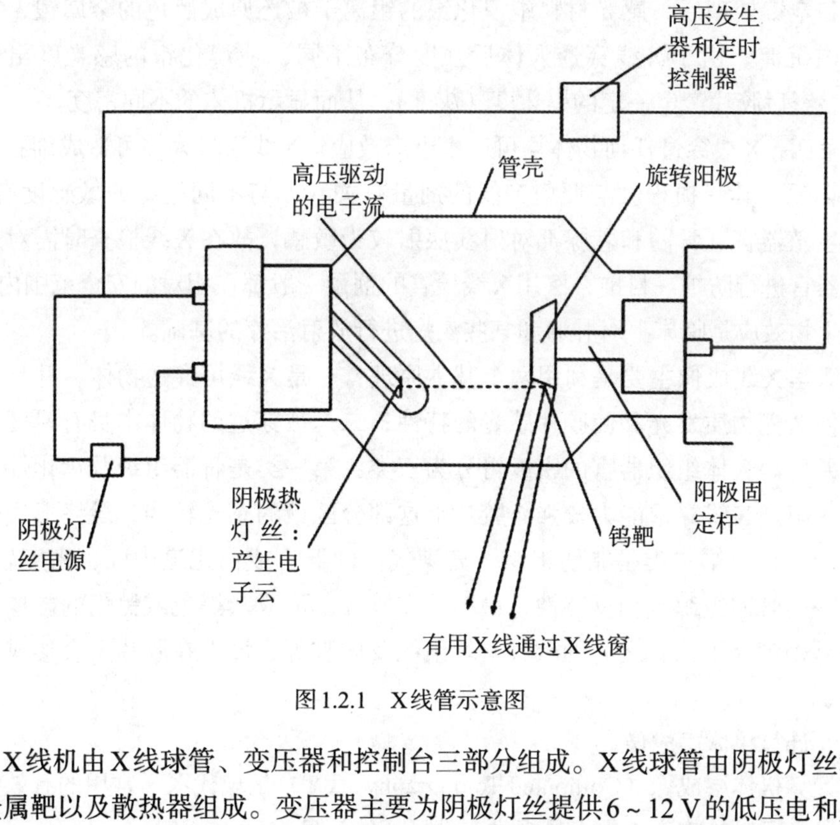

图1.2.1　X线管示意图

X线机由X线球管、变压器和控制台三部分组成。X线球管由阴极灯丝和阳极金属靶以及散热器组成。变压器主要为阴极灯丝提供6 ~ 12 V的低压电和为阳极靶面提供40 ~ 150 kV的高压电。控制台主要用于调节阳极靶面的电压强度和调节用于摄影的X线发射的持续时间。

X线是肉眼不可见的一种电磁波，波长为0.0006 ~ 50 nm。用于X线成像的波长为0.008 ~ 0.031nm。X线波长的长短取决于阳极靶面电压的高低和阳极靶面的材质。医学领域应用的X线具有以下四个特征。

第一，X线有极强的穿透身体和其他物质的能力。X线球管发射出的X线波长与电压成反比。电压越高，波长越短，穿透力越强。反之，亦然。X线在穿过物体时，会被物体部分地吸收，能量会衰减。穿透的物体越厚、密度越大，X线被吸收并衰减的程度就越高，自然地，穿过物体的X线就越少。X线成像的基础就是利用其穿过物体后不同程度的衰减。

第二，X线能使某些荧光物质，如钨酸钙、铂氰化钡及某些稀土元素发出可见光和紫外线光谱，即荧光效应。透视或摄片用的荧光屏及增感屏和影像增强器的输入屏都涂有荧光物质。

第三，胶片上的溴化银感光材料，经过X线照射时，会产生化学反应，经显影和定影处理后，感光材料中溴化银的银离子被还原成黑色的金属银，在胶片膜内沉淀。由于X线穿透人体后强度分布不同，使溴化银的感光度出现差异，显影后胶片产生一定的黑化度（灰度），从而显示机体的不同密度。

第四，X线穿过任何物体均可产生电离效应。X线通过人体可造成细胞损伤甚至坏死，其受损程度与照射X线的剂量有关，亦与不同组织的敏感度有关。儿童生殖器官、骨髓和乳腺都对射线照射较为敏感，故在X线检查时需对这些组织器官进行防护。目前，医用X线检查的剂量一般都在相对的安全范围内。X线的生物效应是临床上对肿瘤和某些疾病进行放射治疗的基础。

医学X线成像主要是利用两个基本原理：一是X线可穿透物体，并且具备能够使荧光物质发光和使胶片感光的特性；二是被穿过的物体本身有厚度和密度的差别。人体组织器官的密度可分为三类：第一类是骨骼组织及钙化灶，密度较大阻挡X线穿透能力较强，胶片上这部分区域的感光较弱，最终形透明或白色的影像。第二类是脂肪组织、充满气体的器官或消化道内腔，密度较小，与第一类骨骼组织有相反特性，最终可在胶片上形成灰黑色或黑色的影像。第三类是密度介于二者之间的软骨、软组织及内脏等，该类在胶片上会形成灰色影像。

2. 计算机体层成像

计算机体层成像（Computed Tomography，CT）是现代医学常用的有效的诊断手段，可以给临床工作人员提供有效可靠的信息。

计算机体层成像机的实物图如图1.2.2所示，其基本结构如图1.2.3所示，主要由X线管、探测器、模-数转换器、扫描机架、扫描床、计算机、打印机、存储系统或PACS系统网络、显示系统几部分组成。

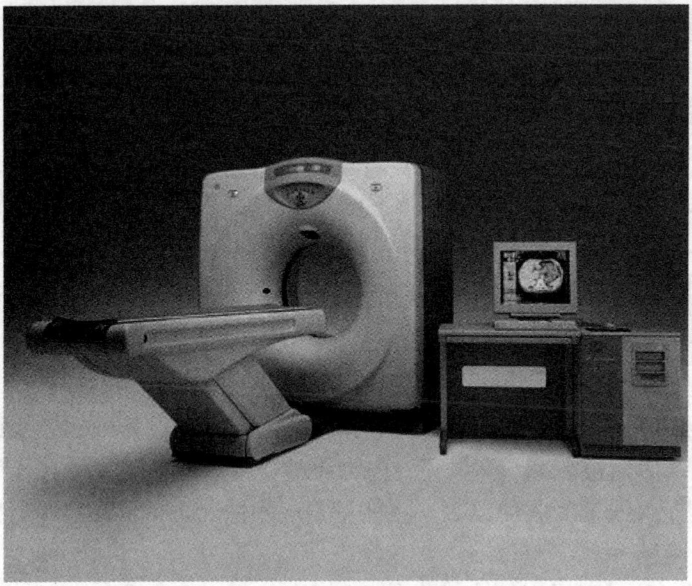

图1.2.2　CT机实物图

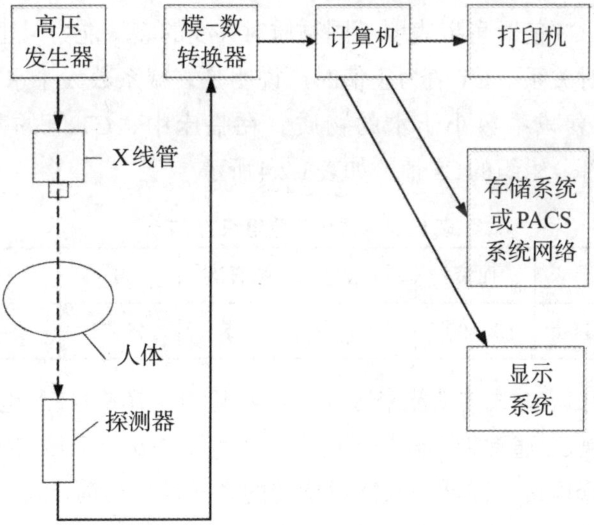

图1.2.3　CT机结构示意图

CT成像的原理就是将X线管和与之相对的探测器集成在机架内，X线管发出的X线束穿过人体时，因人体不同部位的密度和厚度不同，在某一层面后就会呈现出不同的衰减值，探测器便可探测到这些不同的衰减值。扫描过程中，人体被X线管与探测器围绕并做360°回转，从而可以全方位地采集X线衰减信号，再经过模-数转换器，将模拟信号转变为数字信号传输给计算机，由计算机运算出当前层面的矩阵上每个点的一定尺度立方体的体素平均X线吸收数值（即CT值，单位为Hu），再经数-模转换器进行转换，可显示为具备不同灰阶值的像素，按照相应的矩阵排列，从而可以重建该层面的灰度图像。

其中，体素是体积元素（Volume Pixel）的简称，是容积采集数字图像的立方体积单元。它是构成CT图像的基本单元。体素越小，图像分辨率越高，越清晰。CT值是指某种物体的X线衰减系数$\mu_{物}$减去水的X线衰减系数$\mu_{水}$，再与水的衰减系数相除之后，乘以1000，即Hounsefield公式为：

$$CT值 = \frac{\mu_{物} - \mu_{水}}{\mu_{水}} \times 1000 \tag{1.2.1}$$

式（1.2.1）中，μ为X线衰减系数，即物体会对穿过其中的X线束产生吸收和散射，X线因而被衰减，X线穿过的物质的密度、原子组成及X线束的光能谱特性，决定了X线被吸收的总数。在能量相同的情况下，X线穿过的物质密度越大，X线衰减越大。

根据式（1.2.1）可以算出，水的CT值为0Hu。而X线穿过空气介质时，被吸收和衰减很小（空气的衰减系数$\mu_{空}$为0.0013，可近似为0），所以，空气的CT值为-1000Hu。CT值既可以表明不同物质对X线的衰减能力，也可以表明各类密度物质的相对关系。CT值为正值时，说明是衰减系数大于水的物质；为CT值负则说明是衰减系数小于水的物质。在临床中，CT值的范围为-1024～3071Hu。人体部分组织的CT值，如表1.2.4所示。

表1.2.4　人体部分组织的CT值

组织	骨	血液	水	脑脊液	肝	脾	脂肪
CT值(Hu)	>250	50~90	0	3~8	45~75	35~55	- 5~100

按照CT的扫描方式与功能来区分，有常规CT、螺旋CT和电子束CT。

首先，常规CT通常带有较笨重的高压发生器并安装于扫描机架外部，由电缆将其余X线管连接，因此，只能以旋转的方式进行扫描，每工作一次，机架内的X线管和探测器都有一个启动、加速、旋转及停止的过程，扫描速度较为有限。目前，此类CT基本上已进入淘汰期，取而代之的是螺旋CT。平扫、增强扫描、造影扫描和特殊扫描是常规CT检查的几种主要方法。

第二，螺旋CT（Spira CT），正如名称所描述的，螺旋式是它的主要扫描方式，通过X线管持续产生X线，并做连续旋转和取样。同时，承载被检查者的检查床以恒定速度直线进退。扫描轨迹的特征是螺旋线。螺旋扫描围绕人体的一段体积，采集的数据是螺旋性的三维信息，而不再像常规CT那样对人体某一层面采集数据，所以，螺旋扫描也称为容积扫描。容积扫描所采集的数据有更大的信息量和更好的灵活性，其断面图像可以从任意选择层面和层面间隔进行重建，也可以对矢状面、冠状面、斜面及任意曲面图像进行重组，还可以通过一定的处理，形成真正的三维图像。这使得CT的应用范围得以拓展。例如，腹部存在疑似小范围的病变时，可在局部以小间隔对断面图像进行重建，从而可提高小范围病变区域的检出率。

第三，电子束CT（Electron Beam Computed Tomography，EBCT），又称超高速CT（Ultrafast Computed Tomography，UFCT），它的设备结构与普通CT及螺旋CT较大的区别在于：电子枪代替了普通的X线管球，电子束由电子枪发射出来，经过真空管的聚焦线圈聚集后，再经偏转线圈偏移，靶面被偏移的电子束轰击后产生X线，从而穿过人体进行成像。其探测器固定在机架内，而计算机、图像监视及照相系统与普通CT相仿。

3. 核磁共振成像

核磁共振成像（Nuclear Magnetic Resonance Imaging，NMRI）在应用于医学时，为避免人们与核辐射联系在一起而产生误解，将其“核”字隐去，故亦称为磁共振成像（magnetic resonance imaging，MRI）。其原理是：人体层面解剖和某些病理、生理变化的部位能够通过原子核在磁场内发生共振所产生的信号来进行成像。MRI成像方式和前两种不同，不会对生物体产生辐射创伤。近年来，MRI技术发展非常迅速，应用前景广阔，除了能显示人体的解剖结构外，全身各个系统，包括组织和器官的功能状态都可以被多方面检查和显示。

磁共振（Magnetic Resonance Imaging，MRI）的信号来源既是一类原子的原子核，如^{1}H、^{13}C、^{23}Na、^{31}P、^{39}K等，也是核磁共振成像原理的基础。在医学领域，由于氢原子在人体内含量最丰富，因此，氢原子核（质子）作为主要的利用对象，用于磁共振成像效果较好。氢原子核（质子）是围绕自身轴做不停地旋转的，即自旋。带有正电荷的质子在自旋时，会在周围产生微小的磁场。通常情况下，质子在生物体内呈无序排列，在宏观表现上为无磁性。但在强磁场中的生物体，其体内的氢原子核受到外磁场的磁化，会按照磁场方向进行顺序排列。此时，人体被磁化区域的质子被特定频率的脉冲无线电波——也称射频脉冲（Radio Frequency Pulse，RF Pulse）——进行激发后，被激发的质子由于吸收了无线电波的能量，自身的振动幅度和排列会被改变，这种现象即为磁共振。当射频脉冲停止后，这些被改变状态的质子会逐渐恢复至原来的无序状态，这种质子恢复至初始无序状态的过程称为弛豫（Relaxation），其恢复所耗费的时间称为弛豫时间（Relaxation Time）。在弛豫的过程中，质子原先吸收的能量，就会转化为以电磁波形式进行释放，因质子弛豫而产生的电磁波称为MR信号。MR信号的强弱，取决于人体器官、组织或病变的成分、分子结构和质子含量，计算机通过接收到强弱不同的这些信号，并对其进行相应处理，即可得到不同程度灰度的MR图像。

磁共振成像设备，如图1.2.4所示。MRI系统包含四大主件：第一主件是能产生强而适合应用于人体的磁场（主磁场、外磁场、静磁场B_0），主磁铁用于诱导（被检查病人体内的）质子磁矩极化。第二主件是射频（Radio Frequency，RF）系统，用于产生Larmor频率（亦称进动频率，ω_0）的射频，可以使质子产生变化磁场（B_1），该磁场产生可被探测的弱核磁信号并处理成像。第三主件是梯度磁场，附加在主磁场上用来产生并控制磁场中的梯度，以实现核磁信号的空间编码。第二、三主件通常集中放置在主磁体孔内。第四主件是由多台计算机组成的系统，用来提供使用界面，检测射频及梯度磁场的数字信号，进行数字运算（傅里叶转换、过滤等），利用数字信号重建图像。

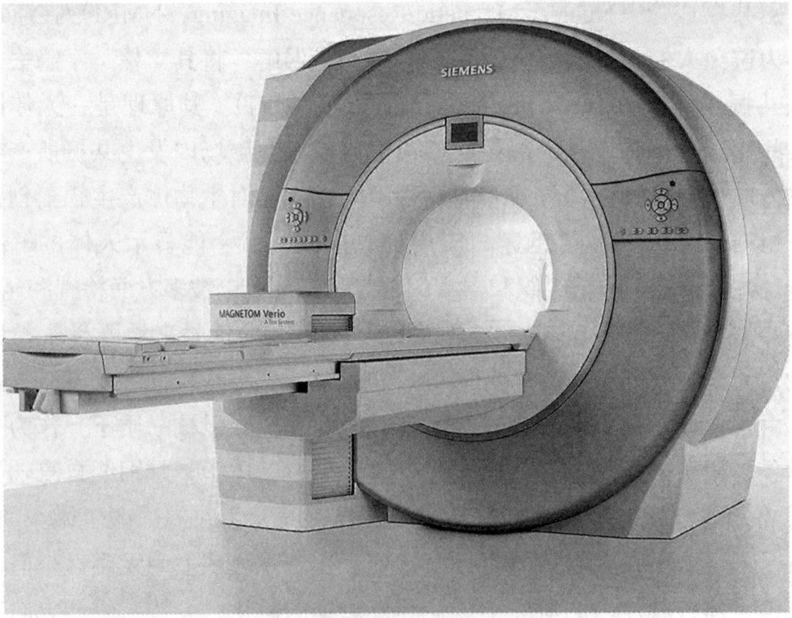

图1.2.4　磁共振成像设备

如前文所述，CT图像的对比度取决于所检查的组织和器官的密度，而MRI图像上的对比度取决于所检查的组织和器官的信号强度。影响信号强度的因素主要有以下几个方面。

第一，质子密度。生物体的质子密度越高，产生的磁共振信号就越强。反之，信号就越弱。而质子在生物体中的占比是最高的，故医用MRI就是利用质子（氢原子核）来成像。

第二，液体的流动。液体的流速越快，液体内的质子在选定的扫描层面内停留时间越短，则MR信号越弱。因此，在常规的自选回波脉冲序列上，大于每秒10厘米的正常流速血液不产生或只产生很弱的信号。

第三，纵向弛豫时间（Longitudinal Relaxation Time），是指脉冲无线电射频的作用停止后，质子发生的变化在纵轴方向（主磁场方向）上恢复至初始状态所需的时间T_1。例如，水的T_1长，纵向磁化恢复得慢，信号弱；反之，脂肪的T_1短，则信号强。利用不同组织T_1的差别形成的图像，称为T_1加权像（T_1 weighted image，T_1 WI）。

第四，横向弛豫时间（Transverse Relaxation Time），是指射频停止后质子发生的变化在横轴方向（主磁场方向）上恢复至初始状态所需的时间T_2，与T_1相比，主磁场强度对T_2的影响较小。液体的T_2长则信号强，软组织的T_2较短，脂肪的则更短。通常，多数病变导致T_2延长。利用不同组织T_2的差别形成的图像，称为T_2加权像（T_2 Weighted Image，T_2 WI）。

第五，脉冲序列（Pulse Sequence，PS）。要获得磁共振信号成像就需要不断施加RF脉冲。而施加RF脉冲的方式、顺序和间隔时间等不同，可获得性质不同、质量各异的MRI图像，故将施加RF脉冲获取MR信号的程序称为脉冲序列。脉冲时间（Repetition Time，TR）是指相邻两激励脉冲之间的间隔时间。回波时间（Echo Time，TE）指的是从发起激励脉冲到收到产生的磁共振信号时的这段时间。T_1信号由TR决定，TR越短，则对于显示出组织间T_1信号的差别越有利。T_2信号由TE决定，TE越长，则对于显示出组织间T_2信号的差别越有利。

4. 超声成像

超声成像（Ultra Sono Graphy，USG）可用于显示人体的内脏、器官的功能及结构。超声成像技术结合了声学原理、电子技术、微型计算机技术，它在现代医学影像学中起着不可忽视的重要作用。1942年，Dussik首次将超声波应用于颅脑疾病诊断。1954年，A型超声波检测仪问世，从此开创了医用超声临床诊断的新技术。到了20世纪70年代，超声成像技术有了重大进展，研制成功了实时超声扫描显像仪。其成像速度和图像质量都有了突破性进展，应用范围也扩大。它是现代超声影像技术的基础。在之后的多年内，该技术得到迅速发展。20世纪80年代初彩色多普勒血流成像技术面世，从而更加完善了超声成像技术，即，既可对组织的平面结构进行显示，又可显示血流，还可对血流进行定量分析。近年来，谐波成像、三维成像和超声造影等新技术相继问世，超声成像在诊断与治疗上不断起着重要的作用，在各类疾病检查中，已被广泛应用，它已经成为现今医学影像学的中流砥柱之一。

超声波是一种机械波，通常其振动频率高于20kHz，这也是人耳听觉频率范围的上限。超声成像就是利用超声波的物理特性与人体组织器官的声学特性相互作用而产生的信息，经放大和处理后形成的图象和曲线，用于探测人体病变的部位、性质和范围。按照基本原理，超声成像可分为以下几种。

第一种是A型超声成像（A-mode Ultrasonography），属于幅度调制显示法，其以波幅高低来表示界面反射信号的强度，声像图的纵坐标显示回波的幅度和波形，横坐标显示深度。以反射波的高低对波进行命名，包括饱和波、高波、中波、低波、微波等，如果无反射则表现为液平段。根据组织界面回波距离，对组织或脏器的大小或厚度进行测量；根据回波的特点对其物理特性进行判定。A型诊断法目前临床已较少使用，现仅应用于对眼轴、脑中线的探测和测量。

第二种是B型超声成像（B-mode Ultrasonography），即辉度调制显示法，又称一维切面诊断法。其以辉度明暗表示界面回声反射信号的强度，回声强则亮，回声弱则暗。超声显示屏上的图像由像素点构成，像素点的亮度代表回声强度（单位为分贝，dB），从最黑色到最白色的像素变化，称为灰度，灰度从黑到白分为若干等级，称为灰阶。因此，B型超声又称为灰阶超声。通过B型超声成像进行诊断，显示出的二维切面图像具有实时性，反映的是人体内某一断面上的信息，可清晰观察脏器及病变的形态、解剖位置、动态变化、毗邻关系，是目前在临床上应用最广泛的超声诊断法。同时，后文即将谈到的其他超声诊断法（M型诊断法、D型诊断法）均需同B型诊断法相结合才能得到更好的超声图像。B型超声图像可显示不同强度的回声，根据图像中回声强度的不同，将人体组织（包括病变）的超声回声强度分为5级，由弱至强依次为：

➢ 无回声：所有的液体物质，如血液、胆汁、胸腹水、尿液等，超声通过时不产生界面反射。无回声型在声像图上表现为最暗。

➢ 低回声：灰度较暗，可见于正常组织，如正常的肾皮质、皮下脂肪组织、淋巴结的皮质等，也可见于病变，如肝癌等表现为低回声型。

➢ 中等回声：如正常肝、脾、甲状腺等这类实质内脏器官，显示的是中等强度的灰度图像。

➢ 高回声：显示出的灰度较浅，可见于正常组织，如心瓣膜、血管壁、肾窦等。也可见于病变，如高回声型的肝血管瘤等。

➢ 强回声：灰度非常明亮，超声波遇到这类结构时几乎全部反射，后方伴声影，如骨骼、肠道内的气体、结石及钙化等。

正常人体组织回声强度由强到弱排列如下：肾窦>胰腺>肝、脾实质>肾皮质>肾髓质>血液>胆汁和尿液。在病理组织中，结石、钙化的回声最强，为强回声。

第三种是M型超声成像（M-mode ultrasonography），亦属于回声辉度调制显示法，是在单声束B型扫描中取样获得活动界面回声，然后以慢扫描方法将活动界面展开，使反射光点在显示屏上自左向右移动显示，得到的是“距离—时间”曲线。在图像上以亮度表示回声的强弱，反映的是脏器在一维空间中的动态信息。此法主要用于对心脏的诊断，也被叫作M型超声心动图。M型超声心动图的取样通常是以胸骨左缘左室长轴为标准切面，包括心室波群、心尖波群、心底波群和二尖瓣波群等。心脏各层结构的相对距离随时间的变化，在M型超声心动图中会以曲线进行显示。

第四种是D型超声成像，亦称为多普勒超声成像（Doppler Mode Ultrasonography），包括频谱多普勒超声和彩色多普勒血流显像。其成像基础是多普勒效应，只适用于检查运动结构。其中，频谱多普勒超声和彩色多普勒血流显像是D型超声成像下的具体两类。

频谱多普勒超声，是根据多普勒效应原理，将超声声束在传播途径中各个活动界面产生的频移进行提取，获得的图像以频谱形式显示，纵坐标代表频移，以速度表示，横坐标代表时间。基线上、下方的频移信号分别代表着朝向探头和背离探头。根据具体的成像原理不同，频谱多普勒超声又分为脉冲波多普勒（Pulse Wave Spectral Doppler，PW）和连续波多普勒（Continuous Wave Spectral Doppler，CW）。脉冲波多普勒是用一定时间间隔的调制脉冲，以收集取样体积内的运动物体的多普勒信号，具有很高的距离分辨力，可清晰地显示扫描线上某一部位、深度的血流方向、速度、性质。脉冲波多普勒技术的主要缺点是所测速度的大小受到脉冲重复频率（指每秒钟超声脉冲发射的次数）的限制。连续波多普勒分别连续发射和接收脉冲波，无时间延迟，因而不受脉冲重复频率的限制，能够检测高速（>7 m/s）血流，具有良好的速度分辨力。其缺点是将声束轴上所有的信号全部叠加到一起，因此，不能定点显示血流状态。

彩色多普勒血流显像（Color Doppler Flow Imaging，CDFI）技术，是利用多普勒效应原理，采用自相关技术，在超声二维切面上对所有频移回声进行采集，在同一幅二维图像的相应区域内，以彩色图像方式重叠显示。彩色多普勒血流显像通过RGB三基色对血流多普勒频移回声进行实时显示，如图1.2.5所示。图像中红色显示的部分，表示的是朝向探头运动的血流；蓝色显示的部分，通常表示的是背离探头运动的血流。层流用纯红或纯蓝色表示。色彩越鲜艳明亮，则表示血流速度越快。反之，则表示血流速度越慢。当出现红、黄、蓝、绿、青彩色混合的血流图像时，则说明血液流动存在多种方向、速度和离散度的湍流。彩色多普勒血流显像能够对人体解剖结构和血流状态两种图像进行叠加合成，完美地结合了B型超声与血流彩色显像，可以直观显示出血流运动的状态，被誉为“无创的心血管造影术”，是超声技术革命性的进步。频谱多普勒超声和彩色多普勒血流显像相互结合，多用于检测心脏及血管内血流流速、方向、性质，对心脏分流、瓣膜口狭窄、反流性疾病以及血管狭窄的诊断具有重要的临床价值。

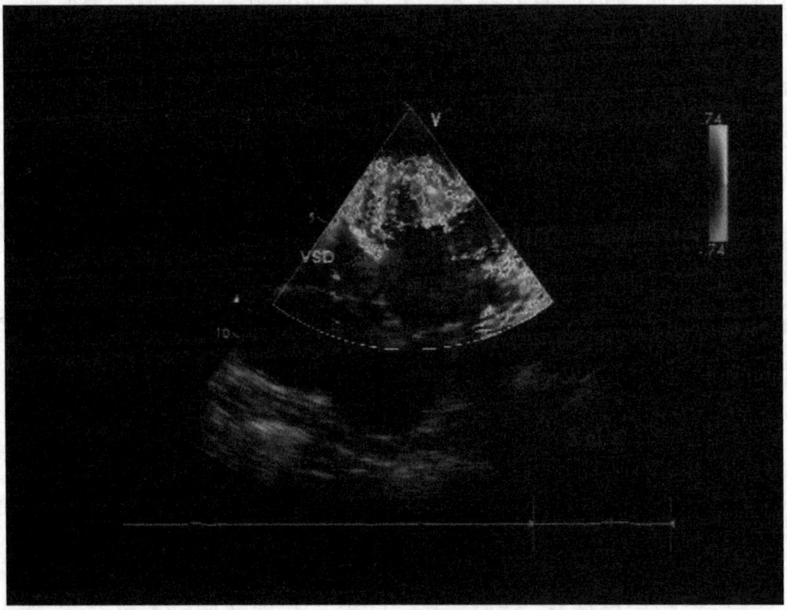

图1.2.5　彩色多普勒血流显像

5. 综合应用影像学检查方法与诊断原则

医学影像诊断是临床诊断的重要组成部分，它包括X射线、CT、MRI、超声和核医学等诊断方式。进行影像诊断时，因避免主观片面的思维误区，应掌握全面观察、具体分析、结合临床、综合诊断。

（1）多方位的全面性观察

首先，要对所有影像检查的资料按照时间先后的顺序进行排序并分类，观察时不能遗漏，需要系统和全面地观察；其次，基于对正常解剖和变异影像的准确认知，去发现异常影像的表现。再次，要详细观察、记录、描述那些异常影像的表现，要更加细致地从解剖部位、形态、数目、大小、密度、边缘是否清晰、与周围组织的关系等方面进行观察。

（2）具体情况具体分析

按照影像表现特点，将观察到的异常影像进行分类和概括，深入分析异常表现所体现出的病理意义。要逐一分析病变的布局位置，边界形态，大小和数量，信号密度、周围和结构情况，功能及动态的发展变化。根据异常影像所表现出的特征，概括推断其所反映的基本病理变化，并结合临床进一步推断出导致形成这种现象的具体疾病。

（3）结合临床

在疾病发展过程中，异常影像是疾病发展至某一阶段或方面的反映，由于同一影像可能会是不同疾病产生，也存在着相同疾病不同阶段产生不同影像的问题，因此，必须在分析临床症状、体征、实验室检查和其他辅助检查的基础上，再结合对异常影像代表的病理性质的梳理，从而才能将病理性质的影像与具体疾病之间的关系明晰化、确定化。除需了解现病史和既往史、临床体征和治疗经过外，分析时还应注意患者的年龄和性别、生长和居住地区，职业史和接触史以及结合其他重要检查，以做出正确的诊断。

（4）综合诊断

结合临床并在取得了各种影像检查的结果后，进行观察、分析，做出综合诊断。现代影像检查技术多种多样，相互之间具有互补性，在很多情况下，如果想从多方位、多角度反映病变的本质，则需利用不同检查方法提供的信息互相补充、互相参照、互相对比。因此，应强调综合影像诊断的基本原则，即各种影像资料的综合分析判断，并且按照由影像分析所推断的基本病变的疾病谱和概率分布，在密切了解临床资料的情况下，做出初步诊断，进而对于有关相似的疾病提出鉴别诊断和进一步相关检查的意见。在诊断时，也要考虑以下几种关系。

一是常见病、多发病与少见病、罕见病的关系：应首先考虑常见病和多发病，后考虑少见病和罕见病，同时要考虑到不同地区、不同人群的具体情况和疾病谱的变化，这样误诊的概率较小。

二是单一诊断与多个诊断的关系：要尽量用一种疾病来解释影像，即“一元论”原则，但有些情况下，无法通过一种疾病进行解释时，则可能需要采用多种疾病合并解释。

三是器质性病变与功能性病变的关系：首先要对功能性病变和器质性病变

做一个区分，有时也可能二者同时存在。例如，在消化道系统中，这种情况较为常见，即器质性病变有可能被功能性病变所掩盖。诊断时，在对排除器质性病变时存在不确定因素的情况下，不能轻率做出功能性病变的诊断，而是应该对功能性病变的可能性尽可能地排除，以显示器质性病变。

最终影像诊断分为三种：第一种是肯定诊断，即影像诊断在各种资料齐全、疾病本身有特异征象时，可以确诊。第二种是否定诊断，即经过影像诊断，排除了某些疾病，但应注意它有一定的限度。第三种是可能性诊断，即通过对所获得影像信息的分析，不能确定病变的性质，而是提出几种可能性，此时应提出进一步检查的意见或进行随诊观察、试验性治疗等措施。

影像诊断的步骤主要有以下五步：

第一步，全面了解病史及检查资料。分析影像之前，应了解病史和其他相关检查资料，使阅片既全面又有重点，利于影像诊断。

第二步，了解检查方法及检查技术。应明确不同影像检查的成像原理、图像特点、优点和限度，明确成像的技术条件能否满足诊断条件。

第三步，观察分析图像是正常抑或异常。观察分析时，应熟悉并掌握正常影像学解剖和常见变异，注意区分正常和异常。阅片时，要全面系统地观察，按一定顺序进行，防止遗漏病变，同时注意健侧与患侧的对比观察，以及不同时间检查影像的对比观察。

第四步，回答异常病变的位置。异常病变定位需要有系统解剖学和断层解剖学的基础知识，才能对病变做出比较正确的定位，从而正确地估计病变侵犯的范围和程度。

第五步，根据影像分析的结果，密切结合临床表现和其他检查，提出影像诊断，应尽量做到“四定”，即定位、定量、定性与定期。如不能确诊，应提出进一步检查的意见和其他建议。

（二）常见疾病的影像学表现

1. 鼻窦炎（Sinusitis）

鼻窦炎的病理表现为黏膜水肿、炎性细胞浸润、分泌物可为黏液性或化脓性。临床表现可有鼻塞、流涕、头痛、嗅觉减退和局部胀痛。

【CT影像】比较适合对鼻窦炎进行检查，具体表现为：窦腔密度增高、黏膜增厚、窦腔空间减小，有时可见气—液平面。慢性期窦壁骨质可增生硬化，合并钙化时提示真菌性感染。如窦腔扩大、窦壁膨胀变薄、腔内低密度影、增强扫描周边强化，提示黏液或黏膜囊肿。

【MRI影像】鼻窦窦腔内可见长T_1、长T_2信号线状或带状增厚黏膜影，增强扫描不同程度强化。

【诊断与鉴别诊断】窦腔内线状或带状软组织影，无占位效应，窦壁骨质无破坏，可诊断鼻窦炎。而鼻窦肿瘤一般可见软组织肿块，占位效应明显，破坏窦壁骨质时提示为恶性肿瘤。

2. 脑出血

脑出血是病死率和致残率较高的一类脑血管疾病。按病因可分为外伤性和非外伤性，后者主要包括如常见的高血压性脑出血以及动脉瘤破裂出血和脑血管畸形出血等。

高血压性脑出血是指由于高血压引起脑实质内血管破裂出血，脑组织受到压迫从而出现相关体征和症状的一类疾病。50岁以上患者为多发群体，出血部位以基底核、丘脑多见。

按照时间分期，可分为急性期、吸收器和囊变期。急性期通常为1周内，血凝块形成，周围软组织可见软化灶点状出血。通常从第2周至2个月内为吸收期，此时血肿内的血块因红细胞破坏而液化，丰富的毛细血管肉芽组织在血肿周围形成。2个月之后，坏死组织逐渐被吞噬细胞所清除，胶质细胞及胶原纤维在缺损部位形成瘢痕，血肿大时形成囊腔，此阶段称为囊变期。

【CT影像】急性期内，脑内可见高密度灶（CT值50 ~ 80 Hu），有肾形、类圆形或不规则形状，同时可见占位效应明显的水肿。亚急性期内，血肿由高密度逐渐向低密度转变，同时在体积上呈现向心性缩小，病灶周围水肿逐渐减轻。慢性期内，有较大的病灶，并存在圆形、类圆形或不规则的低密度区。

其他表现包括：可见脑室、脑沟、脑池等密度或高密度影、脑积水、占位征象，严重时形成脑疝。

【MRI影像】超急性期内，病灶周围出现灶周水肿，T_1WI呈等信号，T_2WI呈高信号。急性期内水肿加重，T_1WI呈等或略低信号，T_2WI呈显著低信号。亚急性期内T_1WI及T_2WI均由外围高信号、中心低或等信号发展至弥漫性高信号。慢性期内软化灶形成，血肿中心呈T_1WI及T_2WI高信号，血肿周围呈现T_1WI低信号、T_2WI高信号。

【诊断与鉴别诊断】脑出血早期CT诊断比较明确，准确率高，在吸收期及囊变期则需与胶质瘤、转移瘤、脑脓肿、脑梗死后遗症等鉴别，需结合病史分析。

3. 支气管扩张症

支气管扩张症（Bronchiectasis）是一种常见的慢性支气管疾病，是指支气管内径呈现不同程度和形态的增宽，且过程不可逆。支气管3至6级分支多发，多数为后天原因所致，少数为先天性，好发于儿童及青壮年，男女发病无明显差异。

临床表现主要有咳嗽、咳脓痰、咯血三大症状。合并感染时可有畏寒、发热、白细胞总数及中性粒细胞比例增高；病变广泛者，可出现呼吸困难、发绀等，约1/3患者可出现杵状指。

目前，胸部X线检查仅作为疑似病例的初步筛查，支气管造影作为一种有创性检查方法已被HRCT所取代，CT检查是诊断支气管扩张症的主要手段，不仅可以明确诊断，还可以明确病变的类型、范围及肺部并发改变。

【X线平片影像】轨道征（Pathway Sign），即沿肺纹理可见两条较正常支气管更粗的平行线状阴影，提示柱状支气管扩张。当扩张的支气管内有分泌物潴留时，称支气管黏液栓，X线上呈杵状密度增高影。卷发影或蜂窝状影，即肺野内成簇分布多个圆形或卵圆形薄壁透光区，直径0.5 ~ 3.0 cm，相互重叠，胸片上形如卷曲的头发或蜂窝状，合并感染时可见液气平。轻度支气管扩张患者，胸部X线平片可无异常或仅表现为肺纹理增粗紊乱。支气管扩张X线平片影像如图1.2.6所示。

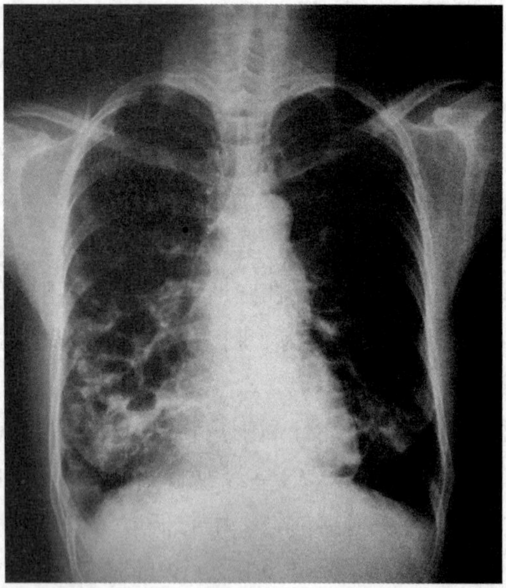

图1.2.6　支气管扩张X线平片影像

【CT影像】健康的情况下，同级支气管直径略小于伴行的肺动脉直径，当发生支气管扩张时，症状表现为支气管管径大于伴行的肺动脉管径。当CT扫描与病变支气管走向平行时，HRCT可显示出扩张支气管的纵切面，这种类似于并行的两条轨道，即为“轨道征”。当CT扫描与病变支气管及其伴行动脉走向垂直时，HRCT可显示出病变支气管与伴行动脉的横断面，由于这种形似印戒，亦称为“印戒征”，见于柱状和静脉曲张型支气管扩张。支气管管径增粗且粗细不均，其周边常见肺纤维化病变，提示静脉曲张状支气管扩张。囊状支气管扩张，常常具有薄壁光滑，并含有气或液气囊腔的特征，若囊内积聚分泌物，则影像会呈现葡萄串状，这是囊内出现气液平面的显著性征象。支气管扩张CT影像如图1.2.7所示。

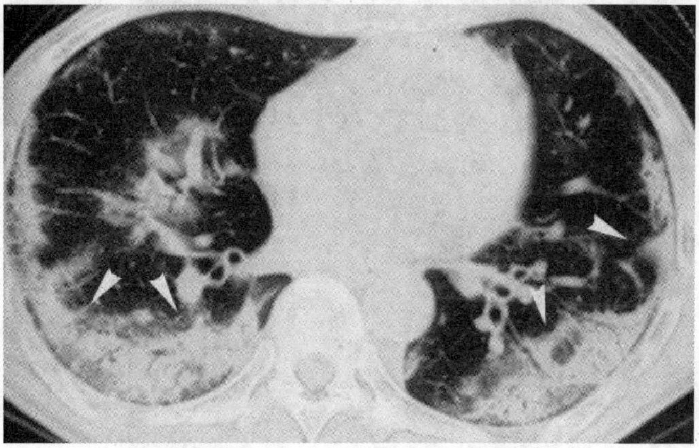

图1.2.7　支气管扩张CT影像

【诊断与鉴别诊断】HRCT显示支气管管径柱状、静脉曲张状或囊状扩张，管壁增厚，结合临床有咳嗽、咳脓痰、咯血等表现，基本可明确支气管扩张症的诊断。

柱状及静脉曲张状支气管扩张的CT诊断相对简单，囊状支气管扩张有时需与多发性肺囊肿、囊性肺发育不全和肺气囊等疾病鉴别。

4. 风湿性心脏病

风湿性心脏病（Rheumatic Heart Disease，RHD）分为急性风湿性心脏病（由风湿热累及心脏的心内膜、心肌和心包所引起）和慢性风湿性心脏病。影像学无特异性。后者为风湿性心内膜炎的后遗改变，影响到心瓣膜，以累及二尖瓣最常见，其次是主动脉瓣，导致瓣膜的狭窄和关闭不全。患者多见于青壮年，发病率女性高于男性。

【X线影像】单纯二尖瓣狭窄时X线平片表现为肺瘀血，严重者出现间质性肺水肿。心影呈二尖瓣型。左心房增大是突出表现，表现为心底双房影，左前斜位显示左主支气管受压上抬。右心室体积增加，肺动脉突出，左心缘出现左心耳，心尖圆隆，左心室及主动脉多为正常。合并关闭不全时，左心室增大。部分可见二尖瓣区钙化。轻至中度二尖瓣关闭不全，显示为仅有左心房和左心室轻度增大或者心肺X线改变轻微。重度二尖瓣关闭不全，显示为左心房及左心室显著增大，同时右心室也呈现增大现象。主动脉瓣狭窄时，升主动脉中段扩张，心脏影像常呈主动脉型；左心室有不同程度的增大，直接征象为主动脉瓣区钙化。主动脉瓣关闭不全主要表现为不同程度肺瘀血，多数心脏呈主动脉型，左心室显著增大，主动脉升、弓部普遍扩张，透视下左心缘搏动增强。三尖瓣损害表现为右心房增大，上下腔静脉扩张。联合瓣膜病X线仅能反映受累较重的瓣膜损害征象，诊断有一定限度。风湿性心脏病X线影像如图1.2.8所示。

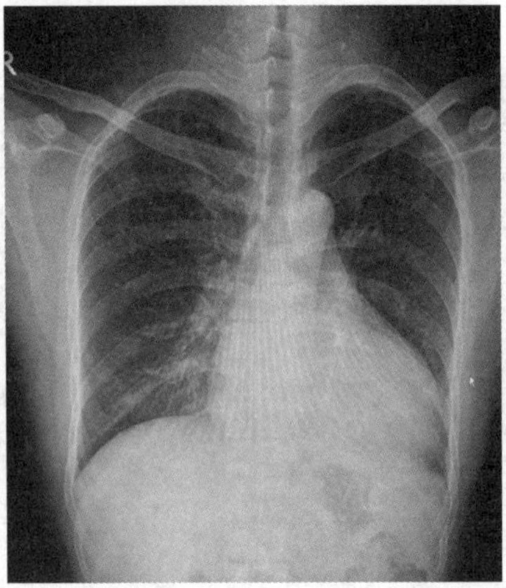

图1.2.8　风湿性心脏病X线影像

【CT与MRI影像】MSCT（多层螺旋CT）可显示瓣叶的变形、增厚及钙化，CT可以准确评价瓣膜病继发的心脏房室增大、室壁厚度的变化，并能评价左心房的血栓。MRI可用于显示各心房、心室的大小及心腔内的血栓，显示瓣膜的形态改变、运动受限及瓣口的狭窄，以及显示血流通过狭窄或关闭不全瓣口形成的异常低信号，MRI还可用于心功能的评价。二尖瓣狭窄CT影像如图1.2.9所示。

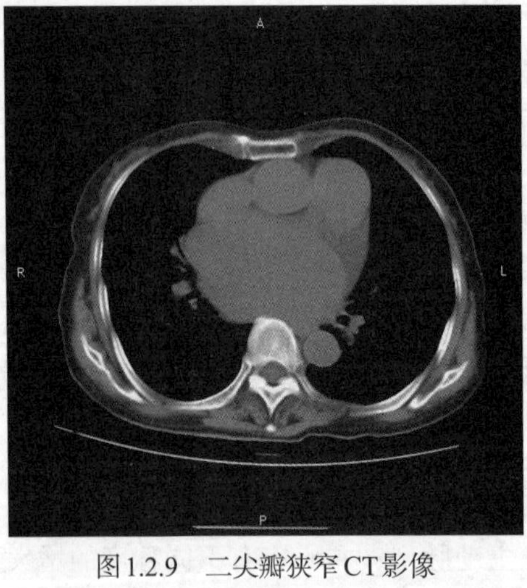

图1.2.9　二尖瓣狭窄CT影像

【诊断与鉴别诊断】根据临床表现、X线平片及超声心动图检查，风湿性心瓣膜病多能做出明确诊断。X线平片有助于观察心脏的整体轮廓、各房室腔大小及肺循环异常变化，不能直接显示心腔和瓣膜，作为初步检查方法应用。超声心动图可准确显示瓣膜及心腔结构，并能评价血流动力学变化，为心瓣膜病的首选检查方法。CT和MRI的诊断价值不如超声，可作为辅助的检查方法。本病需与心肌病、先天性心脏病合并瓣膜发育异常等鉴别，超声心动图有助于上述疾病的鉴别诊断。

5. **肝硬化**（Cirrhosis of Liver）

肝硬化是一种常见的肝病，具有慢性、进行性和弥漫性特点。导致肝硬化的病因很多，常见的有：病毒、血吸虫、自身免疫、酗酒、胆汁淤积、代谢障碍和药物中毒等。在我国常见的肝硬化多以病毒性肝炎所致。

【超声影像】早期阶段的肝硬化，超声影像表现缺乏特异性。肝硬化失代偿期可出现典型改变，如，肝失去正常形态，一般以右叶萎缩明显。肝表面不光滑，呈波浪状或锯齿状。肝实质回声粗糙，分布不均匀。部分可见肝再生结节，常多发，多表现为低回声区，呈圆形或椭圆形，一般直径在1.5cm以下。肝内管道结构发生异常改变：门静脉扩张，表现为扭曲和走行失常；肝静脉的管腔受挤压变细，走向不清；肝动脉由于门静脉血流量减少，发生代偿性增宽。出现门静脉高压征象，包括脾大、脾静脉增宽、门静脉增宽、门静脉侧支循环的形成（主要为脐静脉开放）和腹腔积液。多普勒超声：CDFI显示门静脉血流颜色变暗，有的呈蓝色反向的离肝血流；PW显示门静脉血流速度减低，频谱受呼吸的影响减弱或消失。

【CT影像】肝硬化的病理形态学改变可通过CT来反映（如图1.2.10所示），主要表现包括：

➢ 肝脏体积的变化：早期肝硬化经CT检查不会表现出特异性，可能会表现出肝脏体积增大，中晚期肝硬化常常表现为右叶、左叶内侧段萎缩，而尾叶、左叶外侧段增大，部分也可表现右叶增大并左叶或尾叶萎缩，结果导致肝各叶大小比例失调，如：尾叶/右叶横径比>0.6。

➢ 肝形态轮廓的改变：因结节再生和纤维化收缩，肝部分区段失去正常形态，并且边缘不平滑，呈颗粒状或波浪状。

➢ 肝密度不同程度的变化：脂肪的纤维化和变性，可导致肝密度弥漫性或不均匀的降低。平扫再生结节，显示为略低密度，若患有脂肪肝时，结节密度会相对较高，较大而多发的再生结节密度略高，动脉期强化不明显，静脉期与正常肝组织等密度。

➢ 肝裂增宽纤维组织增生、肝叶萎缩，致肝裂和肝门增宽，胆囊也可因此而外移。

➢ 继发性改变：①脾大，脾外缘超过5个肋单位，或脾下缘低于肝下缘。②门静脉扩张，侧支循环形成，脾门、胃底、食管下段及腰旁静脉血管增粗扭曲。如出现海绵样变，即在肝门的门静脉主干及左、右分支周围出现大量扭曲、扩张的静脉血管丛。③腹腔积液。

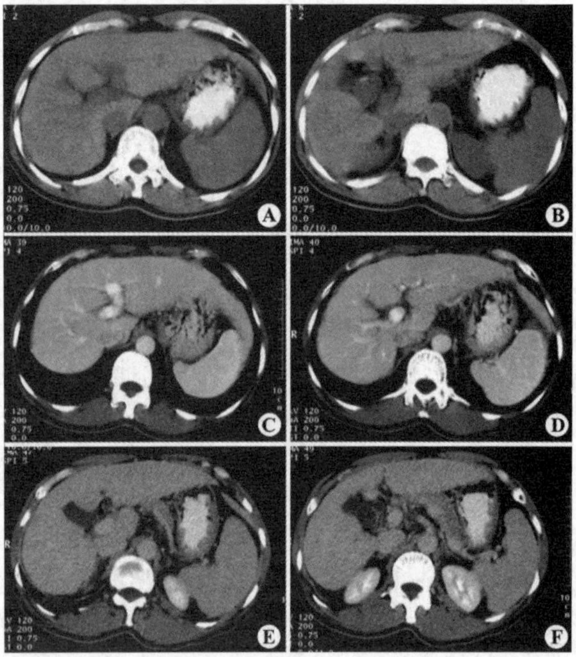

图1.2.10　肝硬化CT影像

【MRI影像】肝脏的形态和体积的变化，以及脾脏增大和门静脉高压征象等方面与CT的影像表现相同，但相对于CT，在肝实质的改变方面，MRI有更好的显示效果，如，肝脏实质内脂肪性状改变、血管分支细小，或同时存在肝炎所导致的肝脏实质信号不均匀。肝硬化血管变细和炎性纤维组织表现为肝实质内结构紊乱，并可见高信号的细小网格结构，T_2WI上比较明显。肝再生结节一般于T_1WI为零信号或略高信号，T_2WI呈低信号，信号均匀，无包膜，对比增强无明显强化。如出现T_2Wl高信号、动脉期明显强化、静脉期信号减低的结节，需要考虑再生结节的恶变。

【诊断与鉴别诊断】通过典型的影像学表现，可以对中、晚期肝硬化进行确定性的诊断。但由于在早期肝硬化阶段，其形态的变化并不显著，根据肝脏形态学无法确定肝硬化，加之影像学检查也难于确定，因此，需密切结合临床和实验室检查结果确定肝硬化。肝穿刺活检是诊断早期肝硬化的金标准。大多数情况下，影像学检查所显示的肝脏形态学改变不能明确肝硬化病因；少数情况下，根据影像学表现可以提示潜在的病因，如胆源性肝硬化。

6. **肾结石**（Renal Calculus）

肾结石在泌尿系统结石中占首位，多发于20 ~ 50岁，男性多于女性。结石多为单侧性，双侧同时发病者约占15%。结石可单发或者多发，多发者约占40%。

【超声影像】在肾集合系统内可见大小不等的强回声，较大结石后方伴有声影，较小结石的声影较弱，甚至不伴有声影。肾结石超声影像，如图1.2.11所示。

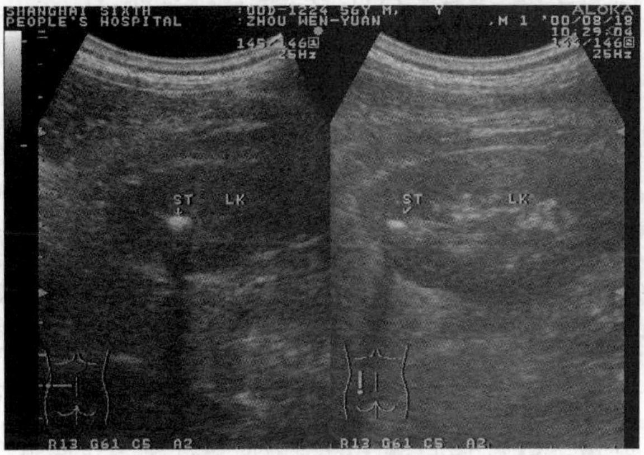

图1.2.11　肾结石超声影像

【CT影像】有些小结石和阴性结石在腹平片和IVP上可能会漏诊，而CT平扫即可有效避免上述漏诊的发生。除了确诊结石、评估肾功能、了解有无肾积水并判定其程度外，CT另一独特优势是对判断结石有无合并炎性肉芽形成、有无嵌顿、有无继发恶性变有重要价值，而这一诊断优势对治疗方案的制定起关键作用。肾结石CT影像，如图1.2.12所示。

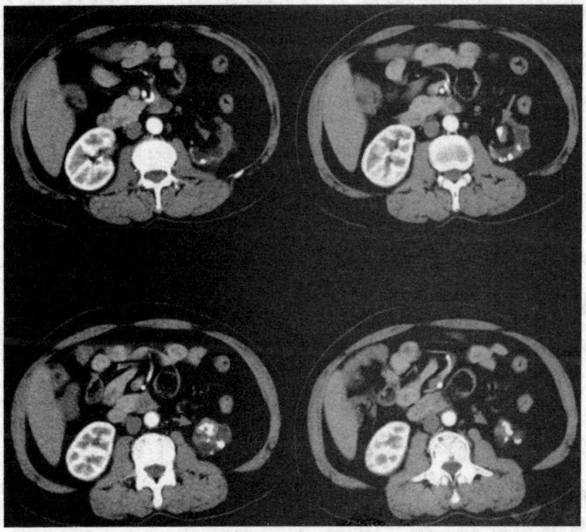

图1.2.12　肾结石CT影像

【诊断与鉴别诊断】临床怀疑肾结石时，通常首选腹平片或超声作为初查手段，多数阳性结石表现典型，容易诊断。有些小结石和阴性结石腹平片难以发现，可选择CT检查，帮助确诊。

第三节 医学大数据：临床数据获取、存储和利用及医疗信息化

随着互联网、云计算等信息技术的高速发展和应用普及，数据正以前所未有的速度爆发式地增长。国际数据公司（International Data Corporation）的研究报告显示：全球数据的总量每两年增长一倍，预计在2020年将达到44ZB。在各行各业中，大数据已经改变了我们管理、分析和运用数据的方式。而在大数据应用领域中非常重要且具有无限潜力的一个领域就是医疗行业。大数据在医疗行业的应用能合理地降低治疗成本，及时地预测流行病爆发，有效地避免可预防疾病的发生，并最终改善我们整体的生活质量。本节中将介绍医学大数据的概念及其在个体诊疗中的作用。同时，介绍了医疗信息化和信息化下的医疗大数据资料收集和管理。

一、什么是医学大数据

（一）医学大数据的概念

医学大数据是指对海量医疗信息的创建收集，并用特定的技术进行整合和分析。随着信息化技术在医疗行业的广泛应用，在医疗服务、健康保健和卫生管理过程中会产生海量的数据集，这便形成了医学大数据。医学大数据通常可以划分为以下几个方面：以电子健康档案、电子病历、医学影像、检验检查等为主的健康医疗服务数据；以基因序列、蛋白质组等为主的生物医学数据；以新型农村合作医疗、城镇职工基本医疗保险、城镇居民基本医疗保险等为主的医疗保险数据；以药物临床试验、药物筛查、基本药物集中采购、医疗机构药品与疫苗电子监管等为主的医药研发与管理数据；以疾病监测、突发公共卫生事件监测、传染病报告等为主的公共卫生数据；以患者行为表现、保健品购买记录、健身信息等为主的行为与情绪数据；以卫生资源与医疗服务调查、计划生育统计等为主的统计数据，还有以与人类健康密切相关的空气污染物和气候状况等为主的环境数据。

（二）医学大数据的特点

早期，IBM公司定义了大数据的特性有三个：大量性（Volume）、多样性（Variety）、快速性（Velocity）。后来的研究者们又加入了价值型（Value），形成4V特性。这些特性也能很好地对应到医学大数据中。除此之外，医疗大数据具有多态性、不完整性、时效性、冗余性、隐私性等特点。医学大数据的特点，如表1.3.1所示。

表1.3.1　医学大数据的特点

特性	在医疗大数据中的释义
大量性	医学大数据涉及方方面面的数据，这将会是一个庞大的数据量。例如，通常对于一个样本的人体基因组和转录组测序数据量会分别超过100GB。考虑到一次试验中通常会涉及数百个甚至上万个人体样本，相关的数据量产出十分巨大
多样性	医学大数据的多样性表现在数据来源和用途上，主要涉及健康医疗服务、生物医学、医疗保险、药物研发与管理、公共卫生、居民和患者行为、医疗统计和与人类健康密切相关的环境数据
快速性	医学大数据的快速性体现在数据产生的速度上和对特定事件响应的时间需求上。以公共卫生事件监测为例，在有突发传染疾病发生时，密集的监控会在短时间内产生大量的数据，而当检测指标异常时，需要快速做出响应
价值性	医学大数据的价值性毋庸置疑，可为临床诊疗、药物研发、卫生监测、公众健康、政策制定和执行等带来突破性的变化，最终全面提升健康医疗领域的治理能力和水平，创造出极大的价值
多态性	医疗数据的表达格式包括文本型、数字型和图像型。文本型数据包括人口特征、医嘱、药物使用、临床症状描述等数据；数字型数据包括检验科的生理数据、生化数据、生命体征数据等；图像型数据包括医院中的各种影像学检查，如B超、CT、MRI、X光等图像资料。在文本型数据中，数据的表达很难标准化，对病例状态的描述具有主观性，没有统一的标准和要求，甚至对临床数据的解释都是使用非结构化的语言。多态性是医学数据区别于其他领域数据的最根本和最显著的特性。这种特性也在一定程度上加大了医疗数据的分析难度和所需时间
不完整性	医疗数据的搜集和处理过程存在脱节，医疗数据库对疾病信息的反映有限。同时，人工记录的数据会存在数据的偏差与残缺，数据的表达、记录有主观上的不确定性
时效性	病人的就诊、疾病的发病过程在时间上有一个进度，医学检测的波形信号（如，心电、脑电）和图像信号（如，MRI、CT等）属于时间函数，具有时效性。例如，心电信号检测中，短时的心电无法检出某些阵发性信号，而只能通过长期监测的方式实现心脏状态的监测
冗余性	医疗数据中存在大量的相同或类似信息被记录下来。比如，常见疾病的描述信息、与病理特征无关的检查信息
隐私性	在对医疗数据的数据挖掘中，不可避免地会涉及患者的隐私信息，这些隐私信息的泄露会对患者的生活造成不良的影响。特别是在移动健康和医疗服务的体系中，将医疗数据和移动健康监测甚至是一些网络行为、社交信息整合到一起的时候，医疗数据的隐私泄露带来的危害将是非常严重的

（三）医疗大数据在应用时面临的问题

尽管医疗大数据有众多的优势，但是，它在应用过程中也存在着一些阻碍。比方说，虽然医疗大数据拥有海量的信息资源，但面对来自不同机构、采取不同格式、遵循不同标准的多源数据和资源共享是一个亟待解决的难题。这不仅依赖于相关政策法规的制定与完善，还依赖于基础设施能力和质量的提高。

同时，医疗大数据还面临着数据管理方面的问题。首先是数据质量问题，人类基因组学、健康行为、公共卫生检测等相关数据规模、产生速度和复杂度的增加使得各种类型的误差和错误更容易被引入系统。其次是数据保存的问题。各种存储技术缺乏统一的标准从而难以兼容，导致大量数据的丢失，对数据在新旧系统之间的迁移提出了巨大挑战。第三是数据整合度欠缺。数据尚未完整嵌入到业务流程和组织管理实践中，如患者监控数据尚未整合到临床诊疗中，临床数据尚未整合到公共卫生服务和重大疾病、传染病监测中等。

此外，保证信息的高速流通性的同时要注重客户或病人的安全和隐私保护。所有医疗数据都属于敏感信息。为了解决这些安全和隐私问题，大数据收集和分析软件所提供的解决方案应使用高级加密算法和个人数据的伪匿名化。同时，这些大数据收集和分析软件解决方案应为所有相关用户提供网络级别的安全性和身份验证，保证隐私和安全。此外，相关政府部门也应该建立起良好的监管标准和实践准则。

最后，医疗大数据仍处在初步建设阶段，配套的硬件和软件都处在发展阶段，相关的专业人员也相对紧缺。如何从数据量庞大、结构复杂的数据中提取出有效的信息最终服务于大众是医疗大数据应用的一个重要议题。

二、医学大数据对个体诊疗的作用

由于医疗信息化和数字化的逐步推进，现今的医疗模式已经发生了翻天覆地的改变。通过对医疗和健康保健的数据分析，医疗工作者和研究者们能够全面地了解患者的情况并制定个性化的医疗保健服务。

（一）个体诊疗的概念

个体诊疗，又称个性化医疗或精准医疗，是一种将人们分成不同群体进而针对不同群体的不同特性进行专门治疗的一种新兴医学模型。该医学模型通常基于患者的遗传信息或其他分子或细胞分析的检测结果来选择合适的、最优的治疗方法。即针对患者群的不同情况量身定制个性化的医疗保健方案、医疗决策和药物产品等。这种先进的医学模型可以有效地提高医疗效果并降低治疗费用。精准医学中所使用的工具包括但不限于遗传学信息分析、分子诊断、成像研究等。该术语最初是在遗传学背景下创造的，现在已经扩展涵盖到各种个性化的医疗措施当中。

（二）医疗大数据在个体诊疗中的应用

1. 在疾病诊断和干预方面的应用

每个人都有其独特的人类基因组变异。尽管个体之间的大部分差异对健康没有影响，但个体的健康源于遗传变异与行为和环境的影响。个性化医疗的进步是因为应用能确认患者基本生物学、DNA、RNA或蛋白质相关信息的技术，从而最终确认疾病并精准治疗。例如，基因组测序等个性化技术可以揭示DNA中的突变，这些突变影响从囊性纤维化到癌症的疾病。另一种称为RNA-seq的方法可以显示哪些RNA分子与特定疾病有关。与DNA不同，RNA的水平可以根据环境而变化。因此，测序RNA可以提供对人的健康状况的更广泛的理解。举例来说，研究人员会通过一个名为“全基因组相关研究”（Genome-wide Association Study，GWAS）来研究某种疾病是否与特定的基因突变相关。具体来说，研究者对具有该特定疾病的众多患者的基因组进行测序，以寻找基因组中的共同突变。GWAS研究确定了与疾病相关的基因突变之后，便可通过查看人们的基因组序列以检查相同的突变来诊断未来患者是否会得相关疾病。从近些年的相关研究来看，GWAS研究在鉴定与疾病相关的常见遗传变异方面非常成功。

以个体为基础对患者进行诊断将能制定更准确的诊断和特定治疗计划。基因分型是通过使用生物分析获得个体DNA序列的过程。通过详细测试个体的DNA序列，然后将得到的基因组数据与参考基因组（如人类基因组计划的基因组）进行比较，进而评估解释可能的疾病的现有遗传变异。许多私营公司已经创建了面向公众的基因组测序。个体的基因构成会影响治疗的发挥效果，因此，了解其遗传内容也有助于让患者得到更佳的治疗方式。其中一个方面就是药物基因组学，它通过个体的基因组信息来提供更个性化和优化的药物处方。通常情况下，药物治疗的基本理念是每种药物对患者们的作用是大致相同的，但在实际情况中，必须考虑许多因素。而来自个体的遗传信息的详细说明将有助于预防用药不当，并且让药发挥最大效力。除了基因测序，一些影像测试数据也是个性化医疗数据来源的一部分，例如MRI成像、荧光标记物和PET成像。分析这些数据通常涉及深度学习算法。这些算法权衡了各种影像测试的测试结果，进而得出准确的诊断结果。

2. 在潜在疾病预测及风险评估和健康指导方面的应用

医学大数据的另一个重要的应用领域是对潜在疾病的预测和健康指导。过去，人们只在疾病发生的时候才去寻医问药。而如今，随着信息技术和医学大数据的应用，医疗工作者们能够通过基因测序、分子检测等手段预测出某种特定疾病的发生概率，从而及早地进行干预。例如，美国影星××通过基因测序得知她存在BRCA基因缺陷。再结合其家族女性亲属有过患乳腺癌去世的历史，她接受了乳腺和卵巢的外科切除手术。美国斯坦福大学遗传与个体化组学中心主任迈克尔·斯奈德（Michael Snyder）教授是利用组学数据评估个体健康研究的佼佼者，54岁时开始采集自身血液样本，历经14个月，共获得20个时间点的样品。通过整合分析样品的基因组、转录组、蛋白质组、代谢组和自身抗体谱，斯奈德教授团队不仅全面揭示了个体在疾病和健康状态下各分子的动态变化，还额外发现了他患Ⅱ型糖尿病等疾病的风险较高。尽管斯奈德家族并未有人罹患Ⅱ型糖尿病，他的体重也在正常范围内，但通过临床检测后发现其糖代谢已超过正常界限。于是，斯奈德教授便根据医生的建议调整了自己的饮食习惯和生活规律，并增加锻炼的机会。6个月后，他的血糖水平恢复正常。这是一个很好地通过基因测序，发现潜在疾病，然后采取措施防止疾病发展的例子。即使在基因组中已经发现突变，拥有其DNA的细节也可以减少或延迟某些疾病的发作。拥有个体的遗传内容将能更好地确定疾病的来源，从而治疗或预防疾病的进展。这些研究表明，结合基因组图谱和各样动态的组学信息，可以解释一个人的健康和疾病状态。可以预见，未来个性化医疗的广泛应用意味着需要对每一个人的基因组测序，同时定期地检测、计算、分析各样的组学数据，根据分析的结果为每一个人提供个性化的防治、诊断和治疗。

3. 在药物发展及使用方面的应用

在药物研发过程中，掌握患者的基因组信息非常重要。在美国，新研发出的药物都需要得到FDA（美国食品和药物管理局）批准后才能供公众使用。对患者的基因构成有一个详细的描述可能是决定患者是否纳入或排除临床试验的最后阶段的一项重要判断指标。了解患者的基因信息能够更好地识别出在临床试验中获益最多的患者，这将降低患者在试验中因该产品导致的不良结果，并将允许更小、更快的试验，从而降低治疗的总体成本。此外，被认为对大多数人群无效的药物可以通过使用个人基因组来验证该特定药物或治疗的有效性，从而获得FDA的批准，尽管可能只有一小部分人群需要这种药物或治疗。

在今天的医学中，医生在找到对他们的病人最有效的治疗方法之前，经常使用试错策略。使用个性化医疗后，这些治疗方案可以更具体地为病人量身定做，并让医生更好地了解病患的身体对药物的反应，以及如何让药物根据病患的基因组而产生效果。这将使得药物治疗更经济和准确。正如文章《药物基因组学：个性化药物的前景》中写道的，“在合适的病人身上使用合适剂量的合适药物进行治疗”。这描述了个性化药物将如何影响治疗的未来。例如，他莫西芬曾是乳腺癌患者常用的处方药，但最初服用它的女性中有65%出现了耐药性。大卫·弗洛克哈特（David Flockhart）等人进行了一些研究后发现，CYP2D6基因（编码代谢酶的基因）发生了某种突变的女性，无法有效分解他莫西芬，这使得它成为治疗癌症的无效药物。从那以后，女性就有了这些特定突变的基因型分类，从而使得不同乳腺癌患者能获得更有针对性的治疗。一些制药公司目前正在利用这种通过高通量筛选或表型筛选进行的基因检测技术推进个性化药物的研究，扩大遗传研究的应用领域。在传统的“正向”转染文库筛选方法的基础上，可选择多靶点的方法进行反向转染或化学基因组学筛选。

配药是个性化药物的另一种应用。虽然不一定要利用遗传信息，但一种药物的各种特性（如剂量水平、成分选择、给药途径等）的定制生产被认为是个性化医疗的一个重要领域。

4. 在癌症方面的应用

在最近的几十年里，癌症研究已经发现了许多在传统病理学中表现相同的癌症类型的遗传多样性。人们也越来越认识到肿瘤的异质性，或单个肿瘤内的遗传多样性。这些发现增加了一种可能性，即那些对一般人群应用效果不佳的药物可能对某些具有特定遗传特征的病例仍然有效。

癌症基因组学或“肿瘤基因组学”，是基因组学和个性化药物在癌症研究和治疗中的应用。高通量测序方法被用来表征与癌症相关的基因，以便更好地了解疾病病理和改进药物开发。肿瘤基因组学是基因组学最有前途的分支之一，尤其是在药物治疗方面的应用。个性化诊疗、精准医疗作为下一代诊疗技术，较传统诊疗方法有很大的技术优势。相比传统诊疗手段，个性化诊疗具有精准性和便捷性。一方面通过基因测序可以找出疾病相关的突变基因，从而迅速确定对症药物，省去患者尝试各种治疗方法的时间，提升治疗效果；另一方面，基因测序只需要患者的血液甚至唾液，无须传统的病理切片，可以减少诊断过程中对患者身体的损伤。可以预见，精准医疗技术的出现，将显著改善癌症患者的诊疗体验和诊疗效果，发展潜力巨大。

此外，个性化医疗还可应用于健康保健方面。个性化的医疗保健基于动态系统生物学，使用预测工具来评估健康风险，并设计个性化的健康计划，以帮助患者降低风险、预防疾病，并在疾病发生时进行精确治疗。

（三）医疗大数据下个性化诊疗与循证医学

针对个性化医疗的浪潮，目前系统生物学改变现代医疗系统的方式被总结为：从以病征为主的疾病诊断和治疗，向基于个体特征的精确治疗转变。这也是一种循证医学的思想。循证医学（Evidence-Based Medicine，EBM）是一种医疗实践的指导方法。该方法强调在制定适用于患者群体的治疗方案时依旧有效的医学证据。换句话说，即是使用来自精心设计和精确执行的研究结果作为证据来优化医疗决策。虽然所有基于科学的医学都有一定程度上的实证支持，但循证医学却能做到更进一步。具体来说，便是对医学证据进行分类。如：只有较强类型的医学证据（来自荟萃分析，系统评价和随机对照试验）才能提供强有力的建议，而较弱类型的医学证据（例如来自病例对照研究）只能提供微弱的建议。

在美国，对临床治疗方案的推荐是根据风险与获益的平衡以及该信息所依据的证据水平进行分类的。美国预防服务特别工作组（The U.S. Preventive Services Task Force）将推荐等级划分为五类：

A级：良好的科学证据表明，该临床服务的好处远远大于潜在的风险。临床医生应与符合条件的患者讨论医疗方案。

B级：至少有相当的科学证据表明，该临床服务的好处大于潜在的风险。临床医生应与符合条件的患者讨论医疗方案。

C级：至少有一定的科学证据表明，该临床服务提供了一些好处，但好处和风险之间的平衡太过接近，无法提出一般性建议。临床医生不需要提供此医疗服务，除非有特殊情况可针对个人考虑。

D级：至少有一定的科学证据表明，该临床服务的风险大于潜在的好处。临床医生不应为无症状患者提供此医疗服务。

I级：缺乏科学证据，质量差，或相互矛盾，因此无法评估风险与收益之间的平衡。临床医生应该帮助患者了解该治疗方案的不确定性。

临床医生可能会受知识短缺或偏见的限制，但循证医学却能确保一个医学观点不会受到上述的限制，而是完全通过客观的医学证据和科学文献中的所有可用知识来制定的最佳方案。无论是医学教育、个人行为决策、制定适用于人群的指导方针和政策，还是一般的卫生服务管理，循证医学都主张决策和政策应尽可能基于证据，而不仅仅是个人的经验或个人认识。该术语最初只用于描述教授医学实践和改善医生关于患者的决策的方法。如今，循证医学的思想被广泛推广于临床实践、医疗保健以及其他领域中。

三、计算机信息技术在医学大数据分析中的应用

医学大数据的主要应用领域包含了从临床诊疗、药物研发、卫生监测到公众健康、政策制定和执行等多个方面。医学大数据的分析和应用将为人类的健康医疗领域带来前所未有的巨大变化。以下将从患者、医院和管理部门三个方面介绍一些医学大数据的实际应用案例。

（一）面向患者或潜在病人的应用

医学大数据可以实时地监控病患的身体状况，以便及时发出警报。通常情况下，病人住院会产生高昂的费用。而当情况不是特别紧急的时候，或许在家治疗会是一个更好的选择。但是，这也带来了新的问题，即如何能在有异常情况的时候及时发出警报。随着智能手机和智能手环等可穿戴设备的普及，时时刻刻收集患者在家中的生理数据等已不是困难的事情。这些数据通过设备终端发送到云端公众健康状况数据库。医生或是护理人员便可以通过相应的系统及时来监测这一庞大的数据流，以便及时地了解病人的状况并相应地修改医疗方案。最重要的是，当病人的生理数据出现异常并超过一定阈值时可以发出警报。例如，如果某个病人的血压升高到令人担忧的程度，系统会向医生发出实时警报，医生会采取行动到达病人身边，并采取措施降低血压。另外，某些公司已开始使用带有GPS追踪器的吸入器，以便在个体层面上识别哮喘趋势，并观察更大的人群。这些数据与疾病预防控制中心的数据一起使用，可以为哮喘患者制定更好的治疗计划。

对于健康人群，可穿戴式的设备同样能为他们的健康带来益处。首先，这些设备可以永久记录他们的步数、心率、睡眠习惯等。所有这些重要信息都可以与其他可跟踪的数据相结合，以识别潜在的健康风险。例如，慢性失眠和心率加快可能预示着未来患心脏病的风险。其次可以让他们直接参与到自身健康的监控中。第三，健康保险的激励也可以促使他们过上健康的生活方式。例如，对使用智能手表的投保人给予保费减免的优惠。

目前，可穿戴式的智能设备所能收集到的数据依旧有限。随着未来科技的发展，植入式的健康监控设备也许是一个发展方向。植入式的设备可以更全面更准确地监控人们的生理状态。

另外，医学大数据还能帮助我们预测患者是否存在药物滥用，尤其是阿片类药物滥用的情况。近期，美国媒体报道了一个令人震惊的新闻，滥用阿片类药物过量在美国造成的意外死亡人数超过了此前最常见的意外死亡原因——道

路事故。分析专家伯纳德·马尔（Bernard Marr）在《福布斯》的一篇文章中提到了这个问题：情况已经变得非常严峻，以至于加拿大宣布阿片类药物滥用为“国家健康危机”，奥巴马总统在任期间拨出11亿美元用于制定解决方案。而大数据分析在医疗保健领域的应用可能是每个人都在寻找的答案：蓝十字蓝盾是美国历史最悠久、规模最大、知名度最高的专业医疗保险服务机构。他们的数据科学家已经开始与模糊逻辑（Fuzzy Logix）的分析专家合作，一起解决这个问题。通过多年的保险和药品数据，模糊逻辑的分析师已经能够识别出742个风险因素，这些因素能够高度准确地预测一个人是否有滥用阿片类药物的风险。虽然美国和中国的医疗体系不尽相同，但是，值得借鉴的是如何从医学大数据中挖掘有价值的数据，用以避免药物滥用的情况。

（二）面向医院的应用

医学大数据可以帮助医院预测患者人数并优化医务人员的配置。每个医院都将面临这样一个问题：在任何给定的时间段内，医院需要安排多少员工？如果安排了太多的工作人员，就有可能增加不必要的劳动力成本。如果工作人员太少，就有可能不能满足病人的要求，这对患者和医院来说都是不希望出现的。大数据能很好地解决这个问题。巴黎希望医院资助的四家医院利用各种来源的数据，对每家医院的病人人数进行每日、每小时的预测。其中一个关键数据集是过往10年的住院记录。科学家们利用“时间序列分析”技术对这些数据进行了分析。这些分析让研究人员看到了入院率的相关模式。然后，他们可以利用机器学习找到最准确的算法，预测未来的病人数量的趋势。所有的这些工作成果都总结在一个基于Web浏览器的界面。这个界面简单明了，让医生、护士和医院管理人员这些没有接受过数据科学培训的人也可以预测未来15天的访问和入院率。当预期会有大量来访者时，可以安排更多的医务人员，从而缩短病人的等待时间，提高医疗服务质量。

医疗大数据还能助力远程医疗。远程医疗已经在市场上存在了40多年，但直到今天，随着在线视频会议、智能手机、无线设备和可穿戴设备的出现，远程医疗才得以全面发展。远程医疗指的是利用技术提供远程临床服务。它用于初级咨询和初步诊断、远程病人监测，以及卫生专业人员的医学教育。一些更具体的用途，如临床医生利用远程医疗提供个性化的治疗计划，让患者不用住院或再次入院。在将来，或许还能进行远程手术。具体来说，医生可以使用机器人和高速实时数据传输进行手术，而无须与患者在同一地点。如前所述，此类医疗数据分析的使用可以与预测分析一起使用，让临床医生提前预测急性医疗事件，防止病人病情恶化。同时，因为病人不需要住院，远程医疗有助于降低成本和提高服务质量，病人可以避免排队，医生也不会浪费时间在不必要的咨询和文书工作上。远程医疗还可改善医护效果，因为病人的状态可以得到随时随地监测。

医疗大数据跨医院共享，让医生更全面地了解患者，减少患者的重复检查。截至2018年8月，北京地区已有30家试点医院实现电子病历共享调阅，也就是说患者在这30家医院中的任意一家就诊后，再到其他29家医院就诊，医生可随时调取患者的既往检验检查结果、主要诊断、用药、手术情况等信息，无须患者提供。据琚文胜介绍，北京市实现电子病历共享调阅的技术方案有三种，三种共享方式分别对应三个层次。一是通过电子病历浏览器，安装部署在各试点医院前置机服务器。系统安装后，各医生工作站使用浏览器进行访问，需要医生进行二次登录。二是把电子病历浏览器与医生工作站集成。医生在医生工作站点一下即可查阅患者的电子病历，不需要二次登录，更方便了医生。三是协同医疗。在与医生工作站集成的基础上，在HIS系统中实现智能提醒，包括：药物过敏、重复用药、重复检验检查的提醒功能。

（三）面向管理部门的应用

利用医疗大数据进行战略规划。很多问题需要从宏观方面才能有更好的把握，而这正是医疗大数据所带来的好处。佛罗里达大学的研究人员利用谷歌地图和免费公共卫生数据，针对人口增长和慢病等多个问题制作了热图。随后，学者们将这些数据与最热门地区的医疗服务可用性进行了比较，从中获得的见解使他们能够对医疗资源配置和规划等方面的策略进行思考。譬如，在大多数有问题的地区增加更多的医疗单位，在特定疾病的重灾区配置更多的专科医疗单位等。

医疗大数据还能通过对一些传染病或疫情发生时所产生的症状或者人群的社会行为进行检测从而达到对传染病和疫情的预警和检测。具体来说，这种监测是指在临床诊断前对疾病暴发相关信息进行不间断性地、全面地收集和分析，以期尽早地发现疾病在时间维度和空间维度上的异常聚集的情况。这样便可以达到对传染病或疫情暴发进行及时检测、尽早预警和迅速反应的目的。这种监测通常不依赖于特定的疾病诊断，而是监测人群中特定的临床症状或者社会行为。电子病历系统的使用范围现在已经覆盖全国大部分地区，公共卫生部门可以通过分析全国各地有相同或相似症状的患者的信息，预测某些特定传染病的暴发，并提前做出快速反应。谢立及其研究团队进行了流感样病例与非处方药销量相关性的分析。该研究发现，在人口数量和构成相对稳定的地区，当流感样病例出现在时间维度和空间维度上的异常聚集性时，非处方药（Over the Counter，OTC）销售监测系统就可能检测出异常。这就为我们提供了及时、有效和易获取的公共卫生信息和早期预警信号。李印东及其研究团队在学校传染病预警研究中，也运用症状监测的原理对学生因病缺课的情况进行监测，并建立合理的预警阈值。当学生因病缺课情况超过预设阈值后便会发出相关信号，以达到预警的目的。症状监测作为对传统监测的一个重要补充，提高了对新发传染病和疫情的检测灵敏度，提高了疾病防控能力和水平。但目前的症状监测也同时存在着推广成本高、信息化建设落后、病原体检测滞后、数据共享等不足之处，需要更进一步地发展和完善。

四、医疗信息化

（一）医疗信息化概念及发展概况

医疗卫生信息化是指将计算机、网络通信、数据库技术与医疗卫生行业需求进行有机的结合，满足医疗机构以及相关部门对医疗卫生信息的收集、整理、储存、分析，提高医疗卫生行业效率，并满足客户功能要求。医疗卫生信息化根据重点发展对象的不同分为医院管理信息化、医院临床信息化和区域卫生信息化。

医院管理信息化。重点发展对象为医院信息系统，它以管理为主轴，对医院的人流、物流和财流进行综合化管理。医院管理信息系统就是在这种背景下应运而生。医院信息系统（Hospital Information System，HIS）的主要目标是支持医院的行政管理与事务处理业务，减轻事务处理人员劳动强度，辅助医院管理，辅助高层领导决策，提高医院工作效率，从而使医院能够以少的投入获得更好的社会效益与经济效益，包括人事管理系统、财务管理系统、后勤管理系统、药库管理系统、医疗设备管理系统、门诊、手术及住院预约系统、病人住院管理系统等。根据中国医院协会信息化专业委员2017—2018年度中国医院信息化状况调查报告对484家参与医院的管理信息系统实施状况的统计结果显示，整体已实施比例约55%，其中，门急诊划价收费系统和门急诊挂号系统已实施比例占50%以上，药库管理系统、门急诊药房管理系统、住院药房管理系统和住院病人入、出、转管理系统已实施比例在45%~50%之间，而仍有一些信息系统的已实施比例较低，如客户关系管理系统（CRM）、患者APP（本次报告新增）和微信公众号的已实施比例不到10%。

医院临床信息化。以医院管理信息化为基础，重点发展医院临床信息系统（Clinical Information System，CIS），以提高医疗质量和医疗工作效率为目的进行病人医疗信息的采集、处理、储存、传输。根据国外医疗信息化的发展趋势看，欧美很多发达国家在完成了医院管理信息系统的建设后，都把注意力和资金投向了医院临床信息系统的研究、开发和应用上。根据在美国奥兰多举行的美国医疗卫生信息管理协会（Healthcare Information and Management System Society，HIMSS）第19届年会的调查，美国各医院的信息总监们普遍把临床信息系统和电子病历当成未来两年内所关注的首要问题。临床信息系统是临床信息化下的重要产物。凡是与患者及临床诊疗相关的信息系统都属于临床信息系统，它不是一个单一的系统，而是一个系统集群。临床信息系统的主要目的是“以患者为中心”地为医护人员的临床活动提供全方位的支持，提高医护人员的能力和工作效率，提高医疗质量和安全性，为病人提供更多、更快、更好的服务。它的作用主要是：科室及病人的管理、患者资料的收集、临床诊疗决策支持、计划、监护、报告、评估、研究等。涉及病人临床医疗信息的收集和处理，临床医学知识的积累和挖掘，同时提供临床咨询、辅助诊疗、辅助临床决策，等等。临床信息系统覆盖医生、护士、专业科室、医技科室等与病人诊疗相关的各个环节，包括医嘱处理、病程记录、检验、医学影像、监护和麻醉等多个不同的系统。中国医院协会信息化专业委员会2017—2018年度中国医院信息化状况调查报告对参与调查的医院的临床信息系统的实施状况进行分析，住院医生工作站系统的已实施比例最高，达到44.01%，其后依次是住院护士工作站、门急诊医生工作站系统，比例分别为42.36%、42.15%。已实施比例最低的是临床数据存储库CDR，比例为9.09%。准备建设比例最高的是信息系统集成平台，达到12.19%。

区域医疗信息化。区域医疗信息化是指在标准化建设成果和数据共享的基础上，为某地区的医疗服务提供者、卫生行政机构、患者、医疗服务支付者和医药产品供应商以数字化存储、分享的方式提供医疗行业数据和技术平台服务，以支持医疗保健服务、公共卫生和卫生行政管理的工作流程。从医疗服务目标和服务对象来看，区域医疗信息化主要是针对下面的三类服务。首先，区域医疗信息化建设是为了给人们带来便利，如病人可以远程挂号登记，医务人员可以当场获取检测样本的结果，向患者在网络上提供医疗咨询服务，以及远程会诊。其次，区域医疗信息化建设是给医务人员提供服务的。医生在做出诊断时可以准确地了解患者就诊的时间、地点和医疗效果，可以使医生的诊断结果更准确，治疗更有效。最后，区域医疗信息化建设是给政府服务人员提供服务的。医疗数据中心的存在是为了使行政部门能够更好地统筹医疗卫生资源，避免不必要的医疗浪费，从而改善医疗服务的行为，提高医疗服务质量，最终建立健全的医疗保健服务标准和质量评估体系，以最大限度地提高区域卫生信息系统的经济效益和管理效益。医药卫生信息共享系统是建立在一定的体制、行政管理单位、经济结构及发展水平基础上的，以信息网络、电子商务、电子支付、现代物流等现代技术服务支撑的，对传统医疗卫生服务模式进行改造创新，建立新型数字医疗卫生服务模式和业务流程和区域医疗卫生信息系统，进而全面优化整合区域医疗卫生资源，实现区域内各医疗卫生系统信息网上交换、区域内医疗卫生信息集中存储与管理和资源共享。

但由于不同地区的经济发展水平的不均衡性，区域医疗卫生信息化的程度也不尽相同。中国医院协会信息化专业委员会2017—2018年度中国医院信息化状况调查报告对参与医院的区域卫生信息系统实施状况的分析结果显示，实施了区域卫生信息系统的医院比例为30.79%。三级医院已参与区域卫生信息化的比例为37.26%，而三级以下医院仅为23.08%。经济发达地区医院和经济中等发达地区医院参与区域卫生信息化的比例明显高于经济欠发达地区医院，分别为39.90%、36.84%、13.73%。

我国医疗卫生信息化建设起步于20世纪80年代，目前正处于产业发展的黄金时期，发展前景广阔。在过去的20多年间，我国医疗卫生信息化行业在政策鼓励与需求旺盛的背景下迅速发展，大型医疗机构基本完成管理信息化，其中部分机构完成了医院临床信息化和区域医疗信息化；中小型医疗机构完成管理信息化的比例也持续上升。我国区域卫生信息化建设从《全国卫生信息化发展规划纲要》的颁布开始步入正轨，期间相继发布了《中共中央国务院关于深化医药卫生体制改革的意见》《健康中国2020战略研究报告》等文件对公共卫生信息化进行鼓励，目前仍处于发展阶段。总体上看，我国医疗卫生信息化行业目前仍处于上升期，中小型民营医疗机构管理信息化系统的普及率依然偏低，对标欧美发达国家75%以上的普及率，我国中小型医院信息化普及率仍然有比较大的上升空间。

（二）大数据与医疗信息化

信息化已经成为医院管理的最有效工具，大数据的应用可以为医疗卫生提供广阔的发展空间，并带来实质性的好处。21世纪人类面临两大突破——生命科学与信息技术，而现代医院正是处于这两大突破的结合点和交叉处。

新的信息技术必然会促进生命科学的发展，同样，生命科学的进展会导致信息技术革命的产生。《中共中央国务院关于深化医药卫生体制改革的意见》中指出，要建立实用共享的医疗信息系统，大力推进医药卫生信息化建设。新医改“四梁八柱”彰显出了信息化的重要性。信息化在各个行业都得到了非常迅猛的发展，比如银行、航空、电信等。在医疗信息系统中，信息化已经成为医院管理最有效的手段。总而言之，通过医院信息化“三位一体”——医院业务应用、基础架构、智能医疗设施的实现，不仅可以有效促进资源整合、加强流程优化、降低运行成本、改善服务质量，还能够提升医院整体的管理水平。

大数据要着重解决的关键问题是快速流转，数据的规模要大，数据的类型要分类。大数据分析和挖掘是区域医疗信息化的重要目标，医院是数据分析和挖掘的主体。医院信息化是区域医疗信息化的初级应用，能够带动区域医疗信息化，实现医疗服务的开放及共享。

五、基于计算机的医学大数据收集与管理

医疗大数据涵盖从个人的基因序列、健康档案、购药行为和医疗保险数据到公共卫生事件监测、计划生育管理数据以及空气、气候状况等环境数据，涉及面非常之广。目前，医学影像信息系统和个人电子病历信息系统在医疗信息化的进程中建设得较为完备。

（一）医学影像信息系统

医学影像信息系统狭义上是指基于医学影像存储与通信系统，并从技术上解决图像处理技术的信息管理系统。广义上，在现代医疗行业，医学影像信息系统是指包含了RIS，以DICOM 3.0国际标准设计，以高性能服务器、网络及存储设备构成硬件支持平台，以大型关系型数据库作为数据和图像的存储管理工具，以医疗影像的采集、传输、存储和诊断为核心，集影像采集传输与存储管理、影像诊断查询与报告管理、综合信息管理等综合应用于一体的综合应用系统。该系统的主要任务就是把医院影像科日常产生的各种医学影像（包括磁共振、CT、DR、超声、各种X光机等设备产生的图像）通过DICOM 3.0国际标准接口，以数字化的方式海量保存起来。当需要的时候在一定的授权下能够很快地调回使用，同时增加一些辅助诊断管理功能。它对各种影像设备间传输数据和组织存储数据具有重要作用。

现代医学的发展迅速，医生给病患进行疾病诊断时越来越多地依赖于各种医学影像的检查（如X光、CT、MR、超声、窥镜、血管造影等）。传统的医学影像管理方法通常以胶片、图片或文本资料进行存储。长年累月下来，这些文

件大量的堆积会给影像资料的保管、查找和调阅带来许多不便。更严重的是，重要的医学影像和资料丢失情况时有发生。这种传统的存储方法已经无法满足现代医院对如此大量和大范围医学影像的管理要求。随着计算机、通信技术和信息化的发展，数字化影像和传输的技术已经不存在任何技术壁垒，因此，采用数字化影像的管理方法已经成为当今医疗机构解决医学影像存储问题的最优选择。目前，国内众多医院已完成医院信息化管理，其影像设备逐步更新为数字化设备，已具备了联网和影像信息共享的基本条件。如今，实现零胶片放射科和全面数字化医院，已经成为现代化医疗的一股潮流和趋势。

1. 医学影像信息系统的优势

（1）提高医院的医疗水平

有了医学影像信息系统后，医生的工作流程被极大地简化了。这样，医生便可以将更多的时间和精力投入到诊断中。这无疑提升了医院的诊断水平。同时，医学影像信息系统还引入了先进的图像处理技术，这使得过去难以检测的病变变得清晰可见。此外，借助医学影像信息系统，医生可以很方便地访问病患过去的医疗记录。医生在给病患做诊断前便可以参考以前的记录以获得更准确的诊断。

（2）降低材料成本

在引入医学影像信息系统后，图像以数字方式存储，节省了大量的存储所需要的物质载体，如纸张和胶片等，进而降低了材料成本。

（3）降低管理成本

数字存储的另一个好处是它不会失真，占用空间小，节省了大量的以往传统的影像资料管理模式下所带来的管理成本。

（4）提高工作效率

数字化的影像资料让医务工作者可以在任何地方通过网络访问的形式来查看图像、借调和访问患者过去的医疗记录。这在过去需要耗费医院大量的人力和时间成本，而现在通过医学影像系统，一切都可以通过简单地点击来实现，这极大地提高了医务工作者的效率。效率的提高意味着每天可以接待的更多的患者，这不仅为医院带来了好处，更是对患者带来了莫大的好处。

（5）医学影像资料的数字化存储也是远程医疗中的重要一环

远程医疗需要医疗工作者在异地访问病患的医学资料，而数字化的存储方式无疑解决了这一难题。

（6）为医院提供资源

对于医院而言，典型的医疗记录和报告是宝贵的资源，在专家系统下制作的无失真数字存储和标准化报告是医院的宝贵技术积累。通过医学影像信息系统，将这些资料数字化保存可为医院保留下珍贵的医学资料。

（7）充分利用本院资源和其他医院资源

通过医学影像信息系统将医院资源与其他医院共享，促进医院之间的技术交流，相互补充，促进共同发展。

2. 医学影像信息系统的工作流程

如图 1.3.1 所示，医学影像信息系统的工作流程大致包括六个步骤：检查信息登记输入、Worklist服务、影像获取、非DICOM转换、图像调阅和报告编辑。

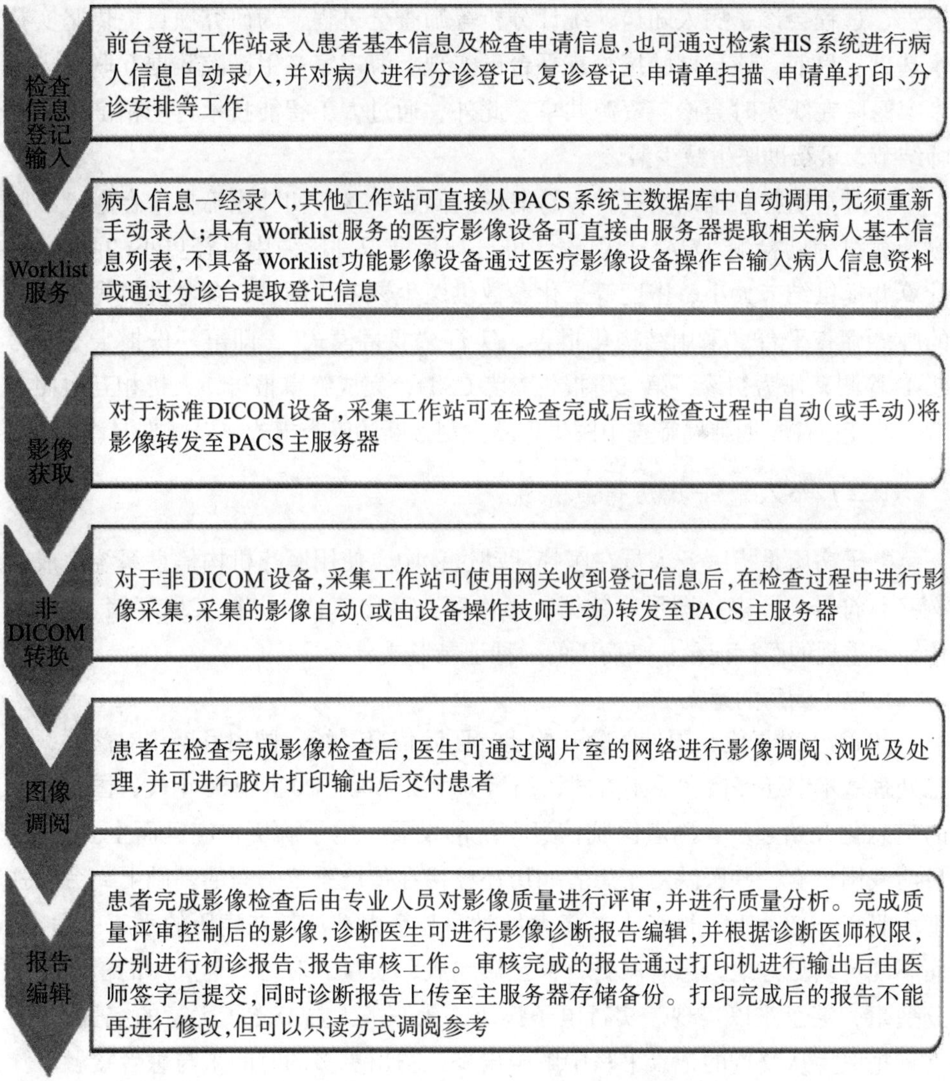

图1.3.1　医学影像信息系统的工作流程

3. 医学影像信息系统的具体应用：影像大数据—早期肺癌筛查平台

在大数据盛行的今天，由结合大数据大规模分析的成像诊断设备提供的诊断报告显得更可靠、更准确。据报道，上海一些大型医疗机构合作开展了“上海地区早期肺癌的影像学筛查及诊断研究”项目。该项目收集、分析和研究来自多家医院共享的早期肺癌病例数据样本，为高危人群肺癌制定早期预警指标，然后建立一套肺癌筛查和早期诊断的最佳方案和标准流程。同时，在多中心研究的基础上，建立了一个可以扩展和挖掘的上海早期肺癌患者数据库。该平台涵盖调查问卷、患者信息管理、影像阅览、肺结节CAD检测、结构化诊断报告、远程会诊、病人随访、统计分析等筛查全过程，为研究项目提供坚实技术基础。目前，该早期肺癌筛查平台已实现上海多家三甲医院数据互联，支持多家医院在线实时会诊、资源共享。此外，通过人工智能技术自动精准识别小肺结节，可帮助医生减少漏诊。

针对早期肺癌难以发现、容易漏诊的问题，该早期肺癌筛查平台融入了肺癌计算机辅助检测（CAD）引擎，可自动精准识别影像中直径更小的肺结节，计算并提供结节大小、密度等量化参数供医生参考。同时，参考世界先进成熟的肺癌筛查平台，采用结构化报告，实行“双盲模式”，即第一份报告不参考CAD检测，作为初诊，第二份报告参考CAD，完成终审报告，人机相互对照参考，改变以往早期肺癌筛查中医生仅靠主观诊断的筛查模式，以减少漏诊概率。

（二）个人电子病历信息系统

电子病历是指医务人员在医疗活动过程中，使用医疗机构信息系统生成的文字、符号、图表、图形、数据、影像等数字化信息，并能实现存储、管理、传输和重现的医疗记录，是病历的一种记录形式。

1. 电子病历的意义

20世纪60年代，国外医院开始建立医院信息系统，国内发展相对落后，信息处理基本上还停留在手工方式，病历为手工书写。20世纪80年代，国内医院的信息化开始起步，随着医院信息系统的发展，电子病历也应运而生。但是，目前我国仍有一些医院对于患者病历还停留在传统手工书写的基础上，劳动强度大且工作效率低，医务人员将大量时间与精力都消耗在病历的手工书写上，而不能更多更好地为患者服务，甚至影响服务质量。对一些老病历的检索也十分费事，甚至难以实现。实行电子病历，为医务人员节省了大量的宝贵时间，真正把医生从繁重的记录书写中解脱出来，腾出更多的时间来与患者接触、沟通，并及时了解患者的病情变化，从而使患者得到更完善的治疗。传统手写病历虽然有统一的书写格式和规范，但书写的随意性仍然很大，不同医生所写的病历难以完全的统一。而电子病历通过建立病历标准模板，使医务人员对于病历书写规范中要求的一些固定规范格式不能随意进行修改，病历的版面格式统一，字体大小、类型统一，专业术语应用更科学，也方便了以后的阅读与检查工作。电子病历相较于传统病历存储的空间更大、存储也更加方便。由此可见，电子病历的实行在医院信息化建设中具有重要地位。

2. 电子病历的优点

当今的医学模式倡导医院的信息系统必须以患者为中心来处理临床医疗和医院事务性工作。在这种情形下，电子病历就显示出其重要的地位。患者的电子病历，不只单纯是一份病历的概念，它还包括医院管理信息系统、卫生经济系统、远程会诊系统、公共医疗信息系统。这些综合信息便构成了患者的治疗基础。随着对医疗服务质量、工作效率要求的提高，电子病历的需求显得尤为重要和紧迫。患者的核心信息就是病历，各种医疗信息都是以患者的病历为载体进行的。与传统的手工病历不同，电子病历以电子信息化的方式取代了传统书写病历中的各项内容，它是通过计算机操作而形成的。患者入院时，将患者的标识信息输入计算机中，各相应部门围绕患者的治疗、检查等各种医疗活动，以此标识为入口，输入患者的医疗和管理信息，逐渐形成一份完整的病历。因此，电子病历是医院信息系统的重要组成部分，没有电子病历，医院的信息系统是不完整的、低效率的。

电子病历的优势有以下几点。

（1）病历电子化能使患者的各种信息在医院各个科室之间流通，实现就诊预约、报告检测结果、用药信息的自动检查，优化患者的医疗流程，优化医生的医嘱转移，减少医疗失误，使整个医疗流程更加方便、快捷、合理，提高诊断和治疗的效率和服务质量。

（2）电子病历使医疗信息由封闭变为开放，将以往可能是重复采集的医疗信息资源转化为可多次利用的医疗信息资源。各级医务人员都可以使用服务器系统访问医疗记录，获取不同岗位需要的信息。这可极大地帮助医生积累临床经验，提高医疗技术。卫生行政部门随时可以借调不同的医疗记录，进行即时的临床监测。各种对医务人员的个人评估和对医院医疗服务整体质量的评估也可以更客观，更能科学地进行量化考核。

（3）电子病历可以保存完整、及时、可靠的患者就医的医疗数据，使病历数据不易丢失，节约了以往纸质病历所需要的大量存储空间。电子医疗记录使医疗记录的管理实现完全自动化，从而提高工作效率，同时减少了人为误差。

在存储X射线图像或CT图像等医学图像的情况下，即使不存储胶片，只存储电子信息，也能保证医疗信息所需的安全性、重现性和兼容性。这也为医疗、教学、科研提供了极大的便利，实现多种电子医疗信息的快速传递。

（4）由于电子病历具有规范输入、自动打印、自动计算、自动统计等功能，可显著减少工作量，有效提高工作效率和质量。

（5）加强质量管理和监督。电子病案建立后，质量监管部门可随时对网上病案进行检查，及时发布整改意见。同时，对治疗方案设计中的一些重要环节预先设置预警信号。比方说，是否在规定的时间内进行疑难病例讨论、主任查房、危重病告知、输血告知、术后随访等，及时督促医务人员规范医疗行为。

3. 医疗大数据下的电子病历

大数据技术的真正意义不是整合和聚合无限的信息资源，而是对其所拥有的海量信息进行专门的数据分析和处理，提取相关信息的隐藏价值，实现原始信息的增值。目前，我国医疗卫生服务体系还存在着医疗资源配置不均衡、医疗服务可及性差、疑难疾病诊疗不均衡、医疗信息共享和利用困难等问题。医疗信息共享将有助于解决这些问题。因此，电子病历信息与医疗卫生“大数据”相结合的应用前景十分广阔。电子病历与医学大数据结合的优势，如表1.3.2所示。

表1.3.2　电子病历与医学大数据结合的优势

为疑难重症患者寻求优选就近治疗途径	目前，我国优质医疗资源集中配置于大城市的中心医院，各地疑难重症患者远赴大城市诊疗不仅就医困难、成本高，而且加剧了中心医院的诊疗负担。利用完善的电子病历系统，不仅可以为疑难重症患者寻求优选就近治疗的途径，同时便于规范不同级别医院之间的双向转诊、双向交流，避免不必要的重复检查和过度治疗，从而实现小病在社区、大病进医院，疑难重症早期诊治、抢救在中心医院，后期维持和康复治疗回社区的就近治疗途径，这样可以有效缩短住院时间，降低患者的就医成本，减轻中心医院的诊疗负担，使有限的医疗资源得以充分利用
即刻获取检查数据，使临床诊断更加准确高效	临床诊断需要借助对患者的检查结果，而复杂的医学影像数据量大，传输到临床医生手中往往需要耗费大量时间。如，一张CT图像就含有约150MB的数据，一个基因组序列文件约为750MB，而一个标准的病理图将近5GB，医生调取这么大的数据影像非常费时。通常一个患者的CT影像就可多达上千幅，如果采用云存储，调取2000幅CT影像仅需几十秒，辅之以大数据分析技术，即可以使临床诊断更加准确高效

续表

为主治医师寻求最佳临床治疗方案提供参考	大数据技术条件下，选择有代表性的相关联数据进行分析挖掘，不仅有助于搜集疾病的关联要素，提高临床诊断的准确率，而且可以分析同类疾病不同症状患者的治疗方式，为主治医师寻求最佳临床治疗方案提供参考，甚至可以发现更为有效的治疗路径。如美国旧金山加州太平洋医疗中心理查德·肖恩（Richard Shaw）博士负责的心脏病研究项目，采用数据分析软件跟踪研究数千名接受心脏移植患者的电子病历数据，从中发现了更有效的治疗方式，可以据此开发供世界心脏病专家参考共享的心脏病治疗新规程
为慢病患者自我改善健康状况提供远程信息服务	近年来，心脑血管病、糖尿病、高血压、肥胖症、骨质疏松等各种慢病发病率居高不下，这在很大程度上与患者的工作压力、生活习惯、运动过少以及全社会的食品安全、环境污染等种种原因有关。如果将电子病历系统的数据与医疗卫生信息共享中心的医疗卫生“大数据”相聚合，并给社会用户提供一个可公开信息的访问接口，就可以为慢病患者提供自我改善健康状况的远程医疗卫生信息服务。此外，有条件的医院甚至可以开展公益性医患双方互动，由特殊患者向咨询服务专家提供病情检查结果电子病历信息，专家就可以通过网上向患者提供康复治疗建议

（三）自然语言处理

大量的数据要为医生所用才是最终的目的。这就涉及自然语言处理。自然语言处理是一门融语言学、计算机科学、数学于一体的科学，它的研究能实现人与计算机之间只需用自然语言就可进行有效沟通的各种理论和方法。自然语言处理的范围涉及众多方面，如语音的自动识别与合成、机器翻译、自然语言理解、人机对话、信息检索、文本分类、自动文摘等。

自然语言理解技术应用于医院主要缘于病历内容的分析检索需求。病历内容的表达本质是自然语言，病历作为最终的医疗工作记录，在科研和临床中的智能化利用需要计算机对病历的内容进行“理解”。这种理解包括分词、语法结构化、语义理解等方面。目前，对病历的利用主要依靠人工编目的方式对病历进行分类，但这样的简单分类不能满足临床科研对病历检索的需求，如果能够运用自然语言理解技术实现病历内容的结构化和语义处理，则病历信息的可利用性将大大提高。近几年，随着电子病历的深入发展，已经有厂商开始在病历内容的自动理解方面进行应用研究，已经可以从病历中提取出“关键词”，使病历内容检索向前发展了一步。但要看到，这一技术本身就是计算机科学的一个前沿课题，距离成熟应用还有很长的路要走。

第二章 DIERZHANG 信息医学中的信息加工过程

第一节 信息医学中的复杂信息处理

一、人体系统中的各类信息

在人体的生命活动过程中，有着大量的信息在人体内部被传输和处理。这些信息有着从生物电信息、化学信息到物理信息乃至机械信息等诸多形式，其传递承担着细胞和器官间的沟通任务。这是人体作为一个复杂系统不断通过进化发展出的一套信息处理系统。也正是基于这样高效而繁忙的信息处理，人类才具备对外界环境进行感知、处理、反馈乃至模仿、学习的能力。

（一）生物电信息

早在1786年，伽尔瓦尼（Luigi Galvani）在对死亡后青蛙的一项实验中偶然发现：肌肉活动和生物电信号之间有着同步的响应。随后，他在1791年发表了一篇文章进一步研究了这一现象，并阐释产生生物电能是生物本身的能力。这一结果在当时引起了不小的轰动，从玛丽雪莱的《科学怪人》等其他基于这一发现而拍摄的电影可以追溯当时社会大众对此热议的历史。

随后，关于这一领域科学的医学探索和应用开始持续发展。大量基于人体测量的电信号对诊断的意义率先被广泛地探索，各种以电刺激方式进行的康复促进和疼痛管理试验也大量在医学实践中实验性地开展起来。在过去几十年的时间里，医学、体育科学和心理学等领域在应用生物电信息检测干预人体信息传输中取得了令人瞩目的进步。

在了解生物电信息传输的机制之后，又出现了使用生物电测量作为人机交互（Human-Computer Interaction，HCI）的一种方式，基于生物电信号的交互技术和设备层出不穷。其中，比较具有代表性的即是脑机接口技术（Brain-Computer Interface，BCI）。但是，这类技术通常需要更广泛的跨学科知识储备。

1. **生物电信息的测量机制**

因为生物电信息是来自生物体的信号，所以，其测量过程需要了解相关的生理结构及其动态信息。生物电信息源自神经和肌肉，通过人体导电的特性进行传导，这一传导过程可通过皮肤上的导电性能的变化测得，特别是皮肤电阻和皮肤电位等。其中，生物电阻抗信号或电位差信号可通过向组织施加小交流电测得，这种通过主动源测量皮肤电反射的方法能够切实反映人体状态。一个典型的例子就是“情绪测量”，当情绪越发紧张的时候，会出现增强的交感神经活动并伴生增强的汗腺分泌活动，汗腺分泌的汗液随之增加皮肤电导率降低了电阻，从而反映出当时的情绪状态。

2. **生物电信息的电气特性**

从人体测量的生物电信息大多数源自神经或肌肉活动电信号，该类生物电信号的幅度和频率不同。以下是一些可以使用表面电极测量的可捕获的信号示例。

肌电图：肌肉产生的电信号。振幅约为50μV ~ 5 mV，频率范围为2 Hz ~ 500 Hz。

心电图：源自人类心脏活动的电信号。幅度约为1mV ~ 10mV，频率范围为0.05Hz ~ 100Hz。

眼电图：由眼球运动引起的角膜—视网膜电位变化。幅度约为0.5μV ~ 5 mV，频率范围为直流0Hz ~ 100 Hz。

脑电图：使用多通道数据采集设备在头皮上测量来自大脑的电信号。幅度约为2μV ~ 100μV，频率范围为0.5Hz ~ 100 Hz。值得提及的是，脑电信号特定频率范围的生物电信号与不同脑活动直接相关联（例如，范围在4Hz ~ 8 Hz的生物电信号与睡眠的警觉状态有着很强的相关性）。

诱发电位：作为大脑对外部视听觉刺激的反应。频率范围为1Hz ~ 3kHz，幅度约为0.1μV ~ 20μV。

在医疗应用中，生物电信息可使用针电极或植入电极测得，而对于人机交互HCI中的应用，通常仅适合采用表面电极，且表面电极放置位置是十分重要的。以肌电图为例，这是一种与人体动作直接相关的生物电信号，直接作用于肌肉产生动作。需要精确地放置电极的位置以确定专门获取哪个部位或综合哪些部位的信号，因为测量的肌电信号与肌肉的局部活动直接相关。

实际上，对于表面电极测量的信号往往是由许多单通道信号组合而成的，它们通常来自许多神经元或运动部位，这种多通道的复杂信号还需要做进一步的信号处理。例如，在脑电图的测量中，也有一个基本假设是：不同的大脑区域对应执行不同的任务或动作（诸如运动、感觉、情绪、视觉处理等），因此，在某区域头骨上测得的生物电活动在某种程度上反映了这些空间附近的大脑活动，但实际测得的始终是多个区域组合信号叠加而成的，所以，就需要增加电极的数量（例如，32、64乃至128），以实现对大脑皮质活动的信号源进行多通道分析。

3. 生物电信息的探测技术

随着技术的进步，利用传感器获取生物电信息与打造人机接口正变得愈加容易。50年前，生物信号的采集设备昂贵、笨重，且这些装置的操作很复杂，当时的主要用途是针对体育训练进行系统监测和科学研究。

随后，大型设备中的模拟电路技术逐渐转向数字电子电路，这导致了20世纪80年代第一波消费级生物电设备的兴起，主要是生物反馈应用。那个时代的生物电信息读取和脑活动输入式控制设备的一个例子是1984年的Atari Mindlink。该头带旨在从用户头部获取原始的电信号用于简单的游戏控制。然而，由于技术的限制，这一技术并不能算作是一个突破，因为它主要还是在感知前额的肌电活动（如皱眉），并没有真正联系到大脑本身的生物电活动，因为它没有读取脑电信号。

近些年，由于信号采集，特别是模数转换器和运算放大器的性能已大规模提升，生产设计成本也越来越低；信号处理算法又可以在FPGA可编程数字逻辑电路和低廉的ARM处理器上有效地得以实现；无线传输技术，如低功耗蓝牙亦得到了广泛的应用并且可以更加容易地与采集硬件集成在一起。因此，创建一个生物电信号采集系统正变得更加容易，甚至可以为业余爱好者所用。有许多生物信号采集系统搭建的DIY教程和一些开源项目正如雨后春笋般兴起。

现如今，用于获取生物电信息的硬件产品成本进一步降低，所以，有越来越多的科学家和爱好者加入生物电信息的分析和研究行业。一开始进行生物电信号记录的实验平台可能只是一个简单而廉价的Arduino电路板。像这样的价格低廉没有门槛的通用技术已经实现了许多激动人心的有趣项目，如，便携式情绪识别器、残障人士的脑电控制器和生物信号反馈装置。

这些生物电探测通常使用黏贴式可复用的电极，典型结构由在中心具有导电性能的探头和周边具有黏性的柔性材料组成，通常需要配合导电的软膏做探头和身体间的缝隙填充。对于脑电图，通常的设计是有内置电极的特殊帽子，这些电极需要凝胶以通过头发并与头部皮肤形成良好的电连接。不过，在最近几年中，出现了许多可直接贴头使用而无须导电凝胶的干电极，并且有新兴的研究关注于将干电极结合到贴身的衣服中形成可以日常使用的生物电信息获取产品。

4. 生物电信息的人工调控

正如Galvani的青蛙实验一样，电信号携带的生物电信息是肌肉的控制信息，如果将电信号施加到肌肉同样会导致肌肉收缩和运动。这一人工调控过程借助先进的电子控制元件和放置良好的电极，便可实现对这些肌肉运动的细粒度控制。这里所施加的电信号仅作为肌肉的控制信号，信号本身只携带控制信息而不需要为实际运动提供能量，所以，即使使用小型电池驱动也可以触发耗能很大的动作。

此外，运动医学中也大量研究和使用电刺激，这些装置都是通过电极连接到人体并施加低压电流。对人体躯干的直接电刺激主要采用两种模式：低于15Hz的低频模式和高于40Hz的高频模式。电刺激也用于疼痛管理，如经皮神经电刺激仪广泛用于镇痛治疗领域。

还有科学家对大脑电信号进行调控探索，典型的技术如，一种非药物的抑郁症疗法——经颅磁刺激。但是，此法对大脑的伤害是不可逆的，在没有高级医疗培训的情况下使用就非常危险。所以说，虽然这些技术都可以轻松使用，若要想准确地对人体生物电信息进行解读和调控，仍需具备专业精神和严谨态度。

（二）化学信息

人体的生命活动蕴含着大量的化学信息来指导诸如代谢过程、基因表达、食物消化等一系列化学过程。这些或为合成或为反馈的过程是由数万亿个同时发生在体内的化学反应组成，通过化学信息的沟通推动整个生命维持、更新、繁衍的流程，以维持机体的生存、代谢和遗传。

这其中最频繁的化学信息交换过程即是新陈代谢。新陈代谢由许多代谢途径组成。代谢途径是一系列的化学反应遵循身体DNA中包含的一系列“指令”来完成。总计有七个可以表征生物在生命过程中由化学信息所驱动的过程。

感应：检测并响应身体及其周围环境的变化。

摄取：摄入食物等，以获取驱动其他过程所需的基础能量，为机体结构内部的更新和生长提供基础原料。

呼吸：从营养中释放能量。一些过程使用氧气（需氧呼吸），其他过程不需要氧气（无氧呼吸）。

排泄：消除身体新陈代谢的废物，例如，呼吸排出的二氧化碳和其他有毒物质。

生长：合成、制造或修复机体部位的蛋白质结构和其他结构。

运动：在体内移动组织或器官，或移动整个身体。

复制：产生新的后代个体。

下面重点介绍化学信息在几个关键生命过程中的作用。

1. 化学信息与摄取过程中的代谢反应

在消化过程也就是化合物进入人体这一摄取过程中，汇集了大量的化学信息。这些化合物分子进入人体的方式各异，被肺部吸入、从口中吞咽或直接透过皮肤被吸收。上述摄取方式中包含着大量化学信息的产生和传递。

一旦进入体内，化合物就会经历常规的化学反应，如酸碱中和、水解、氧化和还原。但是，这些反应并不是随机的。相反，每个反应都是预先设定好的代谢途径的一部分。代谢既可以是合成代谢，即在体内与化合物结合组建特殊分子的合成代谢途径；也可以是分解代谢，即将化合物分拆成其他分子并降低含量的分解代谢途径。这些都由一组称为酶的蛋白质控制。酶是改变反应速率的催化剂。与大多数化学催化剂不同，酶具有高度选择性，只能促进特定反应。而这种选择性则依赖于化学信息的传递，来保证特定步骤在特定的时刻启动。

2. 化学信息与复制过程中的遗传物质编码

遗传物质指的是脱氧核糖核酸（DNA）。DNA指导构建人体并调节人体内部的化学过程，依据的就是其中典型的生物体化学合成指南信息。

这种信息的编码形式是DNA上特定片段所提供的含特定碱基对代码的基因，每个片段要么用于制作不同的蛋白质，要么用来建立生物体内结构或制造酶。这种基于DNA及其遗传编码的生物体工作方式可见于所有生物体，包括人体。通过转录一段DNA上的基因可以形成重组用的化学信息用于制造特定蛋白质，这种遗传物质解码形成的化学信息完全对应于体内制造的化合物如何由其他生物体内原料合成。例如，人体胰岛素可以通过生物反应器中生长的细菌合成，而这却是胰岛素缺乏的糖尿病患者无法做到的，因为在细胞间的化学信息传递出现了紊乱，无法按正常剂量和恰当时机供应胰岛素。

3. 化学信息与生命系统

生命系统是多个系统的集合。生物体，如人类，便是由不同的系统相互协调集成到一个生命系统中。每个系统各自执行特定的功能以实现某些生命活动。例如，排泄系统包括肾脏、肾动脉、肾静脉及其分支、输尿管、膀胱和尿道，它们协同工作产生尿液并将其排出身体。其他系统还有消化系统、肌肉—骨骼系统、呼吸系统、心血管系统、神经系统、内分泌系统、生殖系统、皮肤系统和免疫系统等。这些系统与外部环境分开，但是可以通过化学信息的方式来感知外部条件，并参与外部和系统间的调控与交换。

4. 化学信息与体内动态平衡

如前所述，酶控制着维持生命的化学反应。身体内稳态的维持也必须启用酶来持续催化生命过程所需的大量的化学反应。即使外部条件发生变化，有时甚至是特别剧烈或创伤性的变化时，相应化学信息的激发和对这类异常的化学信息反馈也是必不可少的。这种化学信息驱动的维持过程称为体内平衡。

人体细胞内就存在这样的离子平衡，物质不断地流入和流出细胞，但内部和外部离子的浓度则始终保持，这就是因为建立了动态通透平衡。但如果扰乱身体中微妙的化学平衡并阻碍其恢复正常，则可能会导致疾病。每种疾病都是由引起特征性症状的化学反应引起的。有时身体自身会触发防御机制来阻止平衡进一步被破坏，如病毒的侵袭会导致我们感到炎症，通过免疫系统的攻击配合体温升高来减缓病毒的生长；反之，药物则可用于部分阻断这种化学变化，来缓解某些外部症状，这是通过定向阻止化学信息的传递来实现的。

（三）物理信息

人体内的物理信息能直观地显示机体的状态，所以，人类一直在运用各种科技手段探查人体内的物理信息。随着无创探测技术的发展，医生已拥有不可思议的物理信息探查能力。如，无须手术开刀便可透过皮肤和骨头看清楚婴儿在母体内吮吸拇指的动作，或检测肿瘤的恶化程度并预测潜在的致命进展。内窥镜、超声成像、计算机断层扫描、核医学成像技术、磁共振成像等，这些革命性新技术就是医生“看到”体内物理信息的“眼睛”。还有一些技术可以通过在手术中获取足够的物理信息来指导和配合先进的治疗，如内窥镜手术、角膜测厚激光手术和医学影像引导放射治疗等技术。

现今，这些技术又越来越多地与信息学的方法相结合，形成新的学科，如基于网络分析的图谱学。不断精细的物理信息伴随人类基因组和分子生物学领域同步增长的知识，正创造个性化的“分子”医学新时代。随着科技的进步，现在有很多方法可以实现体内物理信息的快速获取和有效利用，具体如下。

使用医用内窥镜的医生可以在体外观察到由内窥镜镜头拍摄到的体内物理信息。医用内窥镜由细长柔软的镜管和镜头组成，镜头上配有特殊的光源器件和摄像头，拍摄到的信息通过弯曲的软镜管传输给体外接收信号的屏幕，这些物理信息为外科医生术前观察和术后决策提供了很重要的参考，使得在体外操作微小手术工具的同时可以通过显示屏直接看到实时的图像。常用的内窥镜有：胃镜、腹腔镜、结肠镜、关节镜等。

使用激光作为手术乃至治疗工具，既可以减少失血，又可以精密地控制切口或照射的深度和宽度。尤其是用激光作为眼科手术的工具以实现精确治疗是十分令人振奋的突破。因为借助于激光的精密特性，激光束可以在没有切口的情况下，直接透过晶状体和瞳孔到达病眼内区域治疗眼疾。在皮肤科，激光手术也很常见，如用激光穿透皮肤来擦除胎记、文身、老年斑和其他瑕疵。对物理信息的利用也更新着治疗技术，如医生从很早就开始着手运用常见的草药和化学物质对抗皮肤病。但伴随着光敏化合物分析技术的发展，结合光照进行治疗使靶向增强的功能得以实现，即只有光敏化合物聚集的患病组织才被光线激活杀死。现在广为应用的这类技术概念，称为光动力疗法。该疗法也为癌症治疗提供了新的可能性，使将来有希望用激光来杀灭肿瘤。但是，所有这些精密激光技术的精确应用都离不开物理信息的即时获取和测量。

超声成像从仿生学的角度向自然界借用了一个简单的原理——海豚和蝙蝠是如何利用回声进行导航的。基于同样的原理，可以用返回的声波来生成身体内部的影像。这种技术由于只有较低强度，且频率超过人耳的听觉刺激，因此被认为是足够安全的。例如，此技术用于怀孕期间对发育中的胎儿进行成像，可以让其父母能提前看到他们的未来孩子；用于心脏的超声检查（超声心动图、多普勒或彩色血流超声），提供了方便的床边监测服务，可以将心脏的跳动可视化，以观察动脉血管和有缺陷的瓣膜。

X射线成像是骨科检查的常用方法。当你的牙齿出现疼痛或者当你腿受伤了，医生就会让你去做X射线成像。X射线成像技术的创新，如数字X线摄影（DR）或计算机断层扫描（CT）是诊断领域中最令人振奋的物理信息探测技术。它们以高清晰的或者三维的形式来展现组织密度这一物理信息。有时体内本身的物理信息不足以形成足够清晰的图像时，还可用增强物理信息的方法进行检查。如，钡餐造影就是利用硫酸钡作为造影剂，在X线照射下显示消化道有无病变的一种检查方法。还有很多其他应用X射线物理信息引导手术决策和诊断决策的例子，比如：心脏导管插入术的过程中，需要进行心脏的X射线和X射线成像；乳房X光检查对于有效筛查乳腺癌意义重大。

计算机断层扫描是更复杂的应用X射线进行物理信息获取的方法，它可以通过对X射线的重建绘制出身体的完整三维图像，可以探查骨骼内部的骨质疏松情况，以及量化估计骨质的密度变化，也就是脆弱状况。

正电子发射计算机断层扫描（PET）和单光子发射计算机断层扫描（SPECT）是更先进的断层扫描技术。此类技术借助少量注入外源性的放射性物质，实现分子层面的医疗诊断，为大量患者带来巨大的医疗福祉。此类技术通常使用相应的特殊放射性示踪化学物质来研究不同疾病，如心脏、体液流动或肿瘤定位。此类技术探测物理信息的方式仍然是使用层析成像探测器和断层重建的计算方法，将成像层面的物理信息组合成三维图像。

基于核医学的高级物理信息不仅可以为医生确认癌症的存在提供依据，还可以精确地规划如何利用辐射来治疗进展中的癌症，以实现放射治疗。从物理信息到关键医学信息的转化依赖于对人体组织辐射生物效应的理解。这一理解基于大量物理实验积累的模型信息，通过数据建立的模型可以更详细地解释如何测量辐射剂量和确保辐射的安全性。物理信息在其中的指导意义在于，不同组织有着不同的辐射特性，常见的医疗过程可能涉及对多种组织的辐射作用，也就必须根据物理信息提供辐射剂量分布的参考基础。

磁共振成像（MRI）运用量子力学的原理来探查体内的物理信息，在软组织和神经方面的应用是最引人注目的。例如，功能磁共振fMRI可以检测到大脑活动的血氧响应，从而允许研究人员对心理过程中发生的生理过程进行成像分析。另外，磁共振成像可以将生理活动信息映射为物理信息。例如，大脑如何处理面部和语言信息可以通过读取大脑fMRI的物理信息获取。

从乳腺癌常规筛查中的乳房X光检查，到探究阿尔茨海默症的磁共振成像，我们可以看到人体内的物理信息对于疾病诊断和治疗是多么重要。与此同时，这些医学物理技术的爆炸式增长也在助推和结合当下医用生物化学和基因组技术的革命。诸如，分子医学正在交叉结合多种人体内的信息进行协同分析；结合磁共振物理信息与遗传学和分子医学的新认识所产生的遗传影像学也在推动精神疾病家族遗传的监控；成像技术可以完整地监测身体内疾病恶化时间进程、基础和异常的新陈代谢，可以探索脑内化学物质特定受体或药物的分布，可以将不同肿瘤的反应映射到癌症化疗过程中，等等，以确保每个人都得到个性化的精细健康评估和发生了有效的药物反应。

综上，获取人体内的物理信息对于最迫切需要医疗护理的病人来说很重要，对于正常需要体检关注健康的人也很重要。

二、从医学角度揭示人体信息处理原理

人体不仅包含各类信息，其内部也是一个信息处理系统。人如何对这些信息做出处理有其独特的方式，而且在这一处理过程中也包含着很多模式识别和智能决策。因此，对人体信息处理原理的研究能为包括人机接口工程、医学信息处理和人工智能等信息科学应用提供很多借鉴和参考价值。

信息系统中一个关键部分是系统与其用户之间的接口。对于用户来说，系

统用户界面是他们能看到的有意义的东西，其余的内在运行机制是用户所看不见的。而这些看不见的很多内在运行机制正是系统中支持计划和决策的基础，也是决策者与系统进行互动对话的地方。在决策过程中需要调用或获取大量信息，这些信息以文件文档的形式和计算机本身所特殊要求的方式存取。所以说，系统用户界面的设计和计算机存取的方式对良好的信息系统设计至关重要。因此，了解人类作为信息处理系统如何读取信息可为系统用户界面的设计提供指导。

人体作为信息处理系统有一般模型和Newell-Simon模型两种描述。它们描述了对人类的有限信息处理模式和信息对人类表现的影响，还描述了其他领域的概念和研究，如认知理论和工业心理学，帮助解释人类如何处理信息以及信息处理方式如何影响信息系统设计。人体信息处理的过程也是基于这两种模型来描述的。

（一）人体信息处理系统的一般模型

简单的一般模型由感受器（眼睛、耳朵、鼻子等）组成并拾取信号，然后将它们传送到处理单元（带记忆存储功能的大脑），处理结果是输出响应（动作、口语、书面等）。但是，人类接受输入和响应输出（反应）的能力是有限的，当超过人类处理信息的能力时，信息过载会导致响应速率降低，思考能力下降。而当输入过载时，人体也会启动补偿机制。这一补偿的生物学基础是：人类实际上有多个感觉器，即信息输入通道，这些感受器可以协同操作（视觉、听觉、触觉等）来增加输入能力。这一协同过程是十分必要的，因为外界提供的信息输入往往比人类处理系统能够接受的更多。为了防止信息过载，人类会相应将输入减少到可接受的数量。通过过滤或选择过程，其中一些输入就会被阻止进入处理过程。

过滤的原则可能来自于以下几方面：

（1）基于先前知识和经验的个人参考框架；

（2）正常决策程序；

（3）压力下的决策；

（4）根据个人特殊的背景和习俗。

过滤的过程是由决策程序识别相关数据，根据筛选原则提供筛选因子，并过滤掉认为是不必要的信息。这种信息卸载可以通过过滤机制来减轻决策压力，而且在压力下做出决定将导致过滤掉的信息增加，从而减少决策要处理的数据量以确保压力的释放。例如，生产线主管将在危机期间，重点专注于最重要的问题，而不会接受与次要问题相关的刺激。

参考框架的概念适用于输入的快速可复用处理。因为对每一个新刺激开发一个新处理程序将使处理能力大大减慢并减少可以处理的刺激，所以，人体处理信息的方式其实是基于有限的参考框架进行选择性执行的。在很长一段时间内系统会沿用由之前信息建立的框架，并继续在此基础上进行结合和演化，从而为大脑建立人类在特定环境下的数据模式。这些环境模式和参考框架是在处理输入时由人体决策调用的，而需要针对性的重新处理。可以说，有效利用长期积累的相关参考框架是人体信息系统的一大关键特征。

过滤除了阻止不需要的数据，还可能会阻止不一致的数据。这缘于人类的生理限制，因为感知受体可能对信息产生错误的感知，如遗漏、误读和错判。实际输入的反馈信息也可能意味着决策系统察觉到的并不是真实的情况或完全真实的。这些感知错误增加了信息不确定性的传递，导致错误的决策过程。

（二）人体信息处理系统的Newell-Simon模型

Allen Newell和Herbert Simon提出了一种新的解析人体信息处理方式的模型，即Newell-Simon模型。该模型的建立利用了计算机处理和人类信息处理之间的类比，但这并不是说人类可以解决计算机日常处理的问题，而是通过理解人类信息处理方面的特点来类比计算机里的若干部分。

从类比计算机的角度看，人体信息处理系统由处理器、感官输入、驱动系统组成。输出的过程还需结合三种不同的记忆系统：长期记忆（LTM）、短期记忆（STM）和外部存储器（EM）。系统以串行而不是并行的方式运行，这意味着人类同时只能执行一项信息处理任务。而计算机则可以以串行或并行的方式运行。计算机并行处理与人体信息处理系统区别的例子是，计算机可以同时添加所有位的数字在两个计算机数据字中，而人类会从右到左一次串行添加一位数字。人是串行处理器这一事实并不意味着他或她无法同时保持多个任务。虽然Newell-Simon模型没有描述这一点，但人类是有能力通过从一个任务快速切换到另一个任务来做到多个任务的协同处理或输入过载的。这类似于计算机的分时处理系统，通过保存一个程序的状态无损地切换到另一个程序，就可以同时处理多个程序而无须一直等待。人类信息处理系统利用模式匹配的方式来实现这一过程，计算机领域则没有很好的实例。

人体信息处理系统中的处理器包含三个部分：基本处理器、短期记忆提取器和解释器。处理器部分（即大脑）的性能取决于许多变量，如针对具体任务的效率和智力差异。

Newell-Simon模型所描述的三个记忆系统区别于彼此。长期记忆基本上具有无限的容量，它的内容包括符号和块结构。块是存储信息的单位，它可以是数字或字符。存储可以非常紧凑，以便刺激过程可以借由单个符号为索引，读取整个配置，整个过程只需几百毫秒的读时间（回想），就能取出来自长期记忆存储的信息。虽然写时间（记住）相当长，但一旦存储，人们也只需几百毫秒便回想起它。

短期记忆是处理器的一部分，而且容量非常小，通常只有5～7个符号。但是，人们在记忆两个符号的同时，可并行执行其他任务，这表明短期记忆的一部分用于输入和输出处理。短期记忆的特点是读和写的速度都非常快。典型的例子如，人们能很容易地快速记忆并当即拨打一个不熟悉的电话号码。计算机中可类比的是寄存器这一结构，该结构在数据处理过程中同时在寄存器中存储数据。寄存器具有非常快的读写时间，但只能暂时保存信息并辅助当下正在进行的行动。

人类处理系统中类似外部存储器的结构由外部信息媒介组成，也类似用于记忆扩展的一张纸或黑板。人的眼睛对于已知位置的信息读取速度非常快（大约在百毫秒），写入时间（例如，每个符号一秒）也远小于长期记忆的写入时间，这说明了短期记忆效率问题非常依赖于通过外部存储器得到解决。它还帮助短期记忆突破了容量限制。例如，如果要添加两个低位数，则写入长期记忆和外部记忆需要的时间近似。即使在估计的读写时间中假设出现大的错误也是如此。可见，外部存储器提升工作效率的效果是比较明显的。计算机同样依赖大量的外部存储器，通过计算机检索、处理和存储的耗时可以达到百万分之一秒，并可通过信息检索避免很多计算。

Newell-Simon模型表明人体作为信息处理器是有局限性的。与这些限制有关的经验证据表明存在着两种局限，一种是与处理数据和短期记忆直接相关的局限，另一种是人类检测差异的能力局限。

第一种局限是与数据和短期记忆直接相关的局限。首先体现在短期记忆里。米勒通过大量实证研究表明，人体本质上可以容纳的字符或数据块的数量在短期记忆过程中实际可以达到的数量是5～9，平均能力是7，也就是说在人体信息处理中最容易观察到7±2范围内的极限。

信息编码的方式对善用有限的记忆数量很重要，因为信息处理在很大程度上取决于使用和编码数据的方式。例如，图形表示是人类输入的一种方法，图形本身是一个数据块，但它可以提供与大量字符数据相比拟的数据输入量。对于拥有的用户，处理它们的硬件和软件，图形显示效率特别高。

空间类比也可以扩展短期记忆的极限。一种方法是将要记忆的对象（如数字列表）与其他对象关联起来，这样通过视觉图像（如房间中的家具）就可以更轻松地回忆。职场人士经常在办公桌和货架上专门预留特定空间作为有序的组织策略，这有助于辅助记忆某些东西一般放在哪里。这时的视觉图像就是作为一种信息索引工具与待记忆的东西相关联的。

另一种局限来自于人体识别差异的能力。这种能力有助于检测错误（注意到正确和错误数据之间的差异）以及觉察数据发生的变化。举例来说，人类如何评价利润差异和成本差异等差异的重要性？韦伯—费纳希定律（Weber-Fechner Law）是认知心理学领域对此进行描述的一种理论，该定律认为：心理学中的差异需求是显而易见的。因为他们的判断是基于相对数字的大小而不是绝对数量，更加基于百分比变化。也就是说，虽然比较出来的差异数值遵循韦伯定律，但数值差异与物理差异不同，是刺激或变化本身的程度相对于物理本征的比例值。Dickhaut和Eggleton曾做出实验表明，受试者遵循简单的决策规则，如恒定的百分比差异，给出与韦伯定律相同的模式。但另一项实验的结果表明，决策者使用过去的经验来辅助判断差异的重要性，并通过复杂的加权方案将百分比及绝对差异二者结合起来。

三、人体信息处理对建立人工信息处理系统的借鉴意义

（一）人体信息处理系统的参考价值

2006年，发明家雷·库兹威尔（Ray Kurzweil）出版了《The Singularity Is Near》一书，他大胆预测：到2049年我们将步入一个“技术奇点”时代。他认为，大约在那个时代，技术进步的步伐将失控，并改变人类文明的各个方面。“奇点”这个词成了硅谷的流行语，引起数百万人的恐惧、希望以及（经常性的）嘲讽。2012年，Ray Kurzweil又出版了《How to Create a Mind》一书，重点放在他的很多个预测观点中，可能最具争议性的一个观点是：我们将在2029年创建能够通过图灵测试的与人类等效的强人工智能。

1. 大脑中的层次结构

人脑的结构和功能实际上非常简单，即认知的基本单元重复数百万次。因此，创建人工大脑不需要在每个细节层面模拟人脑，它只需要对这个重复的基本单元进行逆向工程处理。一个更为保守的假设就是：使用现成的标准硬件和软件，可以扩展和放大人类的很多思维能力。扩展的认知将成为从人类到人工智能的桥梁（该桥梁的建设正在进行中）。

想想你最喜欢的歌，尝试从一个完全随机的起点开始唱歌，你会发现这很难。你会想要从一个自然的断点开始，如小节或者合奏；或者你必须在脑海中从头开始演唱这首歌，从而“找到”一个随机点。这意味着我们的记忆是以不连续的部分组织的。如果你试图以中间一段作为起点，起初你会比较辛苦，直到你的顺序记忆开始。还有，你记得你的社保号码吗？现在尝试一下倒背这串数字。如果没有将它们写下来，或者至少在脑海中将这串数字可视化，你会发现这是非常困难或者是不可能的。这意味着我们的记忆又是连续的，就像自动收报机纸条上的符号一样，它们旨在按特定方向和顺序读取。现在再想一个简单的习惯，比如刷牙。如果仔细观察，它包含许多小步骤：拿起牙刷，将一些牙膏挤在刷毛上，打开水龙头，弄湿刷毛，等等。如果你看得更仔细，这些小动作中的每一个动作都包含许多甚至更小的动作步骤，直至单个肌肉收缩和神经元信号激发。所有的这些活动都可以毫不费力地执行，每个序列都由一个决策触发。这意味着我们的记忆还是嵌套的。每一个行动和想法都是由较小的行动和想法组成的。现在我们将这三个特征放在一起，哪种结构最能描述按顺序组织的嵌套段呢？答案正是“层次结构”。

人脑的基本结构和功能是分层的。例如，人是如何使用语言的。首先，我们的大脑能够收集种种模式，比如思想、图像、情感、经验、事实、人等，并用一个单词标签涵盖所有这些模式，比如“印度尼西亚”。然后，我们获得该标签，并将其用作另一种模式的一个元素，我们给它起个名字，比如“东南亚”。然后，我们得到了这种模式，并把它放在一个更高阶的模式中，比如“地球”。语言逐渐演变至能够运用人脑的层次结构。

每个概念都由较小的概念组成，一直到最基本的概念。我们将这个递归链接概念的阵列称为“概念层次结构”。但是，为什么我们的大脑在语言产生之前已经发展成层级？因为现实生活本身是分层级的：树木包含树枝；树枝上有叶子；叶子含有细胞；细胞含有细胞器。建筑物包含房间；房间包含门、窗户、墙壁和地板。宇宙中的每个物体都有零件，这些零件由更小的零件组成。

2. 大脑中的模式识别

如果人类的认知是分层级的，那么，这些层级是由什么组成的？正是“模式”。人类大脑已经进化出的识别模式功能可能比任何其他单一功能（逻辑处理、事实记忆和计算）更加复杂。我们的大脑在处理逻辑、记忆事实和进行计算方面都很薄弱，但模式识别是其深层核心能力。

深蓝（Deep Blue）是1997年击败国际象棋冠军Garry Kasparov的计算机，它能够每秒计算2亿个棋盘位置。而Kasparov被问到他每秒可以计算多少个位时，他的答案是“不到一个”。那么，为什么这甚至是一场结果不相上下的比赛呢？因为Kasparov的300亿个神经元虽然相对较慢，但能够并行工作：他能够看到整个棋盘，并同时将他所看到的内容与他掌握的所有（大约）100 000个位置进行比较。棋盘上的每一个位置都是一个模式，并且它们在几秒钟内都可用作潜在的匹配。这就是Kasparov的大脑可以与一台“思考”比他快1000万倍的计算机（也是数百万倍的精确度）直接对抗的原因——它的处理速度很慢，但可以大规模并行处理。这不仅仅发生在世界象棋冠军的大脑中，在我们生活中也有类似情况发生，例如，打网球（或其他运动）。当弹跳网球的光线照射进入到你的眼睛时，光感受器将这种光转化为电信号，传递给视网膜中许多不同类型的神经元。当两个或三个突触连接时，大脑已经提取了关于球的位置、方向和速度等信息，这些信息便并行流入大脑中。这也就像在8车道的高速公路上发出车队，而不是在单条轨道上开动车，有些车辆一旦准备就绪就可以离开，而不必等待其他车辆。我们的大脑能够通过大脑皮层——这一进化后的器官——执行大规模并行模式识别这项活动。

3. 大脑皮层

大脑皮层是一个精巧折叠的组织鞘，覆盖整个大脑的顶部和前部，占其重量的近80%。它负责感官知觉，从视觉对象到抽象概念等一切事物的识别、运动控制、空间定位推理、理性和逻辑、语言，等等——基本上涵盖“思考”的一切东西。大脑皮层具有非常均匀的结构。美国神经科学家Vernon Mountcastle在1978年首次提出：负责处理多彩多样且精妙的人类经验的脑区将是混乱、不规则和不可预测的。而皮质柱是一种在整个大脑皮层中重复出现的基本结构。500 000个皮质柱整合起来大约有2mm高、0.5mm宽，包含大约60 000个神经元（在皮层中总共大约300亿个神经元）。同时，他还认为，肯定存在着有更小的子单元，但得等到几年后才能确认其存在。这些皮质柱（“迷你柱”）如此紧密地交织在一起，不可能区分它们，但它们构成了大脑皮层的基本组成部分。因此，它们构成了人类思想的基本组成部分。

4. 模式识别器

我们将上面讲过的皮质柱（“迷你柱”）称为模式识别器，简称PR。每个PR大约包含100个神经元，而整个大脑皮层中大约有3亿个神经元。PR的基本结构有三个部分：输入、名称和输出。

输入来自其他PR的树突，表示存在低层级的模式（通常，树突和轴突都是神经纤维，但是，树突接收神经元信号并将它们带向神经元，而轴突是将神经信号传递到其他神经元）。最终（在几分之一秒之后），所有这些输入和输出沸腾并涌现出意识，汇集成魅力、讽刺、幸福、挫折和爱等抽象概念。

分层思维与大规模并行处理相结合的强大之处在于，低级模式不需要在每个后续级别上无限重复。例如，“Apple”的PR或包含字母“A”的任何其他单词不需要完全描述“A”模式。他们都可以“链接”到识别该字母的PR，就像一个网页可以有许多其他网页的超链接一样。了解这种概念层次结构的重要性在于信号向下流动以及向上流动。高阶PR正在积极调整它们所连接的较低级别PR的触发阈值。如果你从左到右阅读并看到字母Appl，“Apple”PR将预测下一个字母可能是“e”。它会向“e”PR发送信号，主要是说“请注意你很有可能会很快看到你的‘e’模式，请留意它”。然后，“e”PR将降低其阈值（增加其灵敏度），因此，更有可能识别其字母。

皮层不只是识别这个世界，它总是试图预测接下来的每一刻会发生什么。如果它非常期待某些东西，那么，其对应识别阈值可能很低，即使没有完整模式也会触发。这是我们的叙述如何成为现实的神经学基础。如果你的皮层正在全力寻找任何一样东西，您可以找到其证据。你真的可以看到你期望看到的东西，并听到你期望听到的东西。这些向下的信号也可以是负的或抑制的。如果你持有一个名为“我的妻子在欧洲”的更高层次的模式，专用于识别你的妻子的PR将被压制。也就是说，他们的识别阈值将会提高。比如，如果您在杂货店的收银台看到您的妻子，他们仍然会被激发。但这需要更多的证据，以及你会做一个双重确认。

这是盲点的神经学基础。如果你不期望看到机会、好处或可能性，你甚至不太可能识别那些确实已经出现的东西。因此，你的叙述得到了加强，使得更难以看到它们。

“识别”这个词实际上是一个延伸。当大脑在“识别”图像时，它并不是将图像与静态图像数据库相匹配。大脑中没有这样的数据库。相反，它正在忙于重建该图像，利用很多概念层级，在很多抽象水平上混淆和匹配数千个模式，以查看哪些图案与通过视网膜进入的电信号相匹配。

根据这个模型，递归地逐步通过层次化的模式列表构成了人类思维中的语言。在皮层中被触发的模式也会触发其他模式。部分完整的模式沿着概念层次结构向下发送信号，为数据匹配新场景。已完成的模式向上发送信号，为场景匹配新数据。一些模式以递归方式引用自身，使我们能够思考我们的思维方式或“执行元”。模式的元素可以作为另一种模式的决策点，创建条件关系。许多模式都是高度冗余的，PR专用于同一对象的语言、视觉、听觉和触觉版本，这使我们能够在许多不同的上下文中识别苹果。

5. 人类认知的基本单元

这种关于皮层如何工作的模式识别理论提供了一种激进的可能性：认知的基本单元不是神经元，而是皮质“迷你柱”（即模式识别器）。换句话说，强调单个神经元的可塑性并且被称为赫布（Hebbian）理论的“一起发火，一起连接的神经元”的想法可能是不正确的。瑞士神经科学家Henry Markram在研究哺乳动物新皮质时，一直在寻找“Hebbesian集合体”（连接在一起的神经元），但他发现的是“难以捉摸的集合体，其连接性和突触权重是高度可预测和受限制的。”他推测：“这些集合体是与生俱来的、类似乐高积木的感知模块，并且记忆的获取与这些构建块组装成的复杂结构有关。”换句话说，学习与个体神经元在无限复杂、独特的配置中连接在一起无关。相反，皮质柱的基本结构构成了一个有序的网格。大脑开始工作时有大量的这些“等待中的连接”。当两个PR想要连接以存储模式关系时，它们不需要在整个大脑区域扩展树突，而只需连接到最近的轴突。

在这个模型中，学习与重新配置或建立物理结构（困难且耗费能源）无关，而与高度统一的模式识别器之间的连接有关。当我们正在学习和体验事物时，这些模块之间的连接发生变化。我们大脑具有可塑性不是因为我们可以轻松地构建新的神经纤维或神经元，而是因为改变这些神经元的连接能够迅速实现。

大脑是相当复杂的，但它也可能是简单的，一个基本的认知单元可重复数百万次。IBM公司认知计算部门的经理Dharmendra Modha写道，“神经解剖学家并没有找到一个无可救药的、任意连接的、对每个人的大脑都是完全特殊的网络，而是找到了在个体大脑中有很多重复的结构，而且具有很强的跨物种的同源性”。令人惊讶的自然可重构性给人工智能信息处理带来了希望。大部分观察到的跨脑区的皮质结构的变化代表了经典回路的改进。这确实是我们希望进行逆向工程处理的经典回路。上述模型对我们对认知、学习、知识甚至意识的理解有很多影响。但本书把重点放在对建立“第二脑”的工作的影响。

实际上，在高度抽象的基础上构建整个大脑比尝试模拟某个化学反应和原子的相互作用更简单。就像我们通过复制其功能来构建人工胰腺一样，而不是模拟每个微小的胰岛细胞。万维网是将单一功能——通信扩展到大规模应用的早期示例。想象一下，如果我们对大脑的各种活动做同样的模拟，那么，我们就能模拟出多种类型的大脑。正如之前所写，我们始终将我们的认识扩展到我们的工具和环境中。即使是纯粹的生物学，也有大量证据表明大脑区域是半独立的，可以互相替代。出生时没有特定大脑区域甚至没有整个半球的人也可以过上完全正常的生活。大脑的这种天然可塑性能力有可能得到进一步的发挥。

动作电位慢慢爬上概念层次的现象解释了我们观察到的关于大脑如何工作的很多东西。Zeigarnik效应描述了当人们从一项不完整的任务中继续前进时，该任务的细节在一段时间之后仍然是一种“认知残留”。你可能已经注意到，当你结束一个需要集中精力的活动时，你的大脑需要一段时间来“放下”这个问题。我们切换任务的速度有限，因为改变上下文需要在对神经元进行其他思想重新饱和之前对其进行“去饱和”。

遍历每个级别需要几百分之几到十分之几秒。因此，诸如人脸之类的中等高级模式可以花费整整一秒来识别。这些认知交易成本可以理解为“转弯半径”。您加载到层次结构的多个层次的模式越多，您可以越快地取得进展，因为您可以在任何地方识别模式，而且每一件事物似乎都与其他一切东西相关联。但是，随着这种势头，你牺牲了敏捷性，因为“加载”不同的上下文是一个有物理限制的生物过程。这就像试图以每小时90英里（114.8千米）的速度转向一条小街。然而，即使计算机有这样的转弯半径，但当您重新启动计算机或重置RAM时，正在处理的信息或记忆就会被“冲洗”掉。

令人兴奋的是，它意味着最小尺寸工作包的底板对于人类来说是有意义的。较小的批量大小是强大的，但这是否意味着我们应该在30秒的块中工作？不可以。我们的工作会议的最低限额是由我们的心理交易成本定义的，即我们可以多快地激活、停用和重新激活我们的模式识别器。这个模型也可以通过吸引力定律的神经学基础来解释，认为“通过关注积极或消极的想法，人们可以将积极或消极的经历带入他们的生活。”设定意图或制定理想的结果不仅仅是一厢情愿的想法。它实际上可能是我们有意识的思维触发一系列信号，这些信号要么抑制要么加强每个较低层次的连接，即使是无意识的连接。这有时被称为网状激活系统。

通过我们的感官，我们可以获得有效的无限信息，因此，对它的含义也有无数多种诠释。就像GPS系统引导我们穿过任何地形并将我们带到我们想去的地方一样，我们的概念层次结构旨在表明我们认为重要且有价值的东西。这是否包括机会和可能性或问题和挑战取决于我们。矛盾的是，我们的大脑高度有序和规律的发现实际上使随机性变得更加重要。现在已经发现皮质“迷你柱”紧密交织，它们将动作电位“泄漏”到彼此之间。这个特征允许我们进行严格逻辑之外的思考（如艺术、音乐、舞蹈等）。

6. 从人类认知到信息医学

一旦我们拥有所有这些技术系统，我们的大脑首先会做什么？它将成为“专家经理”。这个术语来自实验，其中一个软件程序负责选择和管理一系列其他更专业的软件程序。

Watson是著名的顶级Jeopardy冠军的IBM计算机，它以上述方式工作。其非结构化信息管理架构（Unstructured Information Management Architecture，UIMA）部署了数百个不同的子系统。UIMA了解每个解决问题的子系统的优点和缺点，并将它们混合、匹配在一起，以解决它所呈现的问题。它可以包含来自子系统的答案，即使他们不知道最终解决方案，也可以利用它们来缩小问题空间。UIMA还可以计算其答案的置信度，就像人脑一样。

这是生物大脑如何管理认知延伸的模型。有趣的是，专业知识往往比常识更有条理，更有结构性，更明确。我认为我们将越来越多地看到“认知划分”，我们将主题知识外包给外部系统，但能够保持我们自己的常识和一般知识。这些专家系统将像服务于将军的军队人员一样为我们服务：思考和预先规划许多行动方案，并将它们作为批准的可能性呈现给我们。在科幻故事中，这些替代性未来被转化为模拟的宇宙，其运行速度比实时快数千倍，然后向我们报告其结果。

关于思维的模式识别理论提出了这样一个问题：“如果人类的大脑是计算机怎么办?”然后将其结论推向最极端。它不是“真实的”或“正确的”，只不过是将大脑与蒸汽机进行比较的历史类比。但它可能有用，因为由大规模并行模式识别器组成的概念层次结构可以解释我们的主观体验。某种东西“想说但说不出来名字”的感觉可能是模式识别器在他们变得有意识的水平之下启动。“当我看到它时，我知道它”的确定性可能是没有相应的高阶词标签的PR的组合。当我们的直觉不仅限于有意识的模式时，我们的直觉获得了新的深度。最近火热的深度学习医学诊断的创新便来自对人脑的研究检测。

（二）人体信息处理系统的参考设计

人脑很复杂。人脑大约由1000亿个神经元和100万亿个连接组成。人脑经常与数字计算机这一同样具有巨大解决问题能力的复杂系统进行比较。人脑和计算机都包含有大量的基本运算单元，分别是神经元和晶体管，它们连接到复杂的神经通路和回路中以处理由生物电信号作为载体传递的信息。人脑和计算机的体系结构彼此相似，都由输入、输出、中央处理器和存储器组成。

人脑和计算机哪个有更强的解决问题能力是一个很热门的话题。鉴于过去几十年计算机技术的快速发展，人们可能会认为计算机更有优势。尤其一些被专门构建和编程的计算机系统，曾在一些复杂游戏中打败了人类大师，如20世纪90年代的国际象棋胜例和最近AlphaGo在围棋上击败李世石，以及百科知识竞赛暨电视节目Jeopardy。然而，人类在许多现实世界的任务中往往能战胜计算机。如，在拥挤的城市街道上识别自行车或个别行人，或倒一杯茶并将其送到一个人的嘴唇，更不用说概念化、抽象化的行为了。

那么，为什么计算机擅长某些任务而大脑却更好呢？围绕这一问题研究和比较计算机和大脑的异同，对计算机工程师和神经科学家都具有指导意义。这种比较始于现代计算机时代的开山之作：《计算机与大脑》的短书。书由博学大师约翰·冯·诺伊曼撰写。他曾在20世纪40年代开创了计算机体系结构的概念，至今他提出的框架仍然是大多数人学习计算机的基础。

综合来看，计算机在基本或重复操作速度方面相比大脑具有巨大优势。如今个人计算机可以每秒100亿次操作的速度执行例如加法的基本算术运算。相应地，我们可以通过神经元传递信息和相互通信的基本过程来估计大脑中基本操作的速度。从神经元“激发”动作电位，在神经元细胞体附近触发电信号尖峰，并沿其称为轴突的长轴传递，轴突与其相连的神经元连接。信息由这些尖峰的频率和时间进行编码。神经元触发最高频率是每秒约1000次脉冲。另一个例子是，神经元主要通过在称为突触的轴突末端的特殊化学结构释放化学神经递质来将信息传递给它们相连的神经元，并且它们的伴侣神经元在称为突触传递的过程中将神经递质的结合转换回电信号。这样最快的突触传输大约需要1毫秒。因此，考虑尖峰和突触传递的限制，大脑每秒最多可以执行大约1000次基本操作，也就是比计算机慢1000万次。

在基本操作的精确度方面，计算机相比大脑也具有巨大的优势。计算机可以根据分配给每个数字不同的位（二进制数字0和1为一位）来表示具有任何所需精度的数量（数字）。例如，32位数的精度为2的32次方或43亿。经验证据表明，神经系统中的大多参数（例如，通常用于表示刺激强度的神经元发射频率）由于生物噪声而具有数个百分比的可变性。在最好的情况下仍要比计算机的精确性和稳定性差很多。

然而，大脑进行的计算既不缓慢也不精确。例如，职业棒球运动员以高达每小时160英里（257.5千米）的速度，在看到棒球之后可以跟随棒球的轨迹，移动到球场上的最佳位置，即时定位他或她的手臂，并在几百毫秒内摆动手臂接球并送回对手的球场。大脑完成所有这些任务，功耗比个人计算机低十倍。那么，大脑是如何实现这一目标的？原因是计算机和大脑在自身信息处理系统中处理信息的模式不同。计算机任务主要以连续步骤执行。这可以通过工程师设计创建的顺序指令流来指导计算机按程序执行。对于这种顺序级联操作，每个步骤都需要高精度计算。因为误差会在接连执行的步骤中累积和放大。大脑也会使用连续步骤进行信息处理。回到棒球回归示例中，信息从眼睛流向大脑，然后流向脊髓以控制腿部、躯干、手臂和手腕的肌肉。

这种大规模并行策略虽然在任务输入层面无法做到，但在大脑内部神经元信息处理基本单元层面是可能的，因为大脑本身就是一个大规模并行处理器，内部大量神经元和其他神经元产生大量的连接。这一连接也包括视神经，例如棒球运动中的持续跟球会激活视网膜中称为光感受器的许多细胞，其作用是将光转换成电信号，然后将这些信号并行传输到视网膜中的许多不同种类的神经元。当源自感光细胞的信号已经通过视网膜中的两到三个突触连接时，球的信息如位置、方向和速度等已经被并行神经元电路提取并且并行地传输到大脑。同样地，运动皮层（负责意志运动控制的大脑皮层的一部分）并行发出运动控制命令来同步控制腿部、躯干、手臂和手腕的肌肉，使得身体和手臂同时进行很好的接传球动作。

在思维过程中，每个神经元会收集来自许多其他神经元的输入并将输出发送到许多另外的神经元。对于哺乳动物神经元的输入和输出节点平均为1000个。相比之下，计算机的每个晶体管只有三个节点用于输入和输出。自单个神经元的信息可以传递到许多平行的后续神经元的同时，处理相同信息的多个神经元则将它们的输入汇集到同一个后续神经元。这一特性对于提高信息处理的精度特别有用。因为由单个神经元表示的信息可能是有噪声的，而通过获取来自100个携带相同信息的神经元的输入的平均值，共同的后续神经元可以更高的精度来表示信息而不必担心随机误差。

计算机和大脑在其基本处理单元的信号模式中也有诸多相似之处和不同之处。晶体管采用数字信号即离散值（0和1）来表示信息。神经元轴突的峰值也是一个逻辑值数字信号，因为神经元在任何给定时间内有发出或不发出尖峰脉冲两种状态，当它发出脉冲时，所有尖峰的大小和形状大致相同。该特性有助于长距离地可靠传输脉冲。同时，神经元也利用模拟信号，即使用连续值来表示信息。一些神经元（就像我们视网膜中的大多数神经元一样）的输出通过强度分级的电信号传播（与尖峰脉冲非无即有的逻辑不同，它可以在大小上有多种变化），它可以传输比尖峰脉冲逻辑更多的信息。神经元的接收端（通常是在树突中）也使用模拟信号来集合多达数千个输入，使树突能够执行复杂的计算。

人脑的另一个突出的增强特性是，神经元之间的连接强度可以根据活动环境和积累经验进行调整。这一过程被神经科学家广泛认为是人类进行学习和记忆的基础，因为重复训练使神经元电路能够更好地配置为执行任务而大大提高速度和精度。

可以说，在过去的几十年中，工程师们不断从高效的人体信息处理系统尤其是大脑的运作中汲取灵感来改进计算机设计。例如，在单个计算机中使用多个处理器（核心）来增加并行性，是当前计算机设计的趋势。另一个例子是，近年来取得了巨大成功的“深度学习”，其并行处理和节点间连接强度自适应修改的原理已经被结合到现代计算机中，并引入机器学习和人工智能学科中成为一种基础概念。这带来了计算机和移动设备中对图像和语音识别的快速发展，这一点源于哺乳动物视觉发现的启发。在哺乳动物视觉系统中，“深度学习”使用多个层来表示越来越抽象的特征（例如视觉对象或语音），并且不同层之间的连接权重是通过学习而不是由工程师手动设计来调整的。这些最新的方案极大地扩展了计算机能够执行的任务范围和处理速度。尽管如此，大脑仍然具有比最先进的计算机更高的灵活性、泛化性和学习能力。随着神经科学家发现更多关于大脑的秘密，工程师可以从大脑的工作方式中获得更多的灵感，以进一步改善计算机的架构和性能。这些跨学科的交叉无疑将推动神经科学和计算机工程的共同进步。

第二节　信息医学中的模糊信息处理

在一些模糊现象中，我们通常把所得到的非定量或不精确的信息，称为“模糊信息”。自模糊数学提出以来的最近几十年，模糊信息处理技术随之也被提出并得到快速发展。模糊信息处理技术顺应了当前以第五代计算机为代表的机器智能化发展方向这一总的时代潮流，成为沟通模糊数学理论与工程应用的桥梁，成为指导工程实践的又一种有普遍意义的强有力的工具。

为了从科学的角度描述模糊现象，模糊集合论于1965年由美国控制论专家扎德（L.A.Zadeh）提出并创立。事物之间存在差异的过渡性，通常可以通过隶属度来描述，例如对于一个事物或对象，可以对其在多大程度上属于该概念或者属于其延伸进行描述。模糊数学这一学科，其基本任务就是对一些现象、事物的模糊性进行研究和处理，对模糊现象、事物进行研究时，所采用的是严格的数学方法，是通过精确性的研究来描述事物、现象的模糊性。因而，不能从字面意义上理解“模”是让数学变成模糊的东西，而是利用数学的精确性去对模糊现象进行研究。

一、模糊关系的基本原理

通常情况下，对象之于集合，要么A对象属于A集合，要么属于B集合，只能二居其一，非此即彼，不可能有模棱两可的情况。这种结论通常是在经典集合论中是正确的且确定了的。而模糊数学集合中，集合的边界可以灵活地对普遍采用的语言变量进行建模，并没有精确确定的边界，这也是与经典集合的主要区别。模糊集合是对元素属于集合的程度进行的描述。因此，0和1范围之间的数值，通常是模糊集合特征函数的取值范围，这种取值可以比较方便地表示某对象有多大程度属于给定的集合。

（一）模糊关系

生活中存在着各类不同的关系。人与人之间有“同事”关系、“上下级”关系、“亲子”关系；两个数字之间存在“大于”关系、“等于”关系以及“小于”关系。在现代数学中，关系是用集合来表现的。

为了描述关系，本文需要引入直积（或笛卡尔积）的定义。

【定义2.2.1】 由两个集合U、V的各自元素x，y做成序偶（x，y），所有这样的（x，y）构成的集，成为U与V的直积，记作$U\times V$。即：

$$U\times V=\{(x, y)|x\in U, y\in V\}$$

利用定义2.2.1可以说明什么叫关系。

【定义2.2.2】 对于集合U、V，其直积$U\times V$上的任意子集R均可称为U与V之间的二元关系或只简称为关系。

同理可定义为：设$U_1, U_2, \cdots, U_n$是集合，其直积$U_1\times U_2\times\cdots\times U_n$上的任一子集$R_n$可称为集合$U_1, U_2, \cdots, U_n$之间的$n$元关系。

【例2.2.1】 集合{0，1，2，3，4，}上的所谓“小于”关系（以<表示）就是：$<=\{(0,1),(0,2),(0,3),(0,4),(1,2),(1,3),(1,4),(2,3),(2,4),(3,4)\}$

假定一模糊子集为R，则U与V之间的模糊关系由R所描述。

生理学上常用以下公式描述标准体重：

$$\text{体重（千克）}=\text{身高（厘米）}-100 \quad (2.2.1)$$

式（2.2.1）描述出了身高（U）与体重（V）的普通关系。若$U=\{140,150,160,170,180\}$，$V=\{40,50,60,70,80\}$，则它们的关系如表2.2.1所示。

表2.2.1 身高与体重的普通关系

$R(x,y)$ (x_i \ y_i)	40	50	60	70	80
140	1	0	0	0	0
150	0	1	0	0	0
160	0	0	1	0	0
170	0	0	0	1	0
180	0	0	0	0	1

由于人们有高矮胖瘦的区别，对于取值为0的这种非标准的情况，应该对其有多少接近标准的程度进行描述。这就产生出表2.2.2所示的模糊关系。显然，表2.2.2表示的身高与体重的对应关系，更加深刻和完整。

表2.2.2 身高与体重的模糊关系

$R(x,y)$ (x_i \ y_i)	40	50	60	70	80
140	1	0.8	0.2	0.1	0
150	0.8	1	0.8	0.2	0.1
160	0.2	0.8	1	0.8	0.2
170	0.1	0.2	0.8	1	0.8
180	0	0.1	0.2	0.8	1

通过普通关系描述元素之间关系时，常常是非此即彼、非有即无的关系。而现实世界存在着并非这样的绝对关系，而是存在更多更加复杂的关系，相互作用相互关联的元素之间，其联系更多地表现出不同程度的存在，而不仅仅是单纯的有或无。

（二）模糊关系的合成

模糊关系的合成是指，在A集合和B集合之间的模糊关系，以及B集合和C集合之间的模糊关系的基础上，得到A集合和C集合之间的模糊关系的一种运算。

1. 普通关系的合成

【**定义2.2.3**】$X\times Y$中的(二元)关系R是$X\times Y$的子集，即$R\subseteq X\times Y$。若$X=Y$，则称R是X中的关系。

【定义 2.2.4】 设 $R \subseteq \times Y$，$S \subseteq Y \times Z$，定义关系 R 和关系 S 的合成关系 Q 为：

$$Q = R \cdot S = \{(x,\ z) | (\exists y)((x,\ y) \in R, (y,\ z) \in S)\},\ \forall x \in X,\ \forall y \in Y,\ \forall z \in Z \quad (2.2.2)$$

可见，Q 是 $X \times Z$ 中的关系。式（2.2.2）表明，若存在 y 具有 xRy，yRz，则经过 y，x 和 z 有关系 $Q(xQz)$。对此用特征函数来表达，有：

$$\mu_{R \circ S} x,\ z = \underset{y \in Y}{\vee} (\mu_R(x,\ y) \wedge \mu_S(y,\ z)) \quad (2.2.3)$$

2. 模糊关系的合成

【定义 2.2.5】 设 $\tilde{R}$ 是 $X \times Y$ 中的模糊关系，$\tilde{S}$ 是 $Y \times Z$ 中的模糊关系，定义 $\tilde{R}$ 和 $\tilde{S}$ 的合成 $\tilde{Q} = \tilde{R} \cdot \tilde{S}$ 具有隶属度函数：

$$\mu_{\tilde{R} \circ \tilde{S}} x,\ z = \underset{y \in Y}{\vee} (\mu_{\tilde{R}}(x,\ y) \wedge \mu_{\tilde{S}}(y,\ z)) \quad \forall x \in X,\ \forall z \in Z \quad (2.2.4)$$

可见，$\tilde{Q}$ 是 $X \times Z$ 中的模糊关系。

当 $\tilde{R}$ 是 $X \times Z$ 中的模糊关系时，记：

$$\tilde{R}^2 = \tilde{R} \cdot \tilde{R} \quad (2.2.5)$$

$$\tilde{R}^n = \tilde{R}^{n-1} \cdot \tilde{R} \quad (2.2.6)$$

（三）模糊关系的自反性、对称性和传递性

1. 自反性

【定义 2.2.6】 设 $\tilde{R}$ 是 X 中的模糊关系，若对 $\forall x \in X$，都有 $\mu_{\tilde{R}}(x,\ x) = 1$，则称 $\tilde{R}$ 为自反关系。

对应于自反关系的模糊矩阵其对角线元素均为1。

2. 对称性

【定义 2.2.7】 设 $\tilde{R}$ 是 $X \times Y$ 中的模糊关系，记 $\tilde{R}$ 的转置为 $\tilde{R}^T$，它是 $Y \times X$ 中的关系且具有隶属度函数：

$$\mu_{\tilde{R}^T}(y,\ x) = \mu_{\tilde{R}^T}(x,\ y) \quad (2.2.7)$$

【定义 2.2.8】 设 $\tilde{R}$ 是 X 中的模糊关系，当且仅当对 $\forall x,\ y \in X$，有：

$$\mu_{\tilde{R}}(x,\ y) = \mu_{\tilde{R}}(y,\ x) \quad (2.2.8)$$

则称 $\tilde{R}$ 是对称关系。

式（2.2.6）可以等价地表示为：

$$\mu_{\tilde{R}^T}(x, y)=\mu_{\tilde{R}}(x, y) \tag{2.2.9}$$

3. 传递性

【定义2.2.9】设$\tilde{R}$是X中的模糊关系，$\tilde{R}\cdot\tilde{R}\subseteq\tilde{R}$，则称$\tilde{R}$是具有传递性的。

因此，我们可以知道，模糊关系与自己的合成属于传递性关系。对于传递性关系也可以表达为：

$$\mu_{\tilde{R}}(x, z)\geqslant\bigvee_{y}\left(\mu_{\tilde{R}}(x, y)\wedge\mu_{\tilde{R}}(y, z)\right),\ \forall x, y, z\in X \tag{2.2.10}$$

（四）扩展原理

1. 集合在映射下的象

【定义2.2.10】设有映射f：$X\to Y$，且$A\subseteq X$，那么定义：

$$f(A)=\{y\mid\exists x\in A,\ y=f(x)\} \tag{2.2.11}$$

为集合A在f下的象。

2. 模糊集合在映射下的象

集合在映射下的象，并非属于模糊数学的概念，但需要对这个概念进行延伸和拓展，以便能够处理模糊量值的问题。给定f：$X\to Y$，以及给定X中的模糊集合$\tilde{A}$，应当如何确定$\tilde{A}$在f下的象？可以通过扩展原理找到答案。扩展原理本质上是一个定义，它在模糊集理论中有着不可忽视的作用。

【定义2.2.11】设有映射f：$X\to Y$，且$\tilde{A}$是X中的模糊集合。那么，$\tilde{A}$在f下的象为$f(\tilde{A})$，它是Y中的模糊集合，且具有如下隶属度函数：

$$\mu_{f(\tilde{A})}(y)=\begin{cases}\bigvee_{x\in f^{-1}(y)}\left(\mu_{f(\tilde{A})}(x)\right), & f^{-1}(y)\neq\varnothing\\ 0, & f^{-1}(y)=\varnothing\end{cases} \tag{2.2.12}$$

3. 扩展原理的一般表达式

更一般的情况，设有一个n元函数f，它是从直积集$X_1\times\cdots\times X_n$到$Y$的一个映射，还有$X_1,\cdots,X_n$中的$n$个模糊集合$\tilde{A}_1,\cdots,\tilde{A}_n$。下面给出这种情况下扩展原理的表达式。

【定义2.2.12】设$X=X_1\times\cdots\times X_n$，$\tilde{A}_1,\cdots,\tilde{A}_n$相应的是$X_1\times\cdots\times X_n$中的模糊集合。$\tilde{A}_1,\cdots,\tilde{A}_n$的直积记为$\tilde{A}_1\times\cdots\times\tilde{A}_n$，定义为$X$中的模糊集合，它的隶属度函数为：

$$\mu_{\tilde{A}_1\times\cdots\times\tilde{A}_n}x_1,\cdots,{}_n=\wedge\left(\mu_{\tilde{A}_1}(x_1),\cdots,\mu_{\tilde{A}_n}(x_n)\right) \tag{2.2.13}$$

（五）模糊综合评判

模糊综合评判是对实际的综合评判问题提供一些评判方法，在评判过程中借助了模糊数学领域中的一些概念。从具体的角度来看，模糊综合评判是对模糊关系合成原理进行应用的一种综合性评判方法，它可以量化一些边界不清、不易定量的因素，以及从若干个因素对被评判事物隶属等级状况进行评判。

在模糊集合理论产生以前，总分法和加权平均法常常被当时的人们用来对一个事物的好坏进行评判。

设n个评判因素的分数分别为$S_1, S_2, \cdots, S_n$，则评测对象的总分S为：

$$S = S_1 + S_2 + \cdots + S_n = \sum_{i=1}^{n} S_i \tag{2.2.14}$$

总分法既有它合理的地方，也有不合理的方面，其中之一就是忽略了评判因素的重要程度不同。比如，仅将各门功课的分数简单相加计算总分，而无法看出专业要求的不同和特点。

由于存在着各个评判因素不同的重要程度和影响力等不可忽视的因素，人们在总分法的基础上进行完善，从而产生了加权平均法。在加权平均法中，通过引入权重系数，使得各评判因素之间不同的重要程度和影响程度得以体现，这时候，评判因素得分的加权和就成为评测对象的总分，即：

$$S = w_1 S_1 + w_2 S_2 + \cdots + w_n S_n = \sum_{i=1}^{n} w_i S_i \tag{2.2.15}$$

式（2.2.15）中，$w_i\left(i = 1,2,\cdots,n\right)$为各评判因素的权重系数。

在总分法基础上完善而来的加权平均法有着更好的合理性，但它对评判因素的限制较多，例如，只能是对量纲相同数量型因素进行评判。

1. 一级模糊综合评判

模糊综合评判一般采用以下几个步骤进行：首先是建立评判模型，其中有确定评判指标体系或评判因素体系，确定参与的评判者，确定评判者评测意见的表示方法和综合方法；其次是通过单因素法对各个评判因素进行模糊评判。再次就是综合所有单因素评判，得出该评测对象的总体评判结果。

评判模型的建立过程中，具体又分为以下几个步骤：

第一，建立评判指标体系。评判指标体系其实是所有评判因素的集合，在这个集合中包含了所有影响评测对象最终评判结果的因素，通常用U表示评判指标体系。设$u_1, u_2, \cdots, u_n$为对评测对象最终评判结果有影响的评判因素，则评判指标体系为：

$$U = \left\{u_1,\ u_2,\cdots,\ u_n\right\}$$

评判指标体系的确定，不仅包含确定指标集，各指标的权重也需要确定。指标对评测对象的重要程度越大，权重则越大。反之，权重则越小。

根据U中各因素$u_j(1\leqslant j\leqslant n)$对$U$产生不同的重要影响，为各因素赋予相应的权重系数，因而，分配U中各个因素权重如下：

$$W=\left(a_1,a_2,\cdots,a_n\right)$$

第二，对评测手段进行选择。评判者对评测对象做出的各种可能的评判结果，这种结果所组成的集合被称为评语集，通常用大写字母V表示。假设评语共有m个，则所有评语集为：

$$V=\left(v_1,v_2,\cdots,v_m\right)$$

常规的评语集是$V=\{v_1,v_2,v_3,v_4\}$，其中，v_1,v_2,v_3,v_4分别表示：很好、较好、一般、不好。

第三，对评测意见进行综合，确定综合方法。要想了解被评价对象的总评结果，则需要综合多个评判者的评测意见。综合方法的选择因评测手段和计分格式的不同而有所差异，如采用模糊集重心来综合评判者的评测意见的评判模型，即基于模糊集重心的评判模型，以及采用传统的模糊综合评判模型的综合方法（将在后文中进行探讨）。

确定了评判模型，就可以制定评分格式，并请评判者对各个评判因素进行单因素模糊评判。以一级评判模型为例，在传统的评判模型中，设评语集有m个评语，则每个评判者对某一个评判因素u_i的评分为：

$$R_{il}=(r_{il1},r_{il2},\cdots,r_{ilm}),l=1,2,\cdots,N$$

对N个评判者的评测意见进行综合后，评判者集体对相应评判因素u_i的评判则为：

$$R_i=(r_{i1},r_{i2},\cdots,r_{im}) \tag{2.2.16}$$

式（2.2.16）中，$r_{it}=\sum_{l=1}^{N}a_i\,r_{ilt},i=1,2,\cdots,n,t=1,2,\cdots,m$。

这样，可以得到评判者集体对n个评判因素的评判集。将这n个评判集组合在一起，可得到单因素评判矩阵：

$$\begin{array}{cc} & \begin{array}{cccc} v_1 & v_2 & v_3 & v_4 \end{array} \\ R= & \left[\begin{array}{cccc} r_{11} & r_{12} & \cdots & v_{1m} \\ r_{21} & r_{22} & \cdots & r_{2m} \\ \vdots & \vdots & & \vdots \\ r_{n1} & r_{n2} & \cdots & r_{nm} \end{array}\right]\begin{array}{c} u_1 \\ u_2 \\ \vdots \\ u_n \end{array} \end{array}$$

从单因素评判矩阵R可以看出：评判因素集U到评语集V的模糊关系矩阵。

单因素模糊评判的结果，往往只反映评测对象受单一因素的影响。通过对所有因素对评测对象的影响进行综合，以得到正确的对评测对象的评判，这便是模糊综合评判。下面是一级评判模型中的模糊综合评判：

$$B = W \cdot R = \left(a_1, a_2, \cdots, a_n\right) \cdot \begin{bmatrix} r_{11} & r_{12} & \cdots & r_{1T} \\ r_{21} & r_{22} & \cdots & r_{2T} \\ \vdots & \vdots & & \vdots \\ r_{n1} & r_{n2} & \cdots & r_{nT} \end{bmatrix} = \left(b_1, b_2, \cdots, b_T\right)$$

根据“·”符号的不同定义，可以得到以下不同模型。

模型Ⅰ：$M(\wedge,\vee)$——主因素决定型，即：

$$b_j = \max\left\{a_i \wedge r_{ij}, 1 \leqslant i \leqslant n\right\}, j = 1,2,\cdots, m \tag{2.2.17}$$

在总评判中起主要作用的那个因素对评判结果起决定作用，其余因素均不会对评判结果有影响，在综合评判最优的情况中只需要考虑单项评判最优的情形下，此模型比较适用。

模型Ⅱ：$M(\cdot,\vee)$——主因素突出型，即：

$$b_j = \max\left\{a_i\ r_{ij}, 1 \leqslant i \leqslant n\right\},\ j = 1,2,\cdots,\ m \tag{2.2.18}$$

它与模型 $M(\wedge,\vee)$ 相近，但比模型 $M(\wedge,\vee)$ 精细些，在兼顾了其他因素的同时，对主要因素进行了突出。对于模型 $M(\wedge,\vee)$ 无法区分时，且需要进一步细分的情况下，该模型较为适用。

模型Ⅲ：$M(\cdot,+)$——加权平均型，即：

$$b_j = \sum_{i=1}^{n} a_i\ r_{ij}, j = 1,2,\cdots, m \tag{2.2.19}$$

由式（2.2.19）可以看出，由于是依据不同大小的权重，兼顾了各因素均衡，因此，对于要求加权总和最大值的这种情况，比较适用。

模型Ⅳ：$M(\wedge,\oplus)$——取小上界和型，即：

$$b_j = \min\left\{1, \sum_{i=1}^{n} a_i \wedge r_{ij}\right\}, j = 1,2,\cdots, m \tag{2.2.20}$$

在利用该模型计算的时候，需要注意的是：各个 a_i 既不能取值偏大也不能取值偏小，偏大可能导致 b_j 均等于 1 的情形；偏小可能导致 b_j 均等于 a_i 之和的情形，从而导致单因素评判的相关信息损失。

模型Ⅴ：$M(\wedge,+)$——均衡平均型，即：

$$b_j=\sum_{i=1}^{n}a_i\wedge\frac{r_{ij}}{r_0},j=1,2,\cdots,m \tag{2.2.21}$$

$$r_0=\sum_{k=1}^{m}r_{ij} \tag{2.2.22}$$

对于R中元素r_{ij}偏大或者偏小的情形，用这种模型比较适合。

综上所述，一级模糊综合评判主要包括以下五个步骤。

第一步，对因素集进行界定：$U=\{u_1,u_2,\cdots,u_n\}$

第二步，对评语集进行界定：$V=\{v_1,v_2,\cdots,v_m\}$

第三步，进行单因素评判：$r_i=\{r_{i1},r_{i2},\cdots,r_{im}\}$

第四步，构造综合评判矩阵：

$$R=\begin{bmatrix} r_{11} & r_{12} & \cdots & v_{1m} \\ r_{21} & r_{22} & \cdots & r_{2m} \\ \vdots & \vdots & & \vdots \\ r_{n1} & r_{n2} & \cdots & r_{nm} \end{bmatrix}$$

第五步，进行综合评判：对于权重$A=(a_1,a_2,\cdots,a_n)$，计算$B=A\circ R$，并根据最大隶属度的原则做出评判。

2. 多级模糊综合评判

由于对复杂事物进行评判时，通常会涉及很多相关联因素，而按照规则，需要对关联的各个因素赋予相应的权重。然而，当这些因素数量众多时，则必然会产生几个障碍：首先需要依靠人的主观判断进行权重分配，而在因素很多的情况下，这种判断就会出现偏差，从而导致权重分配得不恰当；其次是假设在使用$M(\wedge,\vee)$模型时，在因素很多时，归一化的权重就不大，各因素在整体中的重要性就难以被体现出来，容易导致归一化权向量或归一化单因素模糊评判矩阵使用错误，从而综合评判得出的结果意义性不大或者无意义。

对于上述这类问题，多级模糊综合评判的方法能够解决。多级综合评判的步骤如下：

第一，因素集$U=\{u_1,u_2,\cdots,u_n\}$可划分成不同属性的几组，得到$U=\{U_1,U_2,\cdots,U_k\}$。其中，$U=\bigcup_{i=1}^{k}u_i$，$U_i\cap U_j=\varnothing\ (i\neq j)$，$U_i=\{u_1^{(i)},u_2^{(i)},\cdots,u_{n_i}^{(i)}\}$，

我们称$U=\{U_1,U_2,\cdots,U_k\}$为第一级因素集，其中的U_i为第二级因素集。

第二，设评语集 $V=\{v_1, v_2, \cdots, v_m\}$，先对第二集因素集：

$$U_i=\{u_1^{(i)},\ u_2^{(i)}, \cdots,\ u_{n_i}^{(i)}\}$$

的 n_i 个因素进行单因素评判，构造出单因素评判矩阵为：

$$R_i=\begin{bmatrix} r_{11}^{(i)} & r_{12}^{(i)} & \cdots & r_{1m}^{(i)} \\ r_{21}^{(i)} & r_{22}^{(i)} & \cdots & r_{2m}^{(i)} \\ \vdots & \vdots & & \vdots \\ r_{n_i1}^{(i)} & r_{n_i2}^{(i)} & \cdots & r_{n_im}^{(i)} \end{bmatrix}$$

设 $U_i=\{u_1^{(i)}, u_2^{(i)}, \cdots, u_{n_i}^{(i)}\}$ 的权重为 $A_i=(a_1^{(i)}, a_2^{(i)}, \cdots, a_{n_i}^{(i)})$，$B_i=A_i\circ R_i, i=1,2,\cdots,k$。

第三，再对第一级因素集 $U=\{U_1,\ U_2, \cdots,\ U_k\}$ 进行综合评判，设其权重为 $A=(a_1,\ a_2, \cdots,\ a_k)$，则总评判矩阵为：

$$R=\begin{pmatrix} B_1 \\ B_2 \\ \vdots \\ B_k \end{pmatrix}$$

从而得出综合评判为：

$$B=A\circ R$$

最后，相应的评判结果可经由最大隶属度原则得出。

二、医学模糊信息的处理

医学上观测、诊断的各种症状、现象，既有精确的测量数据，也有模糊性的现象。例如，体温、血压、心率、血小板数量等就属于精确数据，而健康方面的面色苍白、舌苔厚、腹痛、头晕等就属于模糊现象，这类模糊现象中蕴含的信息而形成的概念称为模糊概念。模糊概念是人脑对客观事物本质属性的一种反映。这种反映存在着某一事物既属于这方面，也属于另一方面。这种客观事物之间的差异，存在着模棱两可的、无明显边界的过渡情况，就是产生模糊性的根源。例如，近年来对“中年人”的界定，也存在着不明确的年龄段划分，50多岁的人，既可以算中年，也有人认为是老年。但是，在这类模棱两可的事物之间，依然存在着差异，我们可以对其进行比较。由此可以产生出模糊判断和模糊推理逻辑等概念。前者是指基于这类模糊概念所做的判断，而通过模糊判断在内的其他判断方法，对事物、现象进行推理时，所依据的逻辑就是模糊推理逻辑。它可以对人类的思维进行模拟，将一些无法被定量方式表达的状态、规律，用一种近似的方式描述出来，进而做出决策。

模糊数学是从数学的角度，对模糊信息进行处理，得出模糊判断结果，并进行决策的一门理论和方法的学科。当科技发展到一定的水平，模糊数学的出现是有其必然性的。曾经的人类借助数学工具去认识世界，经历了从模糊到精确这一阶段的发展。但随着科技的发展，人类社会借助计算机技术，进入了信息化数字时代。这时候，当人们试图用计算机对人脑功能进行模拟时，计算机精确计算的特性从某种意义上说反而成了障碍。例如，人们在判断远处走过来的动物是猫还是狗时，总是将这个动物的毛色、行走姿势、体型等与大脑中预先存放的样本进行比较，从而推测出具体结果，这就是模糊判断。在人类之间互相辨识方面，对于通常情况下的大多数人是一件很容易的事情，即使熟人、朋友之间相互分别多年，外貌发生了变化，也依然能够认出。但如果由计算机识别，计算机的精确性特点就会让事情变得很复杂，首先要采集人的身高、体重、行走时四肢摆动频率、角度及步法，脚底施加地面的压力、摩擦力，行走速度和加速度等，计算机根据上述一系列数据进行分析和检索、运算才能得出结果，但如果这个人近期体型变化较为明显，计算机可能就会识别错误或者识别错误率显著增加，因此这种“精确”的特点在这种应用场合下反而得不到精确的结果。因此，我们可以得出结论，有必要存在一定程度的模糊，才能使得计算机更有效地模拟人脑。由于现实世界中尤其是医学现象中充满了这类模糊信息，在经典数学的精确性与现实世界的模糊性之间，通过模糊数学将二者连接起来，从某种意义上来看，数学的发展，是从模糊到精确再到模糊的一种螺旋发展的过程，这是人们认识世界能力得到进一步提高的标志之一，因此，模糊数学在医学模糊信息处理的领域，也将起到意义重大的助推的作用。

医学模糊信息的综合评判，就是在对某一对象所包含的若干因素进行统筹考虑后，再对其做出适当的评价，例如：对医疗质量进行评价时，要考虑包括但不限于疗效、疗程、医疗经济效益等这些因素。由于在评价过程中，各个因素存在权重方面的差异，而且在评价指标方面，由于指标间有着复杂的相互关系，存在着指标表现趋势不全一致的情况，从而出现此高彼低或此低彼高的现象，所收集的信息通常也存在着不同水平的模糊性，从而就产生了模糊综合评判的问题。要了解怎样进行模糊综合评判，我们结合表2.2.3 ~ 表2.2.5进行说明。

表2.2.3　某医院1981年、1982年缺血性中风的几项医疗质量指标

年份	例数	治愈率（%）	好转率（%）	未愈率（%）	病死率（%）	平均住院日	平均费用
1981	61	26.23	69.93	1.64	8.20	17.21	117.58
1982	66	27.27	62.12	1.52	9.09	18.45	120.14

第1步，建立因素集合：

$$U=\{疗效，住院日，费用\}$$

建立评价集合：

$$V=\{很好，好，一般，差\}$$

第2步，规定各类因素在各评价等级上的制定范围，建立$U\times V$表，如表2.2.4所示。

表2.2.4　$U\times V$表

	很好	好	一般	差
疗效	治愈	好转	未愈	死亡
住院日	≤15	16~20	21~25	＞25
费用	＜100	100~	130~160	＜160

第3步，依据上述标准，对表2.2.3中的两组资料分别建立频数分配表，如表2.2.5、表2.2.6所示。

表2.2.5　频数分配表（1981年）

	很好	好	一般	差
疗效	16	39	1	5
住院日	17	26	14	4
费用	13	28	13	7

表2.2.6　频数分配表（1982年）

	很好	好	一般	差
疗效	18	41	1	6
住院日	23	29	11	3
费用	17	32	12	5

第4步，建立模糊矩阵。根据1981年和1982年的频数分配表算出频率分配表，从而能模糊评判矩阵，矩阵中的元素即为频率。

$$R_{81}=\begin{pmatrix}0.26 & 0.64 & 0.02 & 0.08\\ 0.28 & 0.43 & 0.23 & 0.06\\ 0.21 & 0.46 & 0.21 & 0.11\end{pmatrix}$$

$$R_{82}=\begin{pmatrix}0.27 & 0.62 & 0.02 & 0.09\\ 0.35 & 0.44 & 0.17 & 0.04\\ 0.26 & 0.48 & 0.18 & 0.08\end{pmatrix}$$

第5步，设权数集合 $A=(0.60,0.25,0.15)$，则得出该评判对象的模糊综合评判结果为：

$$B=A\circ R$$

于是

$$R_{81}=(0.60,0.25,0.15)\begin{pmatrix}0.26&0.64&0.02&0.08\\0.28&0.43&0.23&0.06\\0.21&0.46&0.21&0.11\end{pmatrix}=(0.26,0.60,0.23,0.11)$$

$$R_{82}=(0.60,0.25,0.15)\begin{pmatrix}0.27&0.62&0.02&0.09\\0.35&0.44&0.17&0.04\\0.26&0.48&0.18&0.08\end{pmatrix}=(0.27,0.60,0.17,0.09)$$

第6步，对两组评判结果分别进行归一化处理，得：

$$C_{81}=(0.22,0.50,0.19,0.09)$$

$$C_{82}=(0.24,0.53,0.15,0.08)$$

其中，C_{81}的第一个元素是0.22，由$\dfrac{0.26}{0.26+0.60+0.23+0.11}$算得，$C_{81}$的第二个元素是0.50，由$\dfrac{0.60}{0.26+0.60+0.23+0.11}$算得，以此类推。

第7步，做出分析与评判。第一，由C_{81}和C_{82}可得出，这两年中，级别为“好”的隶属度最高，级别为“很好”的隶属度次之，所以，我们可推算得出这两年医院的质量都属于“好”这一等级的结论。第二，1982年“好”的隶属度为0.53，比1981年的0.50略高，1982年“很好”的隶属度为0.24，也比1981年的0.22略高，结合上述结果来看，我们可以判断出某医院1982年的医疗质量比1981年有所提高。

以上是依据给定的评判矩阵R和权重分配模糊集A，求出模糊综合评判矩阵B以进行综合评判，称为综合评判的正问题。反之，综合评判的逆问题也存在，即已知评判矩阵R和评判结果B，也可求出权重分配模糊集A。

第三章 DISANZHANG 信息医学中的信息高新技术

第一节　促进信息医疗改革的信息技术

医学历史最早可以追溯到公元前3000多年前。在这漫长的历史过程中，医学得到了长足的发展。无论是对病人、疾病，还是对医药的认识都在不断地发生改变。到了近现代，随着科学技术的发展，医学朝着科学的方向迈进了一大步。而如今，随着信息技术日新月异地发展，医学更是迎来了医疗信息化的改革。本章介绍了医疗模式在漫长的历史岁月中经历了哪些发展？如今的医疗模式发生了哪些重点的变化？在医疗信息化的改革中，信息技术是如何助力医疗模式的转变和发展的？由信息技术的发展带来的自动化智能化的医疗设备有哪些？

一、医学模式的发展史

（一）医学模式的发展

医学模式是指在一定时期内对人类健康和疾病的特征和本质的哲学总结。它是人们在社会经济发展和医学科学发展的不同阶段认识和解决疾病和健康问题的思维方式和行为方式。在医学的发展进程中大致有四种医学模式。

1. 神灵主义的医学模式

这种模式起源于原始社会。由于当时生产力水平极低，人们对大自然和自身周遭没有改造和左右的能力，便认为自身的生活和命运是由鬼神来主宰。于是，便产生了疾病是神灵或魔鬼的惩罚这种观念。人们使用手段治疗疾病或祈求神的祝福或宽恕，或通过驱除或抵御邪灵来豁免疾病。古代美索不达米亚文明的记录就记载过这种情况。占卜由献祭的动物肠子组成，术士可以从捣碎的肠子碎片中辨别邪灵的样子。为了驱赶邪灵并达到治疗疾病的目的，患者必须向巫医坦白自己的罪行。而在治疗的过程中，巫医会佩戴狮子面具，并使用各种驱魔方法，如燃烧动物羽毛或羊毛来产生难闻的气味，或者用各种腐烂、败坏的东西以倒掉邪灵的胃口，所有的药物都应该尽可能的臭和脏。这种以神灵为疾病的原因，并以占卜、牺牲或祈祷为主要医疗手段的医疗方式便是神灵主义的医学模式。如今，这种模式在一些偏远的地区依旧存在。

2. **自然哲学的医学模式**

随着生产力的发展，人们开始对人体的基本物质构成和疾病的客观属性有了一定的朴素的认识。中国古代的医学家提出的“天人合一”的理论和古希腊伟大的医学家希波克拉底等人提出的“体液学说”，标志着自然哲学医学模式的形成。具体来说，《黄帝内经》是中国最早的医学典籍。它提出了人类生命物质初始系统的理论。它的整体概念、阴阳五行理论、脏腑经络学说构成了辨证施治的理论体系。而在西方，希波克拉底学派认为，身体的机能是由四种体液组成：血液、黏液、黄胆汁和黑胆汁。每种液体都与某种气质相对应，每个人的气质都是由他体内占主导地位的液体所决定的。如血液含有热的特性，因为它来自心脏。如果血液这种体液占优势，那么他就属于多血质。四种体液的平衡对身体有益。如果四种体液处于平衡状态，则身体健康；如果四种体液处于失调状态，则会多病。这一模式反映了当时的以朴素的唯物论为基础的哲学观点。

3. **生物医学模式**

在经历了漫长的黑暗的中世纪后，兴起于14世纪意大利并迅速扩展到欧洲的文艺复兴带来了一场科学和艺术的革命。而医学也在这一时期得到了突飞猛进的发展。哈维创立了血液循环理论，建立了实验生理学的基础；摩尔根对疾病的器官定位研究和魏尔啸创建的细胞病理学等一系列具有里程碑式意义的医学研究为现代医学的发展打下了坚实的基础，同时，也表明了生物医学模式的建立。可以说，生物医学模式的建立极大地推动了医学的发展，现代医学也已进入实验医学的时代。在形态学方面，已经出现从器官组织的细胞和分子水平上对人体结构和生理病理过程的深入研究。在工程学方面，从定性研究发展到精确的定量研究，使得医学的科研成果有了更精确的度量。再加上医学和科学新技术的紧密结合，医疗技术取得了长足的进步，临床诊疗水平也不断提高。这一切都使人们对疾病的认识越来越深入细致。

4. **“生物-心理-社会”医学模式**

1977年，美国医生恩格尔在《科学》杂志上发表了一篇文章——《需要新的医学模式：对生物医学模式的挑战》。该文章对当时的生物医学模式进行了深刻的思考。他认为，当时的医学模式没有认识人体的生理和心理是相互作用相互影响的。同时，也没有综合考虑人们生存的社会环境给人们带来的影响。基于这些思考，他创新性地提出了“生物学-心理-社会”医学模型的概念。该模型并没有反对生物医学研究，而是要求把生物医学模式的系统作为概念框架，将身心一元论作为基本指导思想，但同时还必须考虑到患者发病的生物学因素，以及考虑有关的心理因素及环境和社会因素的影响，并将所有这些因素看成是相互联系且相互影响的。“生物-心理-社会”医学模式为医学发展提供了新的指导思想，也是医学心理学发展的重要基础。这种现代医学模式的提出和重视，标志着以健康和预防为中心的医学思想的成立，使医学模式又迈进一个崭新的发展时期，同时，也促进了医学社会学和整体医学的繁荣发展。

（二）医学模式发展的思考

医学的发展有着长远的历史。希波克拉底誓言是在公元前5世纪的古希腊写成的，它直接启发了今天的医生们宣誓就职。中世纪，罗热略的《外科实践》则完善和系统化了从古代大师那里继承下来的外科实践。公元1220年左右，意大利的大学开始对医生进行系统的培训。在文艺复兴时期，人们对解剖学的理解得到了提高，显微镜也被发明了。在19世纪之前，体液学说被认为是可以解释疾病的起因，但后来逐渐被疾病的细菌学理论所取代。这使得许多传染病得到了有效的治疗，甚至被完全治愈。此外，军医们也改进了创伤治疗和外科手术的方法。19世纪之后，因为城市的快速发展需要有系统的卫生措施，公共卫生系统也逐渐发展起来。先进的医学研究中心在20世纪初成立，并与大型医院相连，使得医学的科学研究得到更有效的发展。20世纪中期出现了新的生物疗法。这些进步，以及化学、遗传学和放射学的发展导致了现代医学的产生。

一定的医学模式总是与一定时期人类科学技术及哲学思想的整体水平相适应的。医学模式是一个动态概念，而不是一成不变的。远古时期，人们对疾病没有科学的认识，认为这是鬼神在作祟，所以医疗模式就是通过祈祷、占卜或者听信巫师来求得治愈。等后来人们对大自然和人体的基本构成有了一些朴素的认识后，医疗模式也发展成相对应的模式。“阴阳五行说”和“体液学说”也应运而生。直到近现代，随着科技的发展和知识的积累，人们终于对疾病有了一个科学的认识。现代医学模式在过去的许多年里对医学的发展起过重大的推动作用，但是这种医学模式却忽略了病人在治疗当中也能起到作用。到了当代社会，各种重大疾病被医学所攻克，人类的平均寿命得到了显著的延长。在这种背景下，人们追求的已不再是简单的吃药治病。1977年，恩格尔提出的“生物-心理-社会”医学模式是医学模式史发展的另一个重要阶段。在以往的医疗模式下，患者通常被视为被动接受治疗的对象。人们对疾病的治疗，往往是以药物、手术、理疗、心理咨询等外因的方法来调整失去生理或心理平衡的机体，恰恰忽视了调动医生和患者这两个积极因素。而“生物-心理-社会”医学模式则是高度重视用被动治疗和主动治疗相结合的原则，即由医生做的治疗与在医生指导下由患者自身做的治疗相结合的原则，以期让患者尽快地康复。可见，一定的医学模式反映了一定时期人类科学技术及哲学思想的整体水平。

二、医疗模式的转变

（一）从以治疗手术为中心到以预防控制为主

2005年7月，《中国社会科学院院报》刊登了《促进医疗保障模式向健康保障模式的转变》一文。文中指出，医疗保障模式应从疾病保障转为健康保障。而国际上，医疗模式由“重疾病治疗”向“重疾病预防”已经是一大趋势。转变医疗模式，实行疾病早期预防、早期诊断是增进健康、改善民生的重要内容，也是衡量人民生活质量的一个重要方面，还是降低日益增长的医药费用的有效途径。

1. 慢性疾病问题已日益严重，医疗模式须向预防控制转变

慢性疾病毫无疑问已经成为严重影响我国居民健康水平和生活水平的一大问题。它的发生和广泛传播除与经济、社会等有关外，还与人们的生存环境和日常的生活方式有很大的关系。近年来，随着人口老龄化进程的不断加快、居民生活方式的改变、生态环境的恶化和一些令人担忧的食品安全问题的出现，使得慢病发病和患病人数不断增多，群众慢病疾病负担日益沉重，慢病也更是成为城乡居民死亡的主要原因。根据2015年卫生计生委发布的《中国居民营养与慢病状况报告》指出，2012年全国居民慢病死亡人数占总死亡人数的86.6%。心脑血管病、癌症和慢性呼吸系统疾病为主要死因，占总死亡人数的79.4%。而我国居民慢病死亡人数占总死亡人数这一比例在1991年为73.8%、2000年为80.9%。从比较可以看出，这一比例在过去近30年间稳步上升，慢病已成为一个急需控制和解决的问题。

同时，随着慢性疾病发生率的不断增加，疾病经济负担问题也不可避免地随之加重。实行疾病早期预防、早期诊断，从源头上减少疾病数量和疾病负担是解决该问题的最佳方法。改革开放以来的公立医院改革使得我国的公立医院需要自负盈亏，这就迫使很多公立医院不得不思考经济效益的问题。疾病早期预防、早期诊断对患者有极大的好处，不仅能减少疾病带来的痛苦，而且减少随之带来的经济负担。但是，这对医院的经济收益却并没有好处。再加上政府在此前并没有大力倡导与支持疾病早期预防、早期诊断的观念，致使医院的资源配置向临床治疗和医药方面等倾斜。据有关数据统计，我国目前的医疗卫生资源的配置中，疾病的临床治疗占90%左右。因此，针对目前慢病的严重现状，我国医疗模式须向预防控制转变。

2. 转变医疗模式，实现疾病早期预防、早期诊断

我国以往的疾病预防方针是单纯的以疾病为导向，即哪种疾病突出，就重点预防和治疗哪种疾病。这种治疗方针是因为我国原有医疗卫生资源有限所导致的。然而，随着我国经济的发展和人民生活水平的日益提升，单纯的以疾病为导向的模式已经不能满足人们对于防治多种疾病的需要。比方说，同样一种不良的生活习惯在不同的人当中可能会导致不同的疾病。如果只以治疗疾病为目的，则会导致医疗资源浪费和重复配置。相反，如果从源头上就开始控制人们不良的生活习惯，这不仅能帮助人们预防疾病，也能极大地优化医疗资源配置。为了转变以往的医疗模式，努力实现疾病的早期预防和早期诊断，政府和医院应倡导和建立以健康和预防为导向的方针。如果将疾病预防目标前移为健康，则可以从源头上实现对多种疾病的预防，更好地促进居民的健康。2017年国家发展和改革委员会发布的《中国慢性病防治中长期规划（2017—2025）》（以下简称《规划》）提出了八条对改善慢病状况的策略与措施，其中就包含了“实施早诊早治疗，降低高危人群发病风险”。《规划》还提出了许多具体的规划和项目，如，早期发现和干预包括：癌症早诊早治；脑卒中、心血管病以及慢性呼吸系统疾病筛查干预；高血压和糖尿病高危人群健康干预；重点人群口腔疾病综合干预。健康管理包括：居民健康档案、健康教育、慢病（高血压、糖尿病等）患者健康管理、老年人健康管理以及中医药健康管理。《中国慢性病防治中长期规划（2017—2025年）》的主要指标，如表3.1.1所示。

表3.1.1 《中国慢性病防治中长期规划（2017—2025年）》的主要指标

主要指标	基线	2020年	2025年	属性
心脑血管疾病死亡率(1/10万)	241.3/10万	下降10%	下降15%	预期性
总体癌症5年生存率(%)	30.9%	提高5%	提高10%	预期性
高发地区重点癌种早诊率(%)	48%	55%	60%	预期性
70岁以下人群慢性呼吸系统疾病死亡率(1/10万)	11.96/10万	下降10%	下降15%	预期性
40岁以上居民肺功能检测率(%)	7.1%	15%	25%	预期性
高血压患者管理人数(万人)	8835	10000	11000	预期性
糖尿病患者管理人数(万人)	2614	3500	4000	预期性
高血压、糖尿病患者规范管理率(%)	50%	60%	70%	预期性
35岁以上居民年度血脂检测率(%)	19.4%	25%	30%	预期性
65岁以上老人中医药健康管理率(%)	45%	65%	80%	预期性
居民健康素养水平(%)	10%	大于20%	25%	预期性
全民健康生活方式行动县(区)覆盖率(%)	80.9%	90%	95%	预期性
经常参加体育锻炼的人数(亿人)	3.6	4.35	5	预期性
15岁以上人群吸烟率(%)	27.7%	控制在25%以内	控制在20%以内	预期性
人均每日食盐摄入量(克)	10.5	下降10%	下降15%	预期性
国家慢性病综合防控示范区覆盖率(%)	9.3%	15%	20%	预期性

（二）个性化精准医疗

医疗模式改变的另一个主要方面就是个性化精准医疗。这是一种将个人基因、环境与生活习惯差异考虑在内的一门个性化定制的医疗方式。

传统医疗往往以病人的临床症状和体征，如性别、年龄和体重等，并结合实验室的检测结果和影像学资料等数据来拟定治疗方案和药物的使用剂量和方式。但这是一个被动的处理方式，即在已经出现具体症状后才开始对症下药。个性化医疗可以通过如基因测序的方法精确地诊断，预测患者在未来可能会出现某种疾病的风险，并且提供比传统医疗更加有效、更具有针对性的治疗，预防或提前干预某种疾病的发生。个性化医疗的范围主要包括：对无临床病症的病人进行前期筛查；对具有患某种疾病的病人进行筛查确定；对有具体临床症状、已确诊为患病的病人进行有效的个性化治疗。

（三）医疗信息化助力医疗模式转变

未来医疗模式的发展方向应是以健康和预防为目标，以个性化精准治疗为手段。而医疗服务机构的关注点也应是从关注疾病转向关注健康和预防，并加大力度开展个性化治疗。在此种大环境下，日益发展的医疗信息化将利用自身优势助力医疗模式的改变。

医疗模式转变的一个重要方面就是健康管理。健康管理是指对个体或群体的健康进行检测、评价，并提供有效建议和干预的全过程，是建立在现代生物医学和信息数字化管理技术基础上的、基于个人健康档案的个性化健康事务性管理服务，并从生物学、心理学和社会学的角度对个人或群体实现全面的健康保健服务。健康管理的一个重要方面和基础是建立个人/居民的健康档案。

首先，要通过现代医疗技术对个人的身体状况进行检查，并把收集到的数据以信息化的方式进行存储和管理。在已建立的健康档案的基础上，相关医务人员可以根据收集到的数据判断个人未来身体健康状况的走向、给出建设性的意见、制定出个性化健康管理计划，并最终促进用户形成良好的生活习惯。医疗信息化在建立个人/居民的健康档案上无疑起到了重要作用。

其次，可穿戴医疗设备的发展与流行为医疗模式的转变提供了不可多得的良机。使用可穿戴医疗设备可以收集用户的健康数据并帮助检测用户的健康水平，在风险发生之前实现有效预防。如，可穿戴医疗设备可收集的生命体征数据有：血糖、体温和心率；健康数据有：每日步行锻炼时间和睡眠时间。这些数据都可以帮助设备佩戴者更好地管理自己的身体状况。而且，通过云共享，负责健康管理的医生可以及时有效地了解监护人的健康状况。这种智能的健康管理方法不仅可以减少慢病的发生，还可以控制疾病的发展。

最后，大数据与云计算在个性化精准医疗中也发挥着重要作用。基因测序是个性化精准医疗的一个重要手段，但是这个技术所产生的数据量巨大，单一样本的数据量甚至可达千兆级别。对此，如何存储、管理、分析和解读这些数据就变成一个难点问题。随着大数据、云计算的快速发展，国内外很多公司都纷纷建立起大型数据库并开发软件，目的就是对这些基因测序所产生的数据进行管理以及快速地分析和解读，并且已经取得了不错的成果。如：对人类基因组计划的深入研究表明，不同的个体对药物的反应以及药物在体内的代谢的速度差异很大，而这种差异与个体的基因相关。“药物基因型检测”是当今各式各样的预测性基因检测项目中最具应用价值的一项检测。这种检测专门针对人体特定的致病基因片段设计靶向药物，并用大数据对比数据库分析药物将要产生的反应、药效、敏感性以及副作用等情况，同时，结合患者的遗传或生物学特征信息制定出具有更优治疗效果的用药方案。

三、自动化智能医疗设备

医疗设备是指单独或者组合使用于人体的仪器、设备、器具、材料或者其他物品，旨在达到对疾病的预防、诊断、治疗、监护、缓解；对损伤或者残疾的诊断、治疗、监护、缓解、补偿等功能。传统的医疗设备大致可分为诊断类、治疗类及辅助类等。

（一）医疗设备自动化

过去，很多传统的医疗设备需要大量的人力物力进行操作和维护。而医疗机械设备的自动化发展有效地扭转了传统医院多依靠人手的低效率的局势。通过全新的自动化医疗器械设备，可将广大实验人员由实验体力操作者转变为系统控制者。这种转变大大改善了医院临床实验的环境，进一步提高了实验的整体效率，于医院或病患者而言，都是一场医疗的革新。

1. 提高了临床实验效率

在以往的医学实验中，由于经常涉及许多依靠人手才能完成的任务，包括各种样品的测试、不同试剂的配比等，且所涉及的制备步骤很复杂；让药物进行反应的实验过程要花费长时间的等待，使人力物力和时间消耗都非常严重；在样品实验或试剂制备过程中，经常因为涉及的人手和实验器具过多，导致实验顺序出错或者场面混乱，需要重新实验，更严重的是会影响实验的结果；医学实验对实验人员之间的合作要求较高，轻微误差可能导致严重的实验误差。因此，传统实验中人工速度慢、浪费时间严重的问题尤为突出。但是，通过运用自动化医疗设备，恶劣的实验环境得到了极大的改善，许多复杂的步骤得到了简化，加之自动化系统操控的辅助功能允许实验者不需要为等待实验结果而浪费时间，可以同时开展另一个临床实验，这相较于过去，大大提高了实验的效率。

2. **提高了临床实验的安全性和精确度**

自动化医疗设备一般具有信息反馈、自动诊断、报警等功能，在应用过程中，如果出现类似触底、碰撞以及试剂剩余量少等实验问题，就会自动报警，并通知相关实验人员进行检查，避免实验事故的发生。对此可以得出，借助自动化医疗设备，临床实验过程更加可控，实验稳定性也更加可靠。同时，对于某些有毒的试剂，实验员可以避免直接接触，直接由自动化设备进行操作，保证了实验员的安全。在自动化医疗设备中，设备可以更清晰地接收指定的指令并进行自动检测。同时，自动化医疗设备能更精确地控制实验环境，消除许多外部干扰，使实验结果更加准确，减少了人为影响的因素。此外，自动化医疗设备的数据分析系统和设备能够更完整、准确地控制实验，并能按照实验员的指令进行操作。相较于过去的临床实验，应用自动化医疗设备可使医院临床实验精度更高、效率更快、稳定性更好。

（二）医疗设备智能化

除了医疗设备自动化，近年来各种智能化的医疗设备也逐渐崭露头角。互联网和电子技术的高速发展使得一批具有创新功能的智能化医疗设备得以广泛应用。如，数字化辅助医疗终端可以实现辅助诊断、生物传感诊断、机器人器械辅助诊断等功能；网络医疗终端可以实现医疗数据的远程传输；为家庭和社区提供服务的医疗终端可以实现家庭的自我监测和诊断。今后，自动化手术医疗终端是未来医疗终端发展的一个重要方向。

就目前中国使用的医疗终端而言，有三种类型的终端具有广泛的应用范围和良好的效果。一是医疗PDA，它是利用电子设计自动化（Electronic Design Automation）技术设计制造的，内部集成无线局域网和射频识别设备，并配备有设计专用软件。医务人员可以利用该终端与医院信息管理系统（Hospital Information System，HIS）或住院管理系统进行信息交互，实现便捷地查看病历信息、撰写病历、下达医嘱、记录病人的需求等，并实时把数据传输到HIS数据库。一些医院使用的带有医用PDA功能的手持终端可以通过共享检查图像进行远程移动咨询，从而大大缩短了医生和患者之间的距离。不仅如此，终端的“婴儿标识识别”功能还可以通过携带婴儿的射频识别（RFID，Radio Frequency Identification）标签环，帮助妇幼医院准确识别新生儿，杜绝婴儿认领时可能会造成的错误。

二是便携式物理信息监测终端。此终端也广泛用于医疗信息化。例如，中国联通的“智慧医疗急救监护”系统便是一个通过便携式心电监护仪、视频功能设备和其他传感设备实时接收医疗采集终端收集到的数据，并加以分析、处理和传输，然后通过GSM或WCDMA网络将视频、病患的生命体征和地理位置信息传输到后端服务系统，使医疗机构能够实现远程医疗急救监测、诊断和咨询的综合服务。如今，新型便携式心电监护仪不仅可以随时随地记录短期心脏异常信息，还可以快速将收集到的生理信号传输到后端服务平台，实现一机测量即插即用的功能。这无疑给家庭和医生提供了快捷沟通的渠道。

三是通过有线或无线方式将一个或多个医疗监测仪连接到健康管理终端，可以同时实现多通路的生物医学信号的采集和存储。医疗机构利用内置医疗监护模块进行分析处理后，在终端的屏幕上显示测量结果。例如，如今一些健康服务提供商提供的“个人健康管理”业务，实现了集前端健康管理终端和后台管理服务为一体，用户可以通过终端内置或分体的“体征检测感知终端”监测出体征信息，并通过高速无线网络将信息发送至相应的健康监测中心，获取随时随地的个性化监测服务、长期健康档案管理服务和定期健康监测报告，进而达到有效预防疾病的目的。

（三）智能可穿戴医疗设备

近年来，医疗卫生领域的智能可穿戴式医疗设备正在快速发展。智能可穿戴医疗设备是一种可以戴在身上或者以某种特定的形式贴近身体，并能通过其内置的装置发送和传递信息的便携式医疗设备。内置的信息传感装备一般包括传感器、射频识别和全球定位系统等。更重要的是，这些设备能连接移动互联网，实现人与物之间便捷高效的信息交流。而其外在呈现样式大多是人们日常穿戴所需要的物件，如眼镜、手表、手环、服饰或者鞋袜之类的。目前已问世的设备包括智能眼镜、智能手表、智能手环、智能衣服等。

智能可穿戴设备具有很大的发展潜力。作为移动互联网的新的切入点，其最大的作用不在于硬件本身，而在于通过硬件来绑定客户。通过硬件，大量的医疗健康数据可被收集，并由此衍生出许多的新型商业模式。例如，一些健康服务公司通过分析个性化医疗数据为设备穿戴者提供综合性的健康建议和规划服务。具体来说，这些健康服务公司所提供的个人健康管理服务就是将前端健康管理终端，如各种智能设备，与后台管理服务相结合。首先消费者通过智能设备来记录自身的健康数据。而这些数据则会通过网络，从智能设备端发送到相应的健康监测中心。消费者虽然会留意自身的健康数据，但是并没有专业的知识去分析这些数据潜在所表达出的问题。而这就是健康服务公司所能提供的，它能让这些数据能真正地为消费者带来益处。另外，值得一提是，传统医学的诊断是基于某一时间的静态生命体征数据，而通过智能可穿戴医疗设备，就可以实时方便地获取和积累数据，可以促进基于动态体征数据诊断的医学研究，对疾病治疗和健康管理起到非常大的作用。

现在，智能可穿戴医疗设备的发展越来越迅速，并且很多智能设备已经应用于人们的日常生活中。同时，还有很多设备开始应用于临床的疾病治疗。这也是智能可穿戴医疗设备的另一个重要的发展方向。表3.1.2展示了一些智能可穿戴设备用于疾病治疗的应用。不论是健康管理方面还是临床应用方面，智能可穿戴医疗设备都发挥着创新性地重要作用，为医疗健康领域开创了一条重要的发展道路。

表3.1.2　智能可穿戴设备用于疾病治疗的应用

应用名称	特点
手腕式血糖控制仪	基于Bio-MEMS技术,由抽取血液的微泵、带血糖传感器的电极和通过气压差推送药物的微泵组成。其工作原理是:通过微针检测血糖浓度,再由微泵来注射药物,维持血糖水平的正常。其优势在于可根据血糖水平自动调节用药方案,避免了胰岛素治疗中常见的低血糖状况。如果检测的血糖水平低于正常值,则自动注射葡萄糖;如果检测的血糖水平高于正常值,则自动注射胰岛素
可穿戴除颤器	该设备已用于临床,主要由贴身背心式电极带和除颤器组成。电极带里含有感知电极和除颤电极,而除颤器由脉冲发生器、检测器和报警器组成。当检测到异常时,报警器会通知医护人员进行除颤或自行除颤
可穿戴式交变电场脑瘤治疗设备	将一个小型电池和带有导线的绝缘绷带电极组成的设备戴在脑瘤患者头上,利用电场阻止癌细胞生长分裂,使脑瘤患者存活时间提高了一倍
电离子透入治疗设备	患者可以通过自助式电离子透入贴片对头痛、晕动症等进行治疗
智能眼镜辅助治疗设备	智能眼镜可以识别60种日常用品,并记住佩戴者最后一次看到提包、钥匙、手机、药品等日常用品的地点。智能眼镜的镜片上有微型摄像头和小型反光镜,可以拍下佩戴者所见的物品,当摄像头聚焦于物品后,佩戴者如果再次寻找该物品,只要念出其名称,智能眼镜就会在显示屏上显示出它最后一次出现的地方

第二节　与医学大数据整合的信息技术

21世纪是数据爆炸的时代，大量的数据获取设备在时刻对海量的知识或者数据进行获取。随着计算机性能以及大规模存储设备的快速升级换代，大数据的处理也愈加方便快捷。在当下的环境中，一方面，医学在广度和深度方面日新月异，循证医学深入人心，信息化医疗迅速发展。另一方面，计算机技术的飞速发展使得海量存储成为可能，成本不断下降。医学知识、医学信息呈现几何级数增长。“大数据”（Big Data）并不是一个很新的名词，在物理学、生物学、环境生态学等领域以及军事、金融、通信等行业存在已有时日；历史上的数据库、数据仓库、数据集市等信息管理领域的技术，从某种意义上说也是为了解决大规模数据的问题。事实上，针对目前医疗大数据随着采集设备和信息传输方式的快速发展，医疗大数据的数量级也随之飞速发展。尽管这种方式给医疗大数据的分析和研究提供了前所未有的机遇，但同时也为处理和分析带来了严峻的挑战。

一、大数据的定义

大数据（Big Data）的一个比较通俗的定义就是针对一些超大容量或者数据复杂而无法有效地利用现有的处理手段进行获取、处理、分析、传输、检索的数据集合或者数据库。对于信息领域行业而言，一般用大体量（Volume）、高速度（Velocity）、多样化（Variety）以及真实性（Veracity），也就是通常所说的“4v”来表述大数据的特征。当然，对于大数据而言，更加需要关注的是其所本身所特有的价值（Value）。对于大部分投资者而言，大数据显然是一座非常重要的经济资源。比如，著名企业Facebook的主要资产或者价值主要来源于其对社交资源数据的掌控。由此我们可以得出如下结论，大数据作为一种新的技术或者新的理念，实际上更应该被称为是一种新的产业。也就是说，可以通过对数据进行一个特别的“加工”过程，将数据原料变为商品，实现数据的有效价值的提升。联合国2012年发布的《大数据与人类发展：挑战与机遇》白皮书指出，目前，我们正处于一个大数据的时代，在2011年，全球一共产生了1.82ZB的海量数据，并且这个数字正不断地呈现一个指数级增长的趋势。目前，大数据对于全世界而言，是一个重大的历史性机遇。大量的有效数据可以有效地帮助人们对于社会中的行为，如经济、政治、环境以及人际等进行有效的分析和建模，从而更加有效地推动整个社会的政治经济的前进。因此，针对大数据的研究开始被政府、产业界以及学术界所重视，各国政府纷纷推出相应的大数据战略来资助大数据方向的研究，各高校和科研院所也开始针对数据科学专业开设课程以培养相应的人才，顶级学术期刊，如Nature以及Science等也推出相应的关于数据科学的专栏，对大数据的发展、挑战以及进程进行讨论和分析。

目前，生物医学领域的大数据开始被广泛关注，并逐渐成为目前的主流研究方向之一。如图3.2.1所示，与传统的针对大数据的研究一样，生物医学大数据同样具有大数据中的高度不确定性（High Uncertainty）、高度计算复杂性

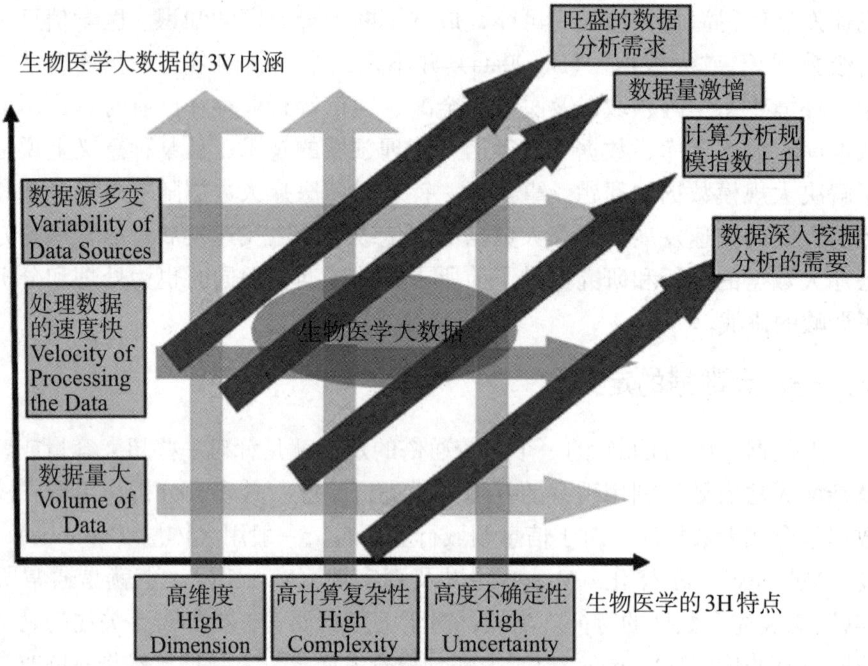

图3.2.1　生物医学大数据的3V内涵和3H特点

（High Complexity）和高维度（High Dimension）的特点。首先，在生物医学研究的大数据中，通常会由于采集设备、采集环境、信息处理方式、信息模态等因素造成大数据中数据的异构性，进而导致数据之间的不确定性，因此，这种高度的不确定性给数据分析带来了严峻的挑战。其次，由于在分析过程中，针对不同的连接组学的数据融合、不同组别间的组间差异分析以及个体之间的差异分析，都需要对大数据进行有效的建模和分析，得出相应的生物学知识。最后，在分析医学生物数据中，对于组学数据以及多重分析等方面，均具有一个显著的高维特性，因此，对这种生物医学数据中的高维数据的叠加、索引以及学习是目前主要关注的研究对象。比如，Google提出的针对流感疫情预测的FluTrend模型，需要利用几百天内数百万人的数据进行分析和验证，从而提供有效的知识帮助疾控中心来预测和阻止疫情的发展；电子病历以及各种采集设备的出现，使得我们能够更加全面地获取被试的信息，但它也进一步加剧了高维数据的风险。因此，尽管高维数据为数据挖掘以及知识发现提供了有效的数据支持，但是对于这种高维数据的数据挖掘同样也带来了严峻的挑战。

（一）传统大数据分析方法及应用简介

数据挖掘主要是从一系列大量的、不完备的、带噪声的、随机的数据中有效地提取其本身所蕴含但事先并未发现的、潜在的、有益的知识和信息的过程。目前，对大数据的数据挖掘和分析已广泛地应用于国防、医疗、交通以及商业等各个领域。随着计算性能的不断提升以及各类针对数据挖掘的理论和算法的飞速发展，数据挖掘在大规模数据计算及知识挖掘等方面展现出了巨大的发展潜力，并成为对各大数据领域（如生命医学领域）进行数据分析和挖掘的有效工具。数据挖掘一般针对预测性和描述性两个任务，通常情况下，预测性任务主要指回归和分类等任务，而描述性任务主要是关联规则、聚类分析、可视化等，并提取对应的有效知识。

数据挖掘中的一个重要技术是关联规则。它主要是对数据中隐含的关系利用关联分析的方式进行挖掘，再利用挖掘得到的关系有效地对新问题进行预测和建模。由于关联规则方式主要利用了实例之间的相互关系，从而有效地表达了数据之间的关联程度。与传统的机器学习或数据挖掘算法不同，关联规则方式并不需要对参数进行额外的设置，可以自动地对获取的数据进行有效分析，从而挖掘到实例间的关联规则。这种方式能够对环境进行快速适应，从总结规律到完成相应的规则计算，最终得到很好的预测效果和精度。数据挖掘中的一个有效的分类方式是决策数算法。这种方式利用信息增益的方式将构建的节点信息最大化，进而根据节点的属性建立树的模型，从而建立相应的分类规则。基于聚类的方式是一种无监督的数据挖掘算法，其本身不需要对数据进行额外的标记，而是利用数据本身所具有的结构信息进行模式识别和聚类。数据挖掘中一个重要的环节是对数据的可视化。它能够有效地展示挖掘到的知识，方便对知识进行进一步的加工及处理。最后，考虑到大数据本身具有高时间和空间跨度的属性，因此，联机分析处理也是一种数据挖掘中常用的手段，能够有效地利用不同时空维度信息对数据进行融合，进而挖掘出有益的信息，以更加有效地满足不同用户的需求。

（二）医学大数据的产生背景

医学大数据的出现主要有以下原因。

一是医学数据本身固有的复杂性，以及疾病发病原因、症状的复杂性。事实上，目前针对一些躯体疾病仍然无法有效找到致病因子，另外，一些慢病，如糖尿病、老年痴呆等，其本身的发病也牵涉到环境、基因调控、饮食习惯等各种因素，这导致了病理学研究对海量数据的需求。

二是随着数据采集设备的进步，医学数据的采集成本将大幅降低。比如，利用核磁影像数据对组织器官的观测，利用高通量测序技术对基因片段的测序，以及各种先进设备如电磁设备、近红外设备等扫描设备的涌现，极大程度地降低了数据采集成本，进一步促进了数据的采集，低廉的数据促进了大量医学数据的产生。

三是目前医疗行业对数据的重视。目前，世界各地的医疗机构和科研院所都开始注重数据的采集和存储。同时，各种电子采集设备的兴起也进一步方便了医疗机构对数据的存储。事实上，目前的医疗机构对人体数据的采集量也随着对人体更加方便的探测和对人体的认识开始呈现快速增长态势。

四是医学大数据的来源广泛。医学大数据与人类健康极度相关的各个领域均有涉及，如公共卫生、环境、个体行为与情绪、临床医疗、社会人口学、人类遗传学与组学、医药研发、医疗市场与费用、健康网络与媒体数据，如表3.2.1所示。

表3.2.1　医学大数据的主要来源

数据来源	具体类型
临床医疗	电子病历、医学影像、医疗设备监测
公共卫生	疾病与死亡等级、公共卫生监测、电子健康档案、食品销售、营养标签等
医药研发	临床试验、药物研发、医疗设备研发等
医疗市场与费用	医疗服务费用、医疗设备销售记录、药店销售记录、医疗保险等
个体行为与情绪	实时视频、个体行为、健身记录、体力活动记录、缺勤记录、传感器等
人类遗传学与组学	基因组学、转录组学、蛋白质组学、代谢组学
社会人口学	性别、年龄、婚姻状况、经济收入等
环境	休闲场所、污染、犯罪、交通等
健康网络与媒体	讲课网站、搜索引擎、通信运营商、微博、微信、即时通信等

以往，我国的大多数医疗机构均采用纸质文件记录医疗数据及医疗活动，这些纸质文件数据属于非结构化数据，利用起来非常困难。也就是说，虽然早就有巨大的数据量，但无法利用。近年来，我国卫生行政部门大力推进以健康档案、电子病历和公共服务信息平台为基础的区域卫生信息化建设工作。2010年的“十二五”卫生信息化建设工程规划编制工作初步确定了我国卫生信息化建设路线图。随着卫生信息化建设的不断成熟，医疗相关的大数据也在急剧增加。医院信息管理系统（HIS）中的电子病历信息系统（医嘱、病程记录、护理记录等）、实验室信息管理系统（检验报告）、医学影像系统（各种医学影像，如MRI、CT、X光片等）不断地往数据库中产生和提供海量的数据，使医疗数据呈指数级增长。这种不断变化不断增长的数据实时性、有效性给数据处理分析提出了新的要求，也给现有的数据挖掘技术带来了新的挑战。

（三）医疗大数据的价值及应用前景

目前，针对医疗大数据体量巨大的情况，如何快速有效地筛选和提取出对于后续工作有用的信息是一个研究热点。医疗大数据的应用前景如下。

1. 利用高阶统计信息分析不同数据间的组学信息关联研究

通过多维数据，如环境、量表等数据构建的暴露组学，以及影像水平中利用影像之间的相关性构建相应的脑网络组学、影像组学，再到分子水平中利用转录蛋白、基因测序等得到的数据所构建的表观基因组学、蛋白组学、代谢组学、基因组学、转录组学、宏基因组学等，最后再到疾病状态之间的相关数据得出的疾病表观基因组学，等等。通过一系列数据分析和挖掘技术，有效整合现有数据，进一步为疾病的发生、传播、治疗等提供更加有效的知识和数据支撑，进一步扩展个性化医疗设计，从而更加精确地对疾病进行预测，并有针对性地设计相应的治疗和预防方案。

2. 对于生物标记的识别

通过有效地对疾病样本的组学数据进行分析，并与疾病的发生、转换或者预后等状态进行关联，发现更加有效的生物标记物，从而更加有针对性地对疾病进行诊断，并对疾病的发生提供更加有意义的理解。

3. 药物方案的设计

通过有效地利用表观基因组学数据，分析疾病和病因之间的关系，进一步有效地针对病理区域设计生物靶点，进而对药物进行有针对性的研发。同时，通过组学数据实现对药物的快速筛选。

4. 未知病原的快速筛检

通过对未知病原以及可疑致病微生物的样本进行采集，并利用测序方式将其与已知病原进行关联分析，再通过基因组学方式对未知病原进行有效识别和预测，进而有效地快速设计药物，并控制疾病传播。

5. 生物以及公共卫生数据的检测

通过对被试的量表、电子病历等数据的暴露组学研究，以及对这些量表、电子病历等数据与社交媒体中文字频率的统计进行组学分析，从而有效地通过舆情以及社交网络信息及时地预测和实现传染病、非传染病等危险因素的检测，从而做到早发现早预防的目的。

6. 疾病发展及衍生预测

这种基于组学方式对于疾病病谱的预测能够有效地对新兴疾病的预防提供有效的指导。事实上，针对全球疾病的预测研究实际上就是一个针对大数据的应用实例。该项目利用大量的并行计算机实现了对数据的预处理数据的存储以及知识的挖掘。通过这种方式可有效地预测疾病在当前的占比以及疾病流行的趋势变化。

7. **实时健康管理**

通过可穿戴的监护指标检测系统，有效地对心率、体温等数据进行实时检测，并通过暴露组学分析，可有效地提供实时的健康指导和建议，从而加强健康管理。

8. **数据挖掘的深入化**

利用更加有效的先进的数据挖掘算法和数据挖掘技术，如因果分析、聚类分析、异常检测等，进一步有效地挖掘医学大数据中存在的知识。目前，针对医学大数据相关的研究计划，如表3.2.2所示。

表3.2.2　近年生物医学相关的大数据计划

名称	制定机构	主要目的	生物医学相关内容	产出代表
大数据研究和发展计划	美国政府	提高从大数据中获取知识和观点的能力，用以解决国家面临的重大挑战	发布生物医学大数据的科研指标，资助以确定蛋白结构和生物学路径为目的的研究	国际千人基因组计划
从数据到知识再到行动	美国政府	可视为大数据研究和发展计划的第二期	疾病大流行预测项目“从大数据到知识”计划	癌症基因组图谱、心血管研究网络
全球脉动	联合国	通过早期预警和实时反馈，更及时地追踪和检测全球和地区社会经济危机	预测疾病爆发、检测食品安全	全球脉动实验室网络
人口健康科学数据共享平台	中国科技部	通过科学数据交汇、数据加工、数据存储、数据挖掘和数据共享服务，为创新型人才和健康产业发展提供科学数据共享服务	联合全国健康领域数据资源提供健康数据共享服务	脑卒中专题服务 农村卫生专题服务
上海推进大数据研究与发展三年行动计划	上海市科协	加速大数据资源的开发利用，支撑智慧城市建设	建立全民医疗健康服务平台 建立食品安全大数据服务平台	

由于庞大的人口基数原因，我国先天拥有一个超大规模的临床数据库资源，因此，如何有效地对庞大的数据进行利用以及分析是一个显著的问题。对于医疗数据的有效挖掘和分析，能够有效地提升精准化医疗的程度，从而有效地促进在临床监控、药品研发、个性化医疗、方案设计等领域的应用。

（四）医学大数据的未来挑战

基于医学大数据整合的信息技术，在大数据快速增长以及实时性要求越来越高的情况下，产生了以下问题和挑战。

1. 不同数据中心医疗结构不同、模态数据之间数据的传输和共享等问题

为保证数据的共享问题，美国专门设立了生物技术信息中心（NCBI）机构，从而有效地实现对于海量数据的关联和存储。该中心通过设置研究经费的方式，要求科研中心以及医疗院所无偿提供数据，从而有效地保证数据的获取。然而，目前我国的数据存储方式仍然处在一个较为原始的阶段，各个数据中心以及机构之间数据隔离。另外，由于一些利益以及安全方面的原因，往往这些数据中心及医疗机构都存在一种数据保护的现状，隔离自身数据与外界的传播和贡献，导致我国的医疗大数据分析存在数据孤岛的现象。这种数据之间的相互隔离极大地限制了基于医学数据的研究效率，并且极大地提升了对于数据分析收集的负担，这样既浪费时间，效率也很低。因此，应设立相应的机构，建立健全医学数据共享的政策和法规，有效地打破医学大数据之间的数据隔离和解决数据孤岛的问题，有效地实现数据资源共享，有效地促进基于大数据研究之间的合作与共赢。

2. 数据的快速存储和有效管理问题

医学大数据的一个显著特点是数据海量，并且具有实时的产生现状，因此，对医学大数据存储方式的优化不仅能够大幅提升医学数据分析的效率，还能够进一步降低数据存储的成本。现有的数据收集方式通常是利用不同的数据采集设备进行采集，存在数据存储格式不同的问题，因此会导致所获取的数据无法有效进行整合。这些信息储存标准的差异以及不同的格式将造成数据在物理层面的隔离，产生数据孤岛的问题，进而引入数据的噪声。比如说，在我国人口的死亡等级表中，包括死亡人员、死亡时间以及死亡原因等记录，尽管这类信息对人口的死亡记录是一些非常宝贵的原始资料，但是这类信息数据的不一致通常会导致这类数据的结构无法有效地进行融合，这也就是我国目前至今无法有效地整合死亡临床数据的原因。因此，我们需要整合有效的临床数据，并对其进行统计分析，从而产生有意义的知识。

3. 数据的分析、整合和挖掘问题

知识的挖掘实际上在很大程度上依赖与大数据技术的发展和进步，对此，如何针对目前现有的海量的医学大数据中存在的一些结构化或非结构化数据以及时间数据，进行有效的分析和整合，挖掘出有意义的知识，是目前医学大数据中数据挖掘需要面临的难点之一。

4. 数据处理分析的技术人才和技术支撑问题

对医学大数据进行处理分析的技术人才缺乏和技术支撑不足，是目前约束医学大数据发展的一个重要短板。实际上，医学大数据是一个横跨医学、信息科学、统计科学、计算科学以及管理科学的综合性大数据。随着医学大数据的不断地加速产生，真正能够对数据进行有效分析，也就是后续技术支持的人才非常短缺，因此，对于技术人才的培养以及培育不同领域的复合型人才是医学大数据学科发展的迫切需求。目前，我国已经启动了对医疗大数据处理分析技术人才的培养项目和计划。

5. 数据标准化问题

在不同中心获取的数据或者海量的数据知识发现过程中一个重要的问题是数据的标准化问题。数据标准化能够有效地对数据进行整合，最大程度地发挥数据的价值。数据标准化的关键是在初始数据收集阶段确立一个统一的数据收集标准。然而，实际上，由于采集设备以及政策法规的不同，不同数据中心或医疗机构间的数据往往很难进行统一。这种数据的不统一性，既为数据的共享带来了难度，也为同一病人在不同医疗中心进行跨院治疗置入了潜在的障碍，因此，医学大数据进行扩展的一个首要挑战就是数据标准化。由于通过数据标准化可以打破不同数据中心之间的壁垒，因此，我们需要更加积极地推动相关制度和标准之间的讨论以及设计，促进医学大数据之间的信息共享。

（五）医学大数据的发展趋势

在这里，我们对于医学大数据的发展趋势进行了简单的预测。

1. 在医学大数据中，通过挖掘新的知识，并进一步利用这些知识转化为价值，如指导新的疾病标记、指导医学实践、探寻未知疾病，从而有效地改善和促进当下医学现状。

2. 生物医学大数据能够为循证医学提供有效的数据支持和实证分析，为医学科学提供证据，同时利用数据的快速获取，为“虚拟临床试验”提供辅助证据。

3. 针对数据个体隐私保护的发展，对于医学大数据的挖掘，一个重要的问题是对被试的隐私保护，这不仅仅需要相应的政策和制度实现对数据安全和隐私保护的加强，也同样应该开发相应的基于隐私保护的算法对医学大数据进行挖掘。

4. 针对群体数据的随访研究，通常需要有一个大样本的长时间的纵向数据研究，通过对多学科（如预防、临床等学科）融合、对各个系统数据进行整合、对多病种协同分析以及对样本和数据之间的互补协同等方式，得到大量的数据，进而挖掘出更有效的、深层次的知识。

5. 对于医学大数据分析结果的呈现，一个重要的手段是对于数据的可视化，主要包括信息可视化、统计可视化以及科学可视化等方式，从而有效地对数据本身所蕴含的知识进行展示。

6. 针对个体化精准医疗的技术发展，在生物医学大数据的背景下，通过知识发掘和关联规则，我们更加容易实现个体化的精准医疗。通常利用相应的传感器，可以对被试制定实时的个体化健康评估方案。另外，个体化防治、诊断及治疗等个体化医疗方案，将会进一步随着医学大数据的发展而发展。

7. 目前，许多国家以及地区已经认识到医学大数据的重要性，并将其转化为战略性产业，因此，基于医学大数据的发展必将对国家及地区的未来发展起着推动作用。

（六）总结与展望

作为一个横跨多个学科的科学——大数据科学，正在逐步成为一个新的科学研究热点。在医学发展的实际中，大量的数据飞速产生，计算机算法的快速发展，以及计算机存储和运算设备的快速迭代，基于医学大数据的研究也得到了飞速的发展。但是，现有的基于医学大数据的研究仍然存在置信度不高和迁移性不足的问题；而对于实际的临床人员而言，对于大数据产品的应用仍然还有很长的一段路要走。今后，我们不能忽视医学大数据在未来医学发展过程中所起到的促进作用，应更加重视对医学大数据的研究和应用。

需要注意的是，如何实现生物医学领域海量数据之间的传输、利用和管理是一个关键的问题。另外，对于医学大数据处理的专业知识人才的储备仍然是一个需要重视的问题。实际上，对于医学大数据的利用和挖掘会显著地改变传统医学的实践方式和服务质量，最终会落地到对个体或群体提供有效的疾病防治的目的。

二、基于大数据的组学及组学间关联研究

在针对数据科学的研究中，研究人员发现单纯地针对数据（如基因数据、蛋白质数据、大脑影像学数据以及转录组数据等）进行单独分析并不能更有效地或者完整地解释所有与生理和病理相关的问题。因此，一个新的方向是通过整体的角度来进一步分析人体组织、基因、蛋白质、血液动力学、大脑之间的相互作用，从而对人体的生理和病理信息进行分析，为疾病的发病机理提供新的数据基础和生物标记。事实上，这种相互之间作用的分析，给生命科学的研究方向提供了新的研究机遇，同时，也提出了组学大数据的新概念，对人类的大脑活动模式、基因组协同作用、蛋白质转化情况以及疾病精准医疗等各个领域的研究提供了重要的发展思路，且具有显著的意义。近年来，出现了大量针对组学的数据研究，如对人类基因变异图谱进行刻画的千人基因组项目，收录了相当数量的SNP（Single Nudeotide Polymorphism，单核苷酸多态性），发现了很多新的SNP并且对于其他的编译ENCODE也同样有重大的进展。这些研究进一步加深了我们在分子层面上对人类疾病、癌症等发病的理解。需要注意的是，针对组学数据研究的快速增长，同样对海量数据的处理和挖掘带来了严峻的挑战。针对组学数据的生物信息学研究，可以进一步帮助我们对相关规则或者连接的数据中蕴含的生物知识的理解。

组学（Omics）主要包括脑网络连接组学（Connectomics）、糖组学（Glycomics）、RNA组学（RNomics）、代谢组学（Metabolomics）、基因组学（Genomics）、免疫组学（Immunomics）、脂类组学（Lipidomics）、蛋白组学（Proteinomics）、影像组学（Radiomics）、转录组学（Transcriptomics）、超声组学（Ultrasomics）等。组学大数据研究就是利用对生物医学中收集到的数据进行有效的关联性分析，并通过关联性分析进一步深入挖掘数据中存在的知识。为了有效地认识组学大数据，我们重点对脑网络组学以及基因组学的概念进行介绍。

（一）脑网络组学

人脑作为目前自然界中最复杂的系统之一，研究人员利用组学数据对其进行了进一步刻画和分析。事实上，组学数据本身就体现了人脑连接的特点。在人脑中，有大量的神经元细胞，这些神经元细胞通过海量的突触相互连接，形成了一个高度有效的信息传递和处理网络。大量的研究表明，人脑对信息和认知进行处理的基础就是脑网络中的拓扑连接。近年来，随着对人脑连接体系和重要性的理解，研究界开始提出了人脑连接组（Human Connectome）的概念，从而有效地加强了学术界对脑网络连接的理解和重视。目前，对于脑网络连接的概念，可以从微观（神经元）、中观（神经集群）和宏观（大脑脑区）三个不同的层面来刻画不同水平下的大脑连接拓扑，从而有效地挖掘人脑的连接模式。一方面，人脑在对外界活动或者功能进行响应时，需要不同神经元之间利用突触进行联系，达到不同神经元之间的相互配合及协调行动。因此，这种本身所特有的动力学响应在人脑的连接模式中形成了一个复杂的网络系统。另一方面，功能的相互联系也有效地将大脑脑网络连接的结构网络延伸到功能网络。对于大脑连接组的研究，NIH的负责人Thomas教授认为，“就像现代基因学需要基因组一样，大脑的研究也需要大脑连接组，这是我们理解大脑如何工作以及洞悉当出现某些问题时大脑内部究竟发生了什么的唯一方法”。

在20世纪末期，提出了人类基因组研究计划，希望能对人体内海量的基因编码进行解耦，并进一步对基因图谱进行测绘。这项研究对未来整个医学、生物学、生命科学的发展提供了宝贵的建设性意见。而对于人脑连接组学的研究和分析，同样也会对认知科学、神经科学、脑科学以及人工智能等领域提供重要的理论支撑。实际上，人脑在实际的认知过程中，大量的神经元通过神经元之间的突触相互连接。不同神经元、脑区神经集群之间的连接以及连接的动态变化进一步加深了人脑组学研究的难度。人脑连接组的连接方式一方面通过更高阶的统计信息对大脑的拓扑结构进行分析，另一方面还改善了传统对人脑内部组织结构进行理解的方式：不再对人脑单独地进行分析，而是把神经元的细胞视为一个统一的系统进行分析，为各种大脑的神经激活以及退行性神经疾病的发病机理的理解和研究提供了新的研究方向。现有的图像采集设备以及统计学的发展，特别是图论的发展为人脑组学的研究提供了坚实的理论基础和数据支撑。Olaf Sporns 教授在一篇文章中将大脑网络分成了微观尺度（Microscale，通常指神经元之间的连接）、中间尺度（Mesoscale，如神经集群之间的连接）、大尺度（Macroscale 或 Large-scale，如脑区之间的连接）。由于目前数据采集设备的分辨率不足的原因，现有的针对脑网络组学的研究通常是基于一个宏观尺度的脑网络研究，通过脑电、脑磁、核磁成像、弥散张量成像等技术，建立脑区之间的联系或者体素之间的连接，并进一步利用图论的统计方法，对脑网络的拓扑结构进行分析，进而对大脑网络的内部工作机制进行分析。在图 3.2.2 中，我们给出了不同模态下的宏观脑网络的构建方法。

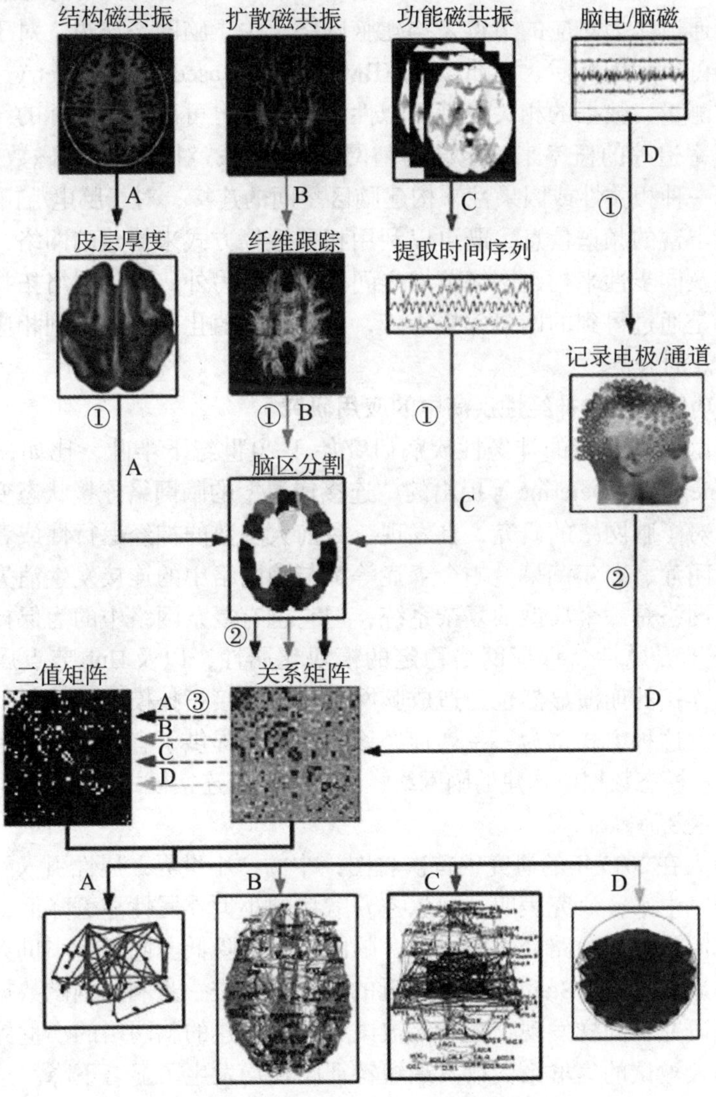

图 3.2.2　基于多模态数据的脑网络构建方法

在基于影像学的大脑网络构建过程中，基于人脑结构数据的结构网络构建，一般是基于一些结构的核磁共振图像提取灰质、皮层厚度数据、皮层曲面面积数据，或者基于扩散磁共振图像提取白质纤维束指标，来构建脑网络，分别如图3.2.2中所示的A箭头和B箭头。人脑的功能脑网络主要是利用反应大脑激活的数据如功能磁共振成像以及脑电/脑磁数据来构建大脑的功能交互，分别如图3.2.2中所示的C箭头和B箭头。

脑网络中的一个基本问题是对于网络中节点和边的定义。其中，关节脑网络的节点，对于影像数据而言，可以利用事先构建的脑区或者体素来作为网络的节点进行网络的构建。对于脑电/脑磁信号而言，可以直接利用脑电/脑磁信号的电极或者通道作为对应的节点来构建脑网络。关于脑网络连边，对于结构数据而言，既可以利用灰质、白质以及VBM（Voxel-Based Morphometry，基于体素的形态学测量）数据的相关或者相似性来构建，也可以通过实际的纤维连接数目以及概率追踪的概率来确定结构脑网络的连边；对于功能核磁数据而言，通常是基于一种相关性或因果性来构建脑区之间的连接；对于脑电/脑磁数据而言，由于其丰富的频谱信息，既可以利用相关性等方式来构建脑网络，还可以利用相干性及同步性来构建网络节点之间的连边。另外，对于网络拓扑属性的分析，一般是通过得到的网络邻接矩阵，再利用阈值化的方式得到相应的二值网络进行有效的分析。

1. 人脑功能网络在神经性疾病中的应用研究

针对大脑网络连接的神经性疾病研究始于20世纪下半叶，比如，由Wernicke，Meynert以及Dejerine等提出的“连接崩溃”的脑网络连接状态变化的概念开启了针对了脑网络的研究，且发现，目前大多数的神经退行性或者精神性疾病，如自闭症、老年痴呆、帕金森症等都与脑网络中的连接发生消失具有高度相关。脑网络是一个典型的复杂系统，但它也有复杂网络中的为保持高效信息传输的小世界属性、保证网络稳定的模块化属性，以及Hub节点属性，等等。脑网络连接的崩溃显然也会造成脑网络这些连接拓扑模式的变化，而通过连接模式触发这种方式也为一系列神经诊断的方式提供了有效的生物标记。目前，基于各种模态数据所构建的脑网络，开始向拓扑连接模式的变化进行分析。

（1）阿尔兹海默症

Stam等人在2017年的研究中首次将图论中的“小世界”属性引入到阿尔兹海默症的研究中来，研究表明，阿尔兹海默症的小世界属性显著降低，即相较于正常被试而言，最短路径长度增加，脑网络效率降低。同时，小世界属性与疾病量表呈显著相关。Stam等人在最近的研究中又进一步利用脑磁数据构建的脑网络进行研究，同样发现，在病人被试中，所构建的脑网络的小世界属性发生退化，病人被试的集群系数以及最短特征路径均发生了显著下降。这项工作进一步对正常人的大脑网络进行了模拟的崩塌试验，结果发现，在对正常被试的脑网络的Hub节点进行崩溃仿真后，呈现出与阿尔兹海默症被试相同的拓扑结构，揭示了阿尔兹海默症的发病机理。另外，基于局部区域的集群系数研究中，Supekar等人用静息态fMRI数据构建的脑网络发现，正常被试相较于阿尔兹海默氏病被试的集群系数在全局水平（全脑）和局部水平（双侧海马）上均显著升高，因此，可以利用集群系数有效地将正常被试与疾病被试进行区分，即通过这种方式为阿尔兹海默症的诊断提供了一个有效的生物标记。在对Hub节点的研究中，Buckner等人利用127个被试的核磁共振成像数据构建的脑网络发现，脑网络的Hub节点主要集中在顶叶外侧、颞叶外侧面、扣带回后部等大脑的联合皮层区域。事实上，这些区域与病人大脑中Aβ淀粉样蛋白（Amyloid β-protein，Aβ）白沉积的区域高度重合，这进一步解释了大脑的联合皮层的多数区域作为重要的连接中枢更易被破坏，进而导致阿尔兹海默症的发病。

（2）精神分裂症

在利用脑网络对精神分裂症的研究中，Micheloyannis等人在2006年的一项实验中，分别在静息态和任务态下利用自发及诱发脑电信号构建大脑功能网络，结果发现，在进行2-Back范式时，精分患者在Alpha，Beta和Gamma频段下构建的功能网络趋向于随机网络，而正常被试在Alpha，Beta和Gamma频段构建的脑网络趋向于小世界网络。Pachou等人在2008年的一项实验中发现，精分患者相对于正常被试而言，具有较低的小世界属性，说明精分患者的大脑信息传递模式发生了崩溃。Rubinov等人利用不同脑区之间脑电信号存在的一个非线性关系，发现精分患者的脑网络拓扑属性趋向于随机网络。同样，在精分患者的小世界属性研究中，通过精分患者的静息fMRI数据构建的脑功能网络属性分析发现，精分患者的脑网络拓扑属性发生崩溃，小世界属性显著下降，说明精分患者大脑的信息传递网络发生了紊乱；精分患者脑网络的全局效率下降，进一步说明了精分患者的脑网络功能失合。另外，在这项研究中，进一步探究了大脑网络拓扑属性与临床量表的相关性，发现临床量表与全局效率属性的显著相关性。这进一步为理解精分的发病机理和早期诊断提供了信息生物标记和指标。

（3）其他脑疾病

针对其他的脑疾病，同样可以利用脑网络进行分析。例如，Wang等人在儿童多动症患者的研究中，利用fMRI数据构建大脑网络并进行分析，结果显示：相较于多动症患者，正常被试的大脑功能网络在前额叶、枕叶、颞叶等区域具有一个较低的局部效率。在针对癫痫的疾病研究中，Ponten等人采用脑电数据构建了动态脑网络，探究了癫痫发病前后的大脑功能网络的拓扑属性变化。研究发现，在癫痫的发病前后，大脑网络存在从小世界网络转化为规则网络的趋势。同时，大脑网络的聚集稀疏增加，平均最短路径变长。在针对抑郁症的研究中，Leistedt等人发现，抑郁症与神经网络信息处理能力呈显著相关，并通过脑电数据建立了抑郁症患者睡眠期间的静息态脑网络。研究发现，抑郁症患者大脑网络的平均最短路径长度在Theta和Delta频段明显增长，导致其网络“小世界”属性显著降低。

2. 问题与挑战

虽然当下对于脑网络的研究有了长足的进展，且各项数据采集设备也能够获取大量的数据，但是，由于人类对大脑结构特别是脑网络内在结构的本质理解不足，因此，如何利用脑网络对人脑的结构和机理进行有效的分析仍然存在大量需要解决的问题。在这里我们以脑网络为背景介绍存在的问题。

(1) 在脑网络研究中，一个重要的问题是对于脑网络的节点的定义。目前主流的脑网络的研究文章中，已有大量的节点定义方式，比如，基于解剖学模型的节点定义方式、基于体素的节点定义方式、基于功能的节点定义方式，以及随机的节点定义方式，等等。因此，如何分析不同节点的定义方式对脑网络分析结果的影响和脑网络的研究具有重要意义。在2008年的一项研究中，Wang等人采用两个不同的大脑图谱，即节点定义方式来分析不同节点定义方式下的一个脑网络连接属性，结果表明，通过不同图谱所构建的脑网络，在集群系数、平均最短路径长度、全局效率等网络拓扑属性中，均具有一个显著的组间差异。因此，在我们实际的脑网络研究中，不同网络的节点定义方式会对得到的网络拓扑属性具有显著的影响，这提示我们应当谨慎选择节点的定义。在脑网络的研究中，另一个重要的问题就是如何定义节点之间的连边。显然，对于连边的定义同样存在节点定义中存在的问题。在近期的一项研究中，Liang等人分别利用皮尔逊相关、偏相关以及斯皮尔曼等级等方式来构建节点之间的连边，并对不同方式构建的脑网络分析其拓扑属性，结果同样指出，尽管不同方式构建的脑网络都显示出小世界属性，但是，一些网络的拓扑结构属性仍然具有显著的组间差异。说明，连边的定义方式对网络的拓扑结构具有显著的影响。事实上，目前的脑网络连接方式只能在一定程度上反应不同脑区之间的联系，因此，如何确立节点之间的合理连接是脑网络研究中的一个重点研究对象。

(2) 现在针对脑网络的研究主要是利用相关性或者相干性所构建的无方向的脑网络为基础进行的研究。然而，这种无向的脑网络忽视了在信息传递过程中的方向信息。因此，需要利用因果或者信息流的方式来刻画有向的脑网络来判断纤维束之间的方向连接，以及信息传递的方向性和因果性，并在有向网络连接的基础上，进一步挖掘大脑的组织结构和功能方式。

(3) 大脑在功能激活时会发生一个连接的变化，而且，在静息状态下大脑同样会发生一个动态的变化。目前，现有的针对功能网络的研究通常是针对一个大尺度时间范围的一个静态结构进行分析，无法有效地刻画脑网络的动态变化，因此，如何基于脑网络拓扑结构以及连接模式随着时间变化的规律进行分析，探寻大脑实时的功能活动机制，也是脑网络组学的重要研究方向。

(4) 虽然目前针对静息态下的大脑功能网路的研究已经提供了大量的大脑在静息态下的连接拓扑结构和属性，但是，大脑在发挥一些高级功能时，其所发生的脑网络连接的变化及脑组织的变化仍然值得探索。大脑的结构组织以及功能连接是否会在任务态下发生一个变化，或者以怎样的变化模式提供任务，是未来值得探索的方向。

(5) 需要注意的是，基于功能和基于结构的连接是相互联系的，特别是大脑中的结构连接支持了功能连接，而功能连接又是结构连接的实际表达。大量的研究结果也揭示了大脑的结构和功能数据之间的相关性。在一系列针对神经退行性疾病的研究中也同样发现，病人的结构变化通常会伴随着相应的功能变化。比如，在一项针对老年痴呆的研究中发现，患者在扣带后部发生灰质萎缩的现象，同时伴随着对应脑区的脑功能激活减弱。同样，大脑功能和结构在拓扑结构中也同样体现出了一个高度的一致性。在利用猕猴的皮层数据构建的结构和功能网络中，Honey等人利用计算模型方法发现了结构和功能网络在多个尺度中具有显著的一致性，通过长时时间序列构建得到的功能网络与通过结构数据构建的结构网络具有相同的连接模式，如在结构和功能网络中具有相同的Hub节点。当然，研究同样也发现，在短时数据下构建的功能网络，其Hub节点具有相应的不同变化，这就反映了不同模式下脑区的激活。同样，利用人脑的fMRI以及DTI数据所构建的功能和结构数据，通过计算体素之间的相关性以及纤维束的追踪，构建对应的结构以及功能网络，基于构建的网络，或者连接模式，Greicius等人对于大脑静默网络（DMN）区域的结构以及功能连接模式进行了相关性分析，表明功能连接模式能够有效地揭示结构连接模式。对于结构和功能网络在拓扑结构之间的相关性研究以及差异性研究，Park等人利用fMRI数据构建的功能网络以及DTI构建的纤维束结构网络发现，相较于结构网络，功能网络的全局以及局部效率拓扑属性较弱。另外，在度相关的图论属性研究中发现，功能网络具有度正相关现象，即相同的度的节点倾向于互相连接，而结构网络则有一个度负相关拓扑结构。这种差异能够有效地证明结构网络具有更稳定的连接架构模式。功能连接和结构连接的差异性还体现在脑区之间的跨区连接。Honey等人在分析结构和功能网络的异同中发现，强的功能连接可以不存在结构连接。这也为大脑的信息传递方式以及信息处理方式的模式理解提供了新的线索和证据。需要注意的是，目前针对大脑的研究仍然还停留在初步的研究，因此，如何更加有效地利用组学分析，利用多模态数据对大脑的功能形成和塑造的作用，以及大脑结构、变化的影响仍然是研究的一个重要方向。

（6）各种证据发现，大脑结构、功能拓扑和连接变化与神经退行性疾病呈显著相关，然而，这种拓扑结构和疾病关系的度量仍然需要进一步的研究。在之前的研究中发现，不同的模态数据对于不同疾病与结构拓扑的关系会发生显著的变化，如利用静息态数据与Stam等的脑电图和结构磁共振成像所构建的脑网络的拓扑结构与疾病的相关性就具有一个不一致的问题。因此，如何结合多模态数据分析脑网络连接拓扑与疾病的联系，并提供更加可靠的标准仍然是一个需要关注的问题。

（二）基因组及基因组学

在20世纪20年代，为了更好地分析和描述基因数据中染色体数据之间的关系和概念，提出了基因组（Genome）概念。在20世纪90年代，美国科学家Thomas进一步细化了基因组的概念，并明确指出，基因组学（Genomics）是指对所有基因进行基因组作图（包括物理图谱、转录本图谱、遗传图谱）、核苷酸序列分析、基因定位和基因功能分析的一门科学。在20世纪末开始实施千人基因组计划项目之后，基因组学已经成为一门前沿和热点的生命科学领域。

1. 结构基因组学

结构基因组学（Structural Genomics）是基因组学的一个重要的研究方向。结构基因组学是通过对基因片段测序，利用核苷酸ATGC序列进行分析，从而有效地对基因的组成和定位进行研究的一门学科。基因的本质是DNA片段，而DNA分子组成了基因，基因是DNA分子对应的功能单位。事实上，如何对基因片段的DNA序列进行测序是结构基因组学的重要研究部分。在对基因测序的实际过程中，由于染色体内部基因之间相互纠缠，不能直接用来测序。因此，结构基因组学的第一步工作就是基因作图，即将基因组进行分解，并对基因片段进行测序和分析。根据基因作图手段和标志的不同，通常有三种基因作图，即遗传图（遗传连锁图）、物理图和转录本图。对一个生物体的基因作图，实际上就是刻画了该生物体全部的基因序列。

（1）遗传连锁图

遗传连锁图是指利用遗传重组方式得到的基因线性排列图。遗传连锁图通过计算遗传标志之间的频率来定义不同遗传标志之间的相对距离，通常利用厘米来定义距离，1厘米表示1%的重组频率。目前，已经有大量的方法被提出用来表达遗传连锁图。在提出DNA多态性之前，几乎没有遗传连锁图。事实上，DNA的多态性能够极大地扩增可利用的遗传标记，因此，针对DNA的多态性研究极大地推动了遗传连锁图的发展。在DNA多态性的研究初期，通常是利用RAPD（随机引物扩增基因组DNA）、RFLP（限制性酶切片段长度多态性）、

AFLP（扩增片段长度多态性）作为遗传标记。而20世纪80年代后则以STR（短串联重复序列，又称微卫星）、DNA遗传多态性分析作为遗传标记；20世纪90年代又以SNP（单个核苷酸的多态性分析）作为遗传标记。

（2）物理图谱

物理图谱主要是通过内切酶技术将染色体切成不同切片，利用重叠的序列片断连接成染色体，然后确定遗传标记之间的物理距离，从而构成遗传标记的图谱。以人类基因组物理图谱为例，一方面，人类基因组物理图谱会获得人类整个基因组上的遗传序列标志位点STS（其定义是染色体定位明确且可用PCR扩增的单拷贝序列）。首先，将获得的目的基因的cDNA克隆，进行测序；然后，确定两端的cDNA序列，约200bp，设计合成引物，并分别利用cDNA和基因组DNA作模板扩增；再后，比较并纯化特异带；最后，利用STS制备放射性探针与基因组进行原位杂交使每隔100kb就有一个标志；另一方面，人类基因物理图谱在此基础上构建覆盖每条染色体的大片段DNA。首先构建数百kB的YAC（酵母人工染色体），并对YAC进行作图，得到重叠的YAC连续克隆系，被称为低精度物理作图；然后，在几十个kB的DNA片段水平上进行，将YAC随机切割后装入黏粒，黏粒的作图称为高精度物理作图。

（3）转录图谱

转录图谱是通过获取大量的基因转录本片段，进行反转录得到对应的DNA片段，进而通过EST方式（表达序列标签，是一组短的cDNA部分序列，由大量随机取出的cDNA克隆一次测序得到的组织或细胞基因组的表达序列标签）绘制转录图谱。一般而言，mRNA的3'-端非翻译区（3'-UTR）是代表每个基因的比较特异的序列，将对应于3'-UTR的EST序列进行RH定位，即可构成由基因组成的STS图。作为结构基因组学中的一项重大计划——人类基因组计划的实施带动了结构基因组学的极大发展，我国承担的人类基因组第3染色体短臂的测序工作已与国际人类基因组同步于2000年3月底完成“工作框架图”。

2. 比较基因组学

比较基因组学（Comparative Genomics）主要是在对测序数据进行基因图谱分析的基础上，利用已知的基因数据对样本基因对进行分析，进而对基因的表达、功能、激励进行有效的预测的一门科学。近年来，在比较基因组学领域也有大量的研究。

3. 功能基因组学

功能基因组学（Functional Genomics）通常也被称为后基因组学（Postgenomics），其研究方式主要是利用结构基因组学的研究结果，在整个系统或者基因组的水平上对基因的功能进行分析。这种方式重点关注的是几个不同基因或者蛋白质之间的协同作用，从而有效地避免了单个基因研究中存在的混淆效应。这种方式主要是通过对海量的基因进行分析和比对，从而在整体水平上实现对基因表达及规律的分析和研究。功能基因组学的几个重要的作用是：基因表达的分析、基因的功能发现以及基因的突变检测。

4. 蛋白质组学和功能蛋白质组学

蛋白质组学仅仅从基因的角度分析蛋白质本身的活动规律（如蛋白质的修饰加工、转运定位、结构变化、蛋白质与蛋白质的相互作用、蛋白质与其他生物分子的相互作用等活动）是明显不足的，因此，试图通过一个整体的概念来对蛋白质的活动规律进行一个整体的分析。事实上，很多蛋白质之间的相互作用也无法单独通过基因组学的水平进行获取，因此，也试图通过引入蛋白质组学的概念来进一步加强对细胞内蛋白质活动以及组成的分析。澳大利亚Macquarie大学的Wilkins和Williams在1994年的一项研究中首先提出了蛋白质组（Proteome）的概念，现在较公认的定义为：在一种细胞内存在的全部蛋白质，在特定时间、特定环境和实验条件下基因组活跃表达的蛋白质为功能蛋白质组（Fuvcctiond Proteome）。功能蛋白质组只是总蛋白质组的一部分。蛋白质组和功能蛋白质组是生命科学的新的研究内容（对象）。蛋白质组学是对细胞内蛋白质从一个整体的角度刻画蛋白质的规律及动态变化的学科。事实上，由于对“全部蛋白质”的整体进行研究是非常困难的，所以，中国的科学工作者提出了一种全新的研究策略：功能蛋白质学。功能蛋白质学相较于传统的蛋白质研究，主要以特定的蛋白质为研究对象，而不是将全部蛋白质作为研究对象，且主要针对细胞内一些特定功能条件下的一系列蛋白质。蛋白质组学和功能蛋白质组学是生命科学中新的研究领域。

5. 营养基因组学

营养基因组学（Nutritional Genomics）的不断发展，将有助于解决人类面临的营养问题。进行有关植物生物化学、基因组学和人类营养之间相互关系的研究的学科即是营养基因组学。营养基因组学认为，人类营养有大量营养和微量营养之分，二者都是人类保持良好健康状态所不可缺少的。但是，目前基于国家发展状况和饮食习惯的原因，仍有大量人口的食谱中缺少大量营养，而微量营养缺乏的问题更是普遍。理论上，以植物为基础的食谱可以保证人们各生活阶段的营养，并且许多植物次级代谢产物对于人体健康和各种疾病的预防至关重要。但是，植物微量营养的水平变化很大，而且食谱中微量营养的摄入量随主要植物性食物来源的变化而变化。营养基因组学的一个研究方面是检测和操纵植物中的微量营养代谢途径，用于鉴定对人类营养有重要作用的植物次级代谢途径的相关基因。最近，营养基因组学已被用于植物维生素E的生物合成途径中，已经确定并克隆了植物维生素合成和与微量营养代谢有关的酶的基因有：与铁吸收转运有关的基因，与生物素、维生素B1和维生素E合成有关酶的基因。

6. 生物信息学

生物信息学（Bioinformatics）是利用统计学科、计算机学科以及信息学科的理论方法和观点，以计算机为工具，通过医学数据来有效地分析和总结生命的现象和本质的一门学科。生物信息学是目前主流的针对生命科学的研究方向之一。生命信息学的研究主体主要是针对基因组和蛋白质。近年来，随着影像技术的发展，也开始利用影像信息进行研究。目前，在生物信息学领域，仍然需要解决的或者仍然需要进一步发展的研究范围如下。

（1）数据库仍然需要对存储和调用进行优化；

（2）对于数据库相关理论前沿的医学大数据实际应用；

（3）人类基因组数据的结构组成分析；

（4）人类基因组数据的相关结构关联分析；

（5）从基于生物信息学的人类起源分析；

（6）建立生物信息学的人才储备缺失，医学数据库以及信息平台等保障设施不足。

（三）总结与展望

随着数据获取技术的提升和快速发展，我们能够更加便捷有效地获取数据，因此，如何更有效地对数据进行分析成为迫切需要解决的问题。组学分析，一方面通过组学观点为我们提供了更多的生物标记信息，提供了大量对疾病或者状态的理解。另一方面，考虑到多中心的问题，组学研究通过利用一些高阶的统计量来分析分量之间的组学联系，能够在一定程度上有效地缓解数据分布不一致问题。当然，随着数据获取来源的增加，可采用多模态信息融合方式来增加组学信息的置信度，通过不同的层次来对组学信息进行完善，目前，针对建立多模态影像组学数据分析体系的组学研究仍然处于起步阶段。

三、基于大数据的病原筛检和基因筛查

病原筛查的主要目的是判断未知病原的来源属性、传播方式，并进行有效的预测，从而有效地进行药物筛选和疾病防治。基因筛查则是对基因片段进行分析，有效地提出潜在遗传性疾病对后续生活所产生的影响。病原筛查主要是通过对采集到的病原进行测序，然后与已知的病原进行比对且进行有效的分析，关联最相似或者相近的病原类型，从而有效地阻断未知病原的发展。而基因筛查同样是通对被检测者的体液或者细胞中所获取的DNA片段进行分析，利用目标基因序列与采集的基因序列进行比对，再有效地对一些遗传性疾病或者可能的遗传性疾病进行筛查，从而有效地早期发现可能疾病的风险，并尽可能地对其进行早期干预或者治疗，从而有效地减缓或者避免疾病的发生，极大的

保证生活质量。

目前现有的基于大数据的病原筛检，主要是通过对目标病原与已知病原大数据中的数据进行匹配和关联分析，从而有效地分析目标病原的产生原因、传播途径，以及提供相应的药物指导，从而为新病原的预防以及治疗提供相应的指导。另外，基于大数据的基因筛查，同样也是对目标基因片段进行分析，然后与已知遗传疾病基因片段进行匹配和关联分析，从而有效地实现对遗传疾病的早期预防和筛查，并提供一个有效的遗传疾病生物标记。目前，有1000多种遗传性疾病可以通过基因检测技术做出诊断。基于大数据的病原筛检和基因筛查，主要是指通过过往的数据，建立起病原筛检和基因筛查的规则，通过数据中发现有效的知识，来有效地支撑目前病原筛检和基因筛查的检测结果。比如，在新型甲流的研究中，通过发现甲流的病原体与家禽的病原体具有相关性，推测出了甲流病毒的来源、传播途径，并进一步设计出相应的预防控制手段。截止2015年，在我国深圳的国家基因库中的样本量已达130万份，其中人类样本115万份，动植物、微生物等其他样本15万份。而美国GenBank数据库中登录的DNA序列总量在2002年就已超过了280亿个碱基对。目前，我国深圳国家基因库以生物基因资源为依托，开始了大数据与医学和其他产业的整合与应用。如，“全国出生缺陷样本联盟”针对我国高发的出生缺陷、单基因遗传病、原因不明的妊娠异常在全国10个重点省市收集3万份临床样本及表型信息，为进一步研究影响出生缺陷的遗传机制和环境因素，提升我国生育健康研究的整体水平提供了基础数据支持，推动了早期筛查、诊断、治疗、康复的防治技术研究。生物医学研究因为样本数据资源的极大丰富而更容易获取成果，基于大数据挖掘和分析方法的生物医学研究已经在促进人类健康方面取得了巨大成就。如，美国一个医疗小组对一名“腓骨肌萎缩症（CMT）”病人和他的10余名亲属进行全基因组测序，随后使用专用设备和先进的统计分析软件对获得的数百GB的数据进行对比分析，很快就精确地获得了致病基因和发生突变的位点，为该疾病的预防提供了可靠的遗传学依据。乔布斯在患胰腺癌以后也曾做过基因测序，希望能够通过找出DNA中有缺陷片断的方法来战胜癌症。

事实上，这种利用医学大数据分析的病原筛检和基因筛查极大地促进了个性化精准医疗的发展。2016年11月，国务院印发了《“十三五”国家战略性新兴产业发展规划》。同年12月，国家发改委又印发了《“十三五”生物产业发展规划》，规划指出，靶向药物、细胞治疗、基因检测等新技术正在加速普及应用中，未来，我国基因检测能力（含孕前、产前、新生儿）要覆盖出生人口50%以上，社会化检测服务受众大幅增加。个性化精准医疗的政策法规和制度的推出，有效地促进了基因测序等针对个性化精准医疗产品和服务的发展。另外，基因检测为个性化精准医疗提供了信息和数据支持，不仅推动了个体肿瘤及免疫的治疗，同时还促进了特效药的开发速度。值得一提的是，病原筛检和基因筛查在某些领域也被称为是精准医疗，因为病原筛检和基因筛查作为一项技术手段，极大地促进了诊疗的精准度以及精细化程度。现阶段，精准医疗强调全程管理，即整个治疗过程中有效运用多种手段，包括经典化疗、靶向、免疫治疗。下一步，精准医疗的目标就是以个体的个性化医疗为基础，通过基因组测序技术等交叉应用，精准地探寻特定个体特定疾病的发病原因和发病区域，进而根据获取的特定个体的状态，设计出最适合个体的诊疗方案，进而大大地提升诊疗效果。

精准医疗的发展很大程度上依赖于基因测序技术、病原筛查技术的发展，这些技术的发展，很大程度上降低了数据采集的成本，加快了数据扩充的速度，也为病患进行精准化医疗提供了可能。实际上，在精准医疗被大家广泛认可的环境下，也极大地促进了高通量测序设备的发展，基因测序数据量也呈倍数增长，基因组序列测序成本大幅下降。在21世纪初期，人类基因组测序成本高达9526万美元，但如今人类基因组测序成本已下降到几百美元。这是一个数据大爆炸的时代，这么庞大的数据如何分析、如何正确分析、如何精准分析就成为接下来生物学家要解决的一大问题。实际上，针对基因和病原数据的大数据困境，在其他的医学大数据领域也同样存在。值得一提的是，我国由于广大的人口红利，天然具有各类数据的资源，目前在长期的积累下，已经构建了中国肿瘤患者的基因数据库，基于这样的数据和分析平台将形成一种独特的资源，促进我国的肿瘤靶向药物研发取得突破性的进展。在其他精准医疗方面同样也需要这样的数据资源，有了这样的信息，对疾病机制的研究就会更加清晰透彻，就会早日制定出更为有效的预防及治疗方案。在下一步的研究中，应当更加着重利用现有的大数据资源，利用先进的数据挖掘算法，针对病原筛检和病原筛查，研发更准确、更高效的变异识别工具及方法，整合大数据信息挖掘肿瘤的变异信息。未来的数据分析一定要做到准确、快速、全面，只有这些条件都满足了才能真正快速有效地给科学研究提供足够的助力，从而更有效地促进医疗的发展。

基于医学大数据的病原筛检和基因筛查能够有效地实现未知病原体与已知病原体之间或者基因片段样本与已知致病基因之间的关联，从而有效地对病原体的发生、转移、传播，以及基因的表达可能性性状进行预测，进而有效地实现早期预防和防治。另外，通过大数据的基因筛查，实现个体水平上的个体健康与疾病状态的表征的有效联系，为疾病的发生、预防以及治疗提供更加全面和完善的认知，为精准医学提供有效的数据支撑，并准确地预测个体患病风险和预后，进而达到有针对性的实施预防和治疗。

四、基于大数据的疾病预防控制及公共卫生监测

随着公共卫生信息化建设的不断深入，疾病预防公共卫生领域已积累并不

断地产生了大量的相关数据信息，这些数据符合大数据的特征，如何利用好这些数据为公共卫生工作服务就成为亟须研究和探讨的问题。

（一）大数据传染病监测预警

尽管现在对大规模传染性疾病的预防和治理已经有了长足的进步，人类也已经有能力在世界范围内有效地控制高危传染性疾病的传播。但是，我们仍然无法避免一些传染病变体和新型的传染性疾病的产生，仍然会导致一些公共卫生事件和疫情的发生。因此，我们需要对传染病疫情的快速发现和早期预警进行重点分析。现有的传染病疫情预测系统通常主要针对单一或者单类的传染性疾病，很难对未知或者新型的传染性疾病进行预测。事实上，随着公共卫生大数据的产生，一系列基于医学大数据的疫情，即传染病预测方法在新型疾病如手足口、甲型H1N1等的预测中得到了验证。

（二）不同数据模态的传染病大数据监测预警系统

目前，现有的针对传染病大数据预防的检测系统主要基于四种不同的信息来源，据此，我们将传染病大数据检测预警系统分为以下几类。

1. 基于网络大数据的传染病监测预警系统

随着互联网技术的高速发展，网络大数据越来越受到关注。实时网络信息处理技术可以获得海量网络数据，进而通过筛选、辨别真伪、统计分析等得出相应结论，且由此获取的信息更加可靠、全面而快速。目前，已经有大量的基于互联网及搜索引擎进行疾病监测的研究。尽管这些研究的数据源不同，但是都基于一个共同的前提：人们患病之后会通过互联网查询相关的信息，并通过跟踪查询关键词的频率可以预测疾病的发生率。通过网络数据进行监测预警，应用最多的是流感与登革热。Polgreen和Hulth分别通过雅虎搜索引擎及医学网站进行流感发生率的预测，其结果与流感样病例数和实验室确诊病例数有很好的相关性。2009年，谷歌搜索引擎利用关键搜索词成功预测了流感暴发。而且，他们的判断非常及时，比美国疾病预防控制中心的数据早一周以上的时间。Ginsberg通过自动获取方式在谷歌日志中选择关键词，建立模型以监测流感活动。模型预测值与国家疾病预防控制中心（Center For Disease Control And Prevention，CDC）数据高度吻合，并且能提前1到2周预测流感样病例的发生。Polgreen基于同样的原理在玻利维亚、巴西、印度、印度尼西亚、新加坡等建立了登革热传播模型。Althouse利用谷歌搜索监测登革热相关词语，在泰国曼谷和新加坡建立了线性回归模型。上述两个登革热模型预测值与实际监测数据有良好的相关性。于伟文等人利用网络数据分析了中国活禽交易市场与人感染H7N9禽流感病例的地理关系，对重新定位、查找可能携带H7N9禽流感病毒的禽类和市场，控制传播和扩散具有重要的参考意义。国内利用大数据进行疫情预测的另一个成功案例是中国医学科学院袁清玉教授所开发的基于百度搜索数据分析的流感预测。一方面，百度搜索引擎在国内占有绝对优势，数据量大，且来源单一而可靠；另一方面，该研究将流感病例数、实时搜索数据和流感实验室检测数据相结合，通过关键词筛选、过滤、指标构成、建模来监测流感活动。基于网络数据的监测预警系统具有以下明显的优势。

（1）避开了传统监测系统的层峰式结构，具有实时、快速的特点。

（2）传统监测系统只能收集疾病治疗阶段的数据，而基于网络数据的监测系统可以在症状出现时期或者疾病发生早期进行预警。

（3）基于网络的监测系统适合于大量人群的数据分析，即使在一些中低收入国家，其网络使用率仅为30.7%，网络来源的数据分析依旧优于传统监测系统。

但是，网络数据的发展同样面临着以下挑战。

（1）空间分辨率有待提高。以谷歌流感趋势为例，目前能够预测城市层面的流感发生率，而对于更小范围、地方性的暴发，其灵敏度和空间分辨率则不够。空间分辨率受限于数据集合水平和网站搜索量。

（2）如何用合适的模式将互联网数据转化为精确的、有意义的、实用的信息。由自我报告和媒体驱动导致的偏倚是互联网监测系统最大的混杂因素。如何规避这些偏倚，依然是目前研究的重点。

（3）文化差异、语言变化、方言等都影响着网络监测数据的准确性。基于网络数据建立的模型必须过滤无关信息，标准化疾病相关搜索词，在用于政策制定前必须保证数据的可靠。

（4）关于数据隐私问题。考虑到伦理因素，数据需要进行去识别或者排除特定标识。数据内容不能与个体特征相关联，不能有生态学谬误。谷歌流感趋势与登革热趋势均为谷歌慈善机构管理，尽管这些服务是免费的，但是在具体算法中不会泄漏搜索词。尤其是多个跨国公司管理下，封闭源数据显得尤为重要。

2. 基于社会因素和自然环境因素大数据分析的传染病监测预警系统

传染病的发病原因比较复杂，病原体变异、人体免疫力、人们的生活方式和防病意识等都能影响疾病的发生。近年来，社会因素和自然环境因素在传染病发生、发展中的作用正逐渐被人们所关注，尤其是一些自然疫源性疾病、呼吸道传染病等更是成为研究的热点。如，大数据在2014年埃博拉病毒爆发过程中对于阻断疾病传播提供了非常坚实的保障。Google通过有效地对通信数据结合疫区的先验知识进行有效的分析，快速精确地确定了疫区的位置，对后续的资源整合、疫情控制起到了重要的作用。同样，加拿大Bio.Diaspora公司利用地理信息系统（Geographic Information System，GIS）对航班因素、气候变化以及人口的迁徙情况对全球的病毒状况进行预测，建立了一个有效的全球病毒传播地图，并成功地预测了埃博拉病毒的传播。另外，James等人利用mHealth策略，通过对人群移动的数据进行有效分析，实现了对疫情的需求救济以及监测分析，从而有效地控制了埃博拉疫情。由于GIS和遥感技术（Remote Sensing, RS）具备能够有效地获取地理空间数据，并对其进行管理和分析以及可视化的优势，大量的研究开始将GIS和RS运用到传染病的检测与检验中。如，在H7N9的一项疫情预测研究中，郎猛等人利用GIS信息，通过深度网络学习技术，结合Googleearth信息实现了对H7N9的预测，有效地发现了H7N9的扩散以及传播规律。钟少波利用GIS与RS，分析了乙肝和高致病性禽流感在中国的地理分布，根据疾病生物学和流行学特征推定其环境危险因素，建立疾病与环境因素相关性的回归分析模型，并对疾病发生概率进行了预测。另外，伤寒、猩红热、登革热、霍乱、细菌性痢疾等传染病发病与社会因素和自然环境因素之间的关系也成为人们研究的热点。

3. 基于医疗大数据的传染病监测预警系统

医疗大数据主要来自检验结果、影像数据、费用数据、基因数据等，数据量庞大，每天都在更新。大数据在医疗卫生领域的应用广泛，包括疾病诊断、治疗效果评估、流行病预测和药物不良反应分析等。基于医疗大数据的传染病监测预警系统通常利用大数据中存在的症状模式进行检测以达到疾病预测的目的。具体而言，通过一个长时的纵向的数据收集，有效地对比分析疾病爆发前后的数据，从而有效地挖掘出在疾病爆发的时间以及空间节点的特征或者规则，进而有效地实现对传染病的早期预警及预防，并对其进行快速反应。这种方式并不是针对专门的疾病预警，它主要利用人群的特征来实现对传染病的监测。目前电子病历系统已覆盖全国，公共卫生部门可以通过分析全国各地的患者出现相同或相似症状的信息，预测某些传染病的暴发，提前快速响应。谢立等，进行了流感样病例与非处方药销量相关性分析，在人口相对稳定的区域，当流感样病例出现时间和（或）空间聚集时，非处方药（Over The Counter, OTC）销售记录的异常变化可以有效地揭示出流行病学发生的征兆，揭示流行病的传播路线，并有效地对其进行早期预警。在对校园传染病的疫情分析中，李印东等人通过对学生的考勤情况进行分析，设置学生因病缺课的阈值，从而达到对疫情提早发现的目的。症状检测作为传统监测的有益补充，提高了新发传染病和暴发疫情的发现敏感性，提高了疾病防控能力和水平。但是，当前的症状监测也存在一些不足之处，比如，推广成本高、信息化建设落后、病原检测滞后、数据不能共享等。

4. 基于病原监测大数据的传染病监测预警系统

传染病爆发流行是病原体通过传播途径在易感人群中引发的，病原监测对于明确疾病的传播过程、追溯传染来源等方面能够起到关键作用。病原监测涉及病原体分离、鉴定、分子诊断、血清学检测以及其他体内体外试验等。国际上，发达国家尤其重视细菌性传染病监测中的病原分析与预警工作，通过整合病原检测技术、网络实验室、现场调查和数据分析达到提前预警。比如，美国建立的细菌传染病监测PulseNet系统和食源性疾病主动监测网（FoodNet）等。全球新兴传染病监测和反应系统（Global Emerging Infections Surveillance and Response System，GEIS）主要致力于整合全球监测系统、能力建设工程、疫情调查和日常训练，该系统已经覆盖了92个国家。在防控甲型H1N1、疟疾等方面发挥了重要的全球生物监测作用。中国以往的传染病监测以疫情报告总结为主，病原监测不够系统和规范。SARS之后，中国工程院院士、病毒学家侯云德曾建议尽快建立全国范围的病原生物监控系统，对病原体的收集、检测、分析和控制进行整合，以提高中国预防控制突发性传染病和反生物恐怖袭的能力。目前，中国已建成细菌性传染病的实验室监测网络（PulseNet China），这是一个以脉冲场凝胶电泳分型技术为基础、结合其他分型技术以及菌株信息和流行病学信息的网络监测平台，为细菌性传染病的监测提供病原监测的数据交流、调查分析传染病的扩散、建立不同地区之间的暴发流行关系、追溯传染来源等方面发挥了至关重要作用。

目前，利用病原体基因组数据进行传染病监测预警越来越受到人们的关注。邹远强等人利用疾病基因组大数据结合计算机模型为传染病防控提供了新的思路。以互联网为基础的大数据可以实时监测传染病活动，但是却不能提供有关新发病原体的基因组、免疫性、耐药性等方面的信息。而基因组大数据分析正好弥补了互联网大数据的不足，二者结合势必成为传染病防控的新里程。Rowland在Superize me：how whole-genome sequencing and big data are transforming epidemiology（《全基因组测序和大数据结合如何改变流行病学发展》）一文中指出，流行病学中关于如何确定疾病谁传给谁的问题始终处于不确定或逻辑不通的困惑。新近兴起的基因测序技术有助于我们发现病原体基因组的可追踪变异。通过全基因组测序技术可以确定传播途径，弥补疾病的进化动力学。测序技术与复杂数学、统计方法的结合为我们探讨传染病的传播和防控带来了思维模式的转变。美国疾病预防控制中心研发的高级分子探测系统（Advanced Molecular Detection，AMD）致力于介绍传染病的最新检测手段，集合了流行学家、实验室人员、生物信息学专家，借助于基因测序和超级计算，在李斯特氏菌、艾滋病病毒、埃博拉病毒、寨卡病毒的检测方面发挥了重要作用。

（三）未来发展趋势

1. 传染病监测预警系统的融合发展

不同数据来源的传染病监测预警系统有着各自的优势和不足，如何取长补短、融合不同预警系统的优点、改进监测手段，成为下一步研究的重点。概括说，主要集中在以下几个方面。

（1）在探讨新的监测手段及将监测系统应用于新的疾病种类的同时，也应注意如何将这些监测手段与现有监测系统融合。新的监测系统不是对现有监测系统的取代，而是在现有监测系统上的延伸。

（2）基于网络数据的监测系统仅仅应用在发达国家，但是随着旅游和贸易的全球化，国家与国家之间的联系愈加频繁。检测、监测和防控传染病应该成为一个全球的问题。在探讨如何解决网络大数据不足之处的同时，也应着手建立基于网络数据来源的全球化监测系统。

（3）建立监测系统评价体系。如何从逻辑学、经济学、流行病学的角度去评价监测系统，从而保证监测系统的使用及推广。

2. 传染病大数据新处理技术的研发

数据挖掘是大数据分析的核心。随着数据容量的扩大和数据结构的多样化，目前的数据存储方式、处理架构以及分析技术都制约着大数据的发展。而云技术的出现，为大数据处理带来了革命性的变化。大数据挖掘处理需要云计算作为平台，云计算将计算资源作为服务支撑大数据挖掘。大数据与云计算的结合，可以快速分析海量数据的相关性，寻找规律性。云存储作为一种新兴的网络存储技术解决了目前大数据存储瓶颈的问题。借助云计算和云存储，在保证数据安全的情况下，可以实现传染病大数据的存储、更新、处理、反馈、预测等。大数据处理技术的变革将极大提高传染病监测预警体系的准确性、实效性及灵敏性，发挥大数据在传染病防控中的巨大潜能。

综上所述，基于大数据的传染病监测预警工作的研究方法和理论已经取得了长足进步，并逐步走向成熟。尽管大数据存在一些尚待解决的挑战，比如，数据噪声、数据共享以及个人隐私安全等。但是，随着数据处理技术日新月异的发展以及国家层面大数据相关政策的落实，大数据必将带来巨大变革，也必将在传染病监测预警领域发挥至关重要的作用。

（四）公共卫生大数据分析技术

目前，医疗信息系统随着各个医疗机构的信息化管理以及物联网建设的飞速发展，获取以及存储的数据呈指数增长。大数据时代的到来，无疑会对公共卫生领域的统计调查和信息化建设产生巨大影响和推动，传统卫生统计分析方法已不能完全适应日新月异的数据环境，无法满足对海量数据进行分析的需求，公共卫生大数据资源的价值还远没有得到挖掘和利用，如何从大数据中发现有用的知识以及提高信息的利用率迫在眉睫。另外，如何对海量的大数据进行更加有价值的分析具有重要的研究意义和产业价值。目前，针对公共卫生领域大数据的数据挖掘，主要关注点在关联分析、分类与预测、聚类分析、可视化分析、联机分析处理等。下面我们对若干传统的数据挖掘算法在公共卫生领域的应用进行简要的介绍。

关联规则挖掘算法不需人为引入设置变量，通过设置参数能自动地对数据进行分析，得到有意义的规则，对于卫生决策和控制具有重要参考价值。蒋敏等人用关联规则算法分析影响患者就医行为各因素间的联系，发现不同收入水平、不同报销渠道与疾病不同严重程度的患者，其就医行为模式存在差异，为卫生服务研究提供了参考价值。针对预测模型，李卫红等人利用遗传神经网络模型模拟了登革热的时空扩散，基于登革热和环境、气象、人口等数据，分析与登革热相关的影响因子，将所有因子带入模型，通过数据训练、机器学习、模型优化最终构建一个基于复杂地理因素驱动的遗传神经网络模型，模拟效果较好。利用决策树算法进行聚类、分类回归以及规则可视化的工作也有一定的进展，秦永平等人将气象因素用于疾病预警，把每日发病信息及相关气象资料存入数据仓库，利用C4.5决策树挖掘算法，建立实时预警预报模型，实现突发公共卫生事件早期预警。Lee等人用决策树方法筛选疾病危险因素，取得较好效果。针对传统的聚类算法，张吉凯等人利用聚类分析对流行病学调查资料中的混杂因素进行分层，提高了分层分析效率，解决了混杂因素分层界限不清时分层困难的问题，有效控制了混杂偏倚。Bedard等人将GIS与OLAP相结合，提出一种新的分析工具SOLAP，将其用于环境卫生研究，增强了GIS的分析能力，更好地分析危险因素、聚集、干预和结局的相互关系，从而用于决策。Dreiseitl等人联合运用决策树和Logistic回归、神经网络方法分析影响疾病死亡率的因素，弥补了神经网络产生的结果不易理解的不足。李江平等人利用Logistic回归模型、决策树模型、神经网络模型对现场流行病学调查得到的农村初级卫生保健资料进行建模，分析影响断奶儿童贫血发生的因素，比较选择最佳模型，使得出的结果更加真实可靠。全球疾病负担研究根据收集的疾病和社会经济、气象和环境资料，通过数据挖掘技术建立了关联模型、回归模型、时间序列和预测模型。由于公共卫生数据大都具有空间属性，进行大数据分析时也常结合地理信息系统（GIS）来分析研究其空间特征和规律。GIS是指能够对地理相关信息进行获取、存储、分析、展示等的计算机系统，近年来在公共卫生领域得到广泛应用。赵金探讨了将GIS空间信息与电子健康档案（EHR）健康信息进行对接，充分挖掘EHR的数据价值，多维动态地展现疾病、健康危险因素等的空间分布情况，更好地指导疾病预防和健康管理。董斌研究了基于数据挖掘和GIS技术建立的突发公共卫生事件综合管理信息系统，可实现疫情定位、疫情变化趋势分析和动态展示等，为公共卫生管理提供决策支持，提高应急处理效率。

（五）应用前景

公共卫生安全对于群众的正常生活具有非常重要的意义。事实上，将日常公共卫生监管过程中所产生的大数据以及一些相关的数据进行整合，建立有效的公共卫生大数据资源，并对这些资源加以有效利用，对居民的健康可起到非常坚实的保障作用。随着数据挖掘、数据存储、数据运算等技术的飞速发展，能够更好地对公共卫生数据进行挖掘和分析等，产生更多有意义的结果，进而为公共卫生领域提供强有力的保障，如典型或重大传染疾病的及时预警、传染源及传播途径的精确识别和分析等。同时，随着人们对健康知识的扩充以及健康意识的加强，公共卫生大数据将被更加广泛地运用到生活的各个领域。公共卫生大数据研究框架及其应用，如图3.2.3所示。

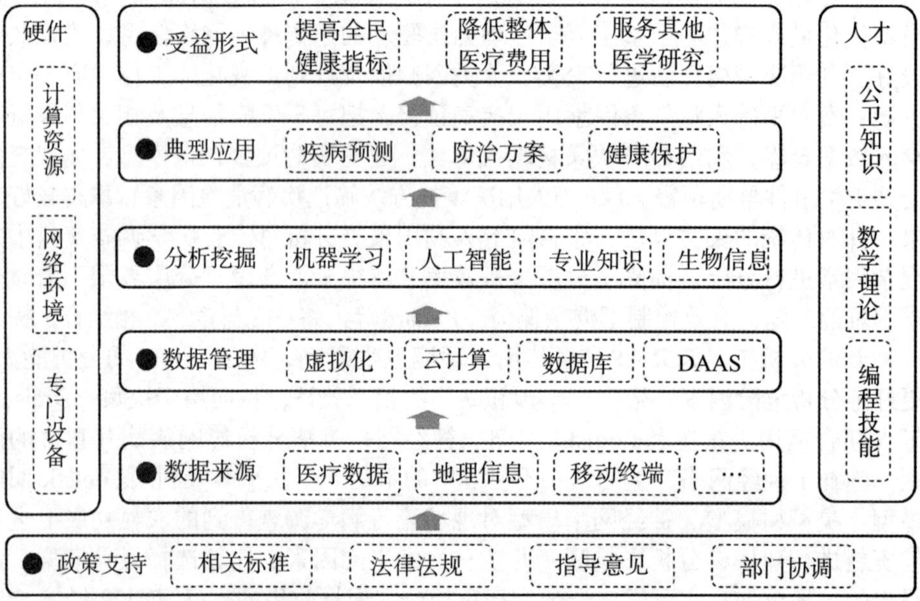

图3.2.3　公共卫生大数据研究框架及其应用

对公共医疗大数据进行分析，一般包含挖掘出有效的知识模型和数据中的规律，并通过过往数据推测未来数据，从而有效地为公共卫生提供决策支持。然而，在实际利用公共医疗大数据中，不可避免地存在大数据挖掘中所存在的异质性、多模性以及噪声影响，这也给医疗大数据后续的分析带来了挑战。因此，如何更加有效地利用公共医疗大数据，仍是一个漫长的探索过程。但是可以预见的是，在未来，利用公共医疗大数据能够有效地实现大规模流行病预测、典型疾病防治以及社区健康影响因素识别等应用的数据支持，从而有效地提升人群的健康等级。在这里，我们对可预见的公共医疗大数据的应用进行简要的总结。

1. 大规模流行病预测

通过对过往流行病数据的分析，我们能有效地对新型流行疾病的扩散以及发展情况进行有效的预测和分析。比如，在心血管疾病的预测中，通过大量的数据分析发现，高血压是导致心血管疾病的一个重要因素，而体质指数升高、体力活动减少是引发心血管疾病产生的重要诱因。而饮食结构和生活方式改变、快速城市化和工业化则可能是导致心血管疾病剧增的因素。通过对大量相关数据进行挖掘和关联分析，可以制定相应的制度和策略来为解决流行病提供相应的数据支持和理论保证。另外，在2013年爆发的H7N9中，通过大数据发现，其病毒内部突变的氨基酸具有哺乳动物的受体结合能力。通过基因组学数据发现，该病毒变种可能与家鸭的H7病毒，并同H9N2病毒株发生重组，从而产生了非常强的传播和感染能力。事实上，在病毒或大规模流行病爆发之前，会有非常多的数据产生，比如，一些小范围的病例突增的现象。因此，可以通过活禽交易数据的异常检测，并结合H8N9毒株的血凝素基因核酸序列构建系统进化树，从而有效地预测和推断疫情在不同地区的传播以及扩散情况，因此，基于大数据的大规模流行病预测具有较高的应用价值。通过进行大尺度传染疾病的实时监控统计，实现时、空、事件类别的大数据分析，可以及时提出疫情预报，采取补救措施，分析流行原因，切断传播途径。

2. 典型疾病的防治

目前，根据可获取的疫情数据分析，我们能够有效地对一些大规模传染性疾病或典型疾病的发生、传播、流行的规律进行有效的分析，并进一步将知识迁移到其他的领域。通过对大规模疾病进行有效预防，比如，通过对数据的分析，我们可以有效地发现寨卡病毒、大骨节病或其他疾病的产生或者传播手段，从而在疾病的发生过程、传播过程中进行有效的阻断，如，通过防止蚊虫叮咬来切断寨卡疾毒的传播，通过基因的诱因分析大骨节病的发生等，这些方式通过对疫情数据进行分析，可以有效地对疾病的预防和治疗提供科学的理论指导。

3. 健康影响因素的识别

同样，利用公共卫生大数据，可以对人群的健康影响因素进行有效的识别，并通过大数据分析和关联挖掘，探寻疾病和饮食习惯之间的关联。比如，通过大数据挖掘发现，银屑病与抽烟、运动减少有着非常高的相关性。究其原因发现，银屑病会导致一个较高的代谢率，而不良的饮食和生活习惯，如吸烟、运动减少、肥胖等都会增加伴发代谢综合征的概率，以及加重银屑病的病情，导致恶性循环。通过对代谢谱的检测，发现了同疾病相关的差异血清代谢谱。因此，通过大数据分析，得出了饮食与银屑病之间的相关性，进而得出可以通过改善饮食结构来改善银屑病症状的辅助提示。另外，在对老年痴呆的一项研究中发现，藏族的老年痴呆发病率较低。进一步分析发现，藏族特有的宗教行为，包括磕长头、念经、拨念珠等能够有效地缓解老年痴呆的发病。因为这些活动增加了精细运动和整体运动的强度，使大脑得到了锻炼，加强了神经元之间的联系。这些结果有助于对公共卫生大数据进行深入挖掘，以识别有效的健康保护因素。

4. 个体的健康管理

通过公共卫生大数据的数据与个体数据进行关联匹配，可以有效地挖掘个体的健康状况影响因素，有针对性地提供相应的健康管理建议，减少医疗花费，极大地提升个体的生活水平。另外，大规模数据监测有助于制定合理的措施来保护公共健康。1999 年的全国碘营养监测结果发现，儿童尿碘水平为 306μg/L，处于偏高水平。2000 年，中国将生产环节的碘含量出厂不低于 40mg/kg 下调为平均 35mg/kg。通过大数据发现，碘的含量与疾病的相关度，从而有效地制定政策、减缓疾病发生的风险。另外，沿海地区和内地的膳食中碘摄入量也不同，随着经济社会的不断发展，让民众在知情的前提下进行自由选择，是防治碘缺乏病的有力手段。代谢是非常关键的生命活动，许多疾病同摄入品的成分密切相关，糖尿病人不宜多吃甜食是众所周知的，但其他代谢成分对人体的健康并不为人所知。不同食物的成分和存在的化合物对于慢病干预和膳食指导也非常关键；当涉及食品安全问题时候，比如，人们摄入被污染或者农药残留超标的食品，将会导致各种急性和慢性疾病。通过大数据分析，能够及时发现与个人健康相关的影响因素，减少环境因素对身体产生的影响，及时挖掘出营养素与慢病之间的关系，进而及早预防慢病。

（六）问题和挑战

诚然，我们可以有效地通过数据挖掘去探寻不同实例之间的联系，但是，这无法避免地会引入混淆效应，即我们无法判断是否是有意义的联系，也无法判断是否是虚假的联系。如何在大数据，特别是医疗大数据中去发现有用的知识仍然存在挑战。因此，我们需要更加有效地结合卫生医学的知识，进一步有效地实现医疗大数据的挖掘和发现，从而有效地解决上述挑战，并更好地利用医学大数据信息为人类健康服务。事实上，目前针对医学大数据的研究仍然处于起步阶段，因此，信息技术平台的电子病历等数据的扩充和发展，以及数据挖掘、云计算等技术在医学大数据的应用，都会进一步促进医学大数据的发展。当然，目前公共卫生大数据研究仍然有存在以下问题和挑战。

第一，公共卫生大数据研究的一个难点是对数据的收集。实际上，在公共卫生大数据中，数据通常具有碎片化及混杂的特性。如，在对一种疾病的数据收集过程中，通常很难对一个被试的完整的身体状态的数据进行收集。同时，由于一些区域性原因，病人的数据可能分布在不同的数据中心。而多中心又进一步引入了数据标准和规范不同的问题，进而加深了数据收集后的分析难度，因此，如何标准化数据收集以及在碎片化数据下的数据分析是公共卫生大数据研究面临的一个严重的挑战。

第二，公共卫生大数据研究的一个痛点是数据的隐私保护。实际上，为了获取大批次的数据，通常需要多个中心的数据进行合并，而这种方式加剧了隐私保护的难度，因此，如何规范化数据格式的获取以及设计更加有效的数据保密和隐私保护数据挖掘算法具有重要意义。

通过跨学科间的技术交流，引入数据分析领域的先进方法和经验，是解决当下不同种类公共卫生领域大数据所产生问题的一种有效手段。另外，随着计算性能的显著提升，就诊成本的下降，将会有更多有意义的应用被实施到公共卫生领域。

（七）总结和展望

公共卫生大数据的研究和挖掘具有非常重要的研究意义。特别的，针对公共卫生大数据的有效挖掘能够有效地为特定人群的健康问题、公共传染病的有效预防以及切断传播途径提供有效的数据支持。公共卫生大数据研究有广阔的发展空间，可有效地促进该领域的发展。第一，针对目前数据信息孤岛的问题，对公共卫生大数据应建立一个有效的信息管理平台，从而更加有效地对各种数据进行兼容，进而方便各种数据的采集、存储和交互，提高数据的利用效率。第二，发展高性能计算技术，将其推广到公共医疗领域，并且提升数据分析方法的技术，培养相应的人才，进一步有效地提升对于异构数据的信息抽取，从而更加有效的保证关键特征的获取。最后，我们需要建立一个完善合理的政策制度以及标准，以公共卫生大数据为依托，更加规范合理有效地推动公共卫生领域的发展。

五、基于大数据的影像学分析与外科手术规划

随着数据采集以及信息提取的发展，极大地促进了当下医疗模式的转变，即医学诊断模式从传统的循证医学逐渐地开始向个性化精准医学诊疗模式过渡。这种基于新技术的新型诊疗模式也促进了当下医疗的发展。作为个性化精准医疗的重要支撑，医学信息特别是医学影像分析以及手术引导规划逐渐成为一个新的研究热点，同时利用影像数据在手术中进行引导规划也得到了快速发展。

实际上，纵观过去的几十年，新兴的技术，如模拟X光机到数字X光机再到CT再到核磁共振成像等数据采集技术，不断帮助我们认知和了解人体结构，提供更加具有分辨率和细节的信息，从而不断地推动着医疗水平的发展。近年来，随着各种信息处理，特别是机器学习技术的产生及发展，进一步推动了医学图像处理分析的研究。

在外科手术中，由于人体具有一个复杂的解剖结构，特别是脑部更具有非常密集的功能区域。因此，对于外科手术的操作要求必须具备很高的精准性。然而，在20世纪60年代之前，由于技术的落后，很难在手术阶段实现精准诊疗。随着医学影像技术，特别是CT、MRI以及PET等影像技术的发展，外科手术中的精准诊疗也逐步成为可能。但在实际应用中，利用影像技术实现精准临床诊疗仍然存在以下困难。

（1）在术前，病灶确定和手术方案制定通常依赖于主治医师的决定，这就存在主观性较大的问题，容易导致误诊、漏诊的情况发生。

（2）在术中，通常都是依赖于术前的单一模态影像数据，这就导致了在手术中，由于组织形变以及手术操作造成的配准异常，无法保证手术精准进行。

（3）目前尚未有一种可以用于临床的术中引导方案，因此，可能会由于术中的失误操作给病人造成影响。

（4）术前诊断和术中手术没有一个很好的联系，没有很好地利用或者发挥精准诊疗的优势。

随着目前影像数据采集设备以及数据分析技术，如机器学习算法等技术的提升，个性化精准医疗中存在的问题正在不断地被攻克，这些技术的发展，进一步推动了传统医学到个性化精准医学的发展。

（一）基于影像数据的智能分析技术

目前的外科治疗手段越来越趋于智能化、精细化发展，特别是一些先进的图像识别系统、引导系统等能够弥补医生诊断的主观性和局限性问题，从而为外科临床提供更有意义和精准的辅助信息。近年来，随着机器学习算法，特别是深度学习算法在图像处理和分析领域的快速发展，基于机器学习算法的医疗图像分析手段也越来越多地被医疗领域的研究人员所利用。这种方式不只是简单地改善了传统的图像处理方式，更重要的是能够提供更有置信度的决策辅助信息，因此，具有广阔的发展空间和重要的现实意义。

1. 病变组织结构自动化分割

在图像中实现病变组织的分割和识别是影像分析的一个主要任务场景。目前，针对组织结构的分割方式主要是利用图谱进行配准的方式。然而，这种方式耗时长，且对于病变组织的分割效果识别不足，而对病变区域的分割才是重点关注的场景，因此，不利于实际应用。随着深度学习，特别是卷积神经网络在图像处理应用中的飞速发展，卷积神经网络也开始被运用到各类病理图像分割中来，从而有效降低人工标注压力。在基于卷积神经网络的研究中，Moeskops 等人利用卷积神经网络实现了对MRI图像的大脑分割算法。这种方式通过不同尺寸的卷积核来获取不同尺度的大脑信息，从而有效地增强大脑的分割结果，促进了算法的稳定性和准确性。算法在不同年龄阶段的人类大脑MRI影像中进行了测试，均取得了非常好的效果。在对卷积神经网络进行改进的尝试中，Kamnitsas 等人通过一个双边的三维卷积神经网络实现了对大脑病变组织的有效识别，并通过优化技巧有效地降低了对三维 fMRI 影像处理过程中的计算复杂度，解决了标记区域和未标记区域的类不平衡问题。并通过一系列机器学习技巧，极大地优化了模型对于病变区域识别的稳定性，实验结果也展示出了极具竞争力的结果。目前，针对图像分割的深度学习，主要集中在对大脑组织的分割任务，这主要也归因于国际上学术组织，如 MICCAI 和 ISBI 等自发组织的竞赛所提供数据的结果。如，Brosch 等人基于 MICCAI 208 和 ISBI 2015 挑战赛所提供的数据、数据库，利用一个三维的卷积神经网络进行了算法测试，并与当时最优算法进行比较，确定了最好的结果。当然，还有相当多的基于卷积神经网络的大脑组织分割算法提出，这里不再一一赘述。

上文中所提到的研究都是基于一个监督型的学习范式及需要大量的训练数据来对模型进行训练，然而，这种范式在医学数据背景下，显然存在严重的挑战：医疗数据显著存在的小样本问题给深度学习的样本量带来的挑战。然而事实上，尽管在医学数据中，标记的样本量较少，但是实际上，医学数据中存在大量的无标注的数据。因此，研究人员希望更加有效的利用这类无标注的大数据资源，并利用少量的标记来实现对医学影像的分割模型构建。这种方式通常被称之为半监督的学习范式。基于半监督范式下的深度学习也开始被运用到医学图像分割中，如，Dolz 等人利用基于堆叠降噪自动编码器的半监督深度学习方法。首先通过无监督的学习方式初始化模型参数，并进一步利用有标记的数据进行参数的微调，从而达到了一个非常理想的图像分割效果。试验结果表明，这种方式能够获取与专家一致的图像分割效果，因此，具有一定的应用价值。

2. 脑病变组织自动化识别与诊断

利用深度学习特别是深层卷积网络技术，一方面在图像的分割方面取得了非常显著的进展；另一方面，由于其强大的学习能力，深度学习技术同样也被用于图像的识别以及疾病的诊断工作。近年来，大量的研究工作利用影像数据通过深度学习技术，可有效地识别各类神经退行性疾病、癌症以及脑病变组织，如脑胶质瘤、肺结节、乳腺癌、前列腺癌等。Hirata 等人通过对 31 例患者的影像数据、共 409 张切片的 PET 图像数据进行分析，利用深层卷积网络学习分类器，实现了胶质母细胞瘤和原发性中枢神经系统淋巴瘤的有效区分，并取得了非常具有竞争性的图像分割和识别结果。通过对模型进行交叉验证，能够对胶质母细胞瘤实现 100%的识别和分类精度，对原发性中枢神经系统淋巴瘤实现 77%的分类精度。Li 等人利用 MRI 和 PET 数据，通过深层卷积网络模型，将自适应学习因子、多任务学习策略引入到所构建的学习算法，从而实现了对不同阶段老年痴呆患者的识别。所提出的模型在著名公开数据集 ADNI（Alzheimer's Disease Neuroimaging Initiative）中进行了检验，实验结果表明，引入自适应学习因子和多任务学习之后，可以有效地提升老年痴呆的分类精度。另外，Suk 等人将基于堆栈自编码的机器学习模型，同样应用到对老年痴呆的识别任务中。Suk 等人利用堆栈自编码技术实现了数据的无监督预训练以及有监督微调，并进一步通过支持向量机进行预测与分类。在早产儿的临床神经发育预测任务中，Kawahara 等人建立了 BrainNetCNN 通过对大脑影响的拓扑结构，利用图像中节点、边、图的关系进行建模，并成功地利用 27～46 周的早产儿的弥散张量成像预测了在认知以及运动功能量表中的评分。这种方法在同样的参数下，实现了比全连接卷积神经网络更优的结果。另外，在神经影像数据的恢复和重建任务中，也有大量的方法希望利用深度学习特别是深层卷积网络的技术，如，Bahrami 等人用卷积神经网络实现了利用低质量的 3T 核磁数据恢复出高质量 7T 核磁数据的重建算法。这种方式有效地利用了输入数据的特征以及结构信息，并有效地重建了 3T 核磁图像到 7T 核磁图像之间的映射关系。在后续的实验中表明，该算法具有竞争优势。同样，利用对抗生成网络技术，可以有效地将单模态的数据扩展到多模态中，比如，利用随机自编码技术，Ithapu 等人利用一个多模态数据下的标注生成器，进而实现对老年痴呆疾病的诊断，通过对抗生成的方式，将 MRI 模态的数据转换为 PET 模态的数据，从而有效地建立一个从 PET 到 MRI 相互之间的映射关系，进而有效地互补到疾病的诊断以及识别任务中，提升效果。

3. 功能与结构影像融合

容易发现，磁共振功能成像（functional MRI，fMRI）与结构磁共振成像（structural MRI，sMRI）能够通过不同的关注点，如组织结构和功能相近的角度来对结构进行描述。然而，这种方式只能对单一模态进行刻画。近年来，大量的研究开始关注用多模态融合的方式来提供更多有效的信息。相较于传统的单一模态的数据分析，多模态能够有效地对单模态的数据缺失部分进行补全，从而得到更加完善和有效的结论。目前，针对结构和功能的多模态信息融合方案主要用于独立相关分析、典型相关分析、最小二乘以及多核支持向量机的方式对数据进行融合。常见的脑成像融合方式是脑电信号与核磁成像数据结合的方式。通过这种方式，可有效地补充核磁数据之间的空间分辨率以及脑电信号的核磁分辨率，进而有效地对神经元的活动和神经动力学数据进行分析和获取。尽管目前现有的技术有长足的进展，但是，目前的模型仍然可能存在与实际情况不同的问题，导致模型发生性能的退化。为了解决这个问题，Calhoun 等人利用独立分量分析模型进行改进，有效地将核磁数据与脑电数据进行融合，从而更有效地实现对精分患者和健康人的差异分析。Correa 等人利用典型相关分析技术 CCA 对结构核磁成像、功能核磁成像以及脑电数据三种不同模态数据进行融合，结果发现融合后的数据较单模态数据具有更强的信息辨识度，有效地揭示了不同模态数据融合的优势。Meng 等人针对不同模态数据的融合方式提出了一个综合的框架，从而对不同模态数据，如功能核磁成像、结构核磁成像以及弥散张量成像的数据实现有效融合，并将融合后的数据建立了一个与认识相关的回归模型，结果发现，多模态数据较单模态数据具有更好的预测精度。另外，对不同的临床量均显示出了良好的预测精度。通过不同的研究表明，多模态信息融合能够有效地补充单模态数据之间存在的不足，从而更加有效地对人体的状态进行预测和评估。

4. MRI与荧光成像融合

核磁成像技术主要是利用在磁场中给氢原子施加一个脉冲产生共振，在脉冲结束后，氢原子发生自旋产生信号，并利用氢原子信号对图像进行重建的一种技术。荧光成像技术主要是利用显影剂，在组织表面进行成像，具有非常高的灵敏度。核磁共振成像尽管拥有很强的空间分辨率，但是其表示细节不足，无法有效地显示出微小的肿瘤细节。相较于核磁图像，荧光成像具有更好的细节表现力，但是空间分辨率不足，且穿透性不强。因此，利用MRI图像和荧光成像的多模态融合方式具有高灵敏度和空间分辨率的特点，从而有效地辅助肿瘤的识别和诊断。在近几年的研究中，Liao 等人将荧光成像与MRI 进行融合，从而有效地对术前的核磁共振图像进行病灶区域定位，并在术中利用荧光成像对肿瘤的边界进行有效的定位，从而实现术前的图像引导和术中的病灶区域消除，并在动物临床实验中得到验证。同样，Meng 等人利用MRI、PET 与荧光成像不同模态信息的融合，并将融合结果用于脑肿瘤切除手术中，从而有效地减少手术过程中肿瘤细胞的参与。另外，Zhou 等人进一步改善了现有的荧光成像方法，大大加深了传统荧光成像的成像深度。Ando 等人有效地利用荧光光谱分析技术，对现有荧光成像进行改进，有效地降低了传统荧光成像假阳性结果的发生。有效地利用荧光成像与核磁成像的融合，就能有效地利用术前高空间分辨率的成像进行靶区定位，就能利用高敏感性的荧光成像进行术中的引导，因此，这两种模态的影像融合技术在外科手术中具有重要的发展前景。目前，基于荧光图像的引导方式逐渐成为一种研究热点。事实上，目前，针对多模态的影像融合研究还有很多，比如说，利用超声图像与术前MRI图像的融合、利用MRI与CT图像的融合以及利用MRI与PET图像的融合等。通过利用不同模态影像进行融合的研究可以发现，这种基于多模态数据的方式能够更加有效地补充对于组织信息的估计，从而辅助手术对于病灶位置的准确切除，提高术后生存质量。

（二）影像学分析在外科手术规划中的应用

1. 多模态影像融合与引导技术在外科手术精准诊疗中的应用

在治疗肿瘤的过程中，一个共识就是需要在最大限度内保证正常组织结构的前提下，最大范围地切除病灶区域，从而有效地保障病人在术后的生存质量。首先，由于数据采集设备精度和细粒度的不断提升，使更加有效地获取手术过程中的高质量的影像数据成为可能，进而进一步提高手术导航系统的精确度和置信度。其次，多维数据的多模态融合同样可以有效地互为补充，为外科手术规划提供更加精确的引导。

2. 影像引导外科手术精准诊疗

手术引导系统中的路径规划是外科手术引导系统的重要组成部分。通过利用高精度图像采集设备实现对身体组织的识别和分割，可以为医生提供有效的手术器械引导路线，从而有效地辅助医生规避健康组织，加强病人预后。目前，针对手术路径规划的研究，主要针对影像学或者多模态的方式实现对手术路径的规划及引导。如，针对脑干肿瘤术前路径的自动规划，李苗等人将DTI与MRI的不同模态的影像数据进行融合，从而进行手术引导。这种方式首先将DTI图像与MRI图像配准到相同的空间，再对配准后的图像利用引力斥力模型将关键区域信息进行手术路径自动规划设计，结果表明，利用术前的结构DTI图像能够有效地在术中为医生提供直观的组织结构信息。此外，Liu 等人通过一种智能寻优算法（蚁群算法的变体），结合领域知识的经验来作为先验信息，通过全局和局部的目标优化来增强辅助蚁群算法中的信息素浓度，并引入了优化机制来加速算法，大大地提升了在手术路径规划和引导过程中的优化速度和鲁棒性。Ederson 等人利用快速生成术的方式，实现在三维空间中的手术路径规划问题的求解，得到了非常稳定和精确的术前路径规划和决策需求，平均误差精度小于1mm。同时，这种方式具有非常快速的响应速度，适合实时手术需求。Chen 等人利用图像的分割以及识别技术有效地给出手术器械在术中的三维形态定位，从而在导航系统中更加直观的为医生提供器械位置、器械方向、病灶位置等信息。Zhang 等人在立体全像技术的基础上，提出了一种融合透视信息的手术导航系统，这种方式有效地将核磁影像数据结合原有的三维空间透视系统，将显微镜和病患位置进行有效定位，将原始视觉效果不足的区域进行增强，实现基于增强现实的外科引导手术。Gong 等人通过将二维内镜视频数据配准到三维手术场景中的模拟模型的方式，利用模拟模型，有效地引导对微创手术中的残余肿瘤的切除。这种方式极大地增强了原始二维内镜下深度信息不足的缺点，通过三维导航技术，有效地定位内窥镜的位置，进而能够有效地辅助、定制最佳的手术路径，并调整手术姿态。

（三）总结和展望

外科手术精准诊疗和引导方案并不是将人工智能和图像分析算法简单地拼凑成医学影像智能化系统，而是对不同疾病的诊断模式和在模式识别内部对模式进行有效融合，从而有效地实现外科手术的精确引导及有效治疗。另外，外科手术中的诊断和治疗两个过程也同样应相互融合，从而有效地提升治疗结果和效率。基于影像数据的辅助诊疗及引导技术，能够有效地利用图像识别、图像分割以及人工智能技术实现对于靶向区域的精准发现和预测，并能够为诊断提供更高质量的辅助信息，如病理和生理结构信息，从而辅助医生对病区进行有效的诊断，以及有效地利用图像数据对手术进行引导，进而有效地降低误诊的可能和手术失误致残的风险。随着相应技术的不断发展和完善，基于医疗影像数据的智能化分析技术一定会推动外科临床医学的快速发展。在这里，我们简要地对精准诊疗的趋势以及可能存在的挑战进行展望和预测。

（1）增强人机互动，实现人类促进人工智能技术的发展，如提供可靠的标记和纠错，而人工智能技术反过来更加有效地促进人工诊疗和治疗，从而形成一个良好的闭环；

（2）提供更加细粒度的影像分析手段，从而适应于特殊场景（如精准微创），进一步推动智能治疗的发展和应用场景；

（3）有效融合多模态数据，如影像组学、遗传生物学、血液动力学以及量表等数据，增加信息维度，再融合治疗方式、预后等，以提供更加完善、更加精准的诊断、治疗、预后、康复的整体流程。

随着影像技术、引导技术和人工智能技术的发展，将加速针对影像数据的精准医疗的发展，更将有效地促进精准医疗手术干预的发展进程。

第四章 DISIZHANG 医疗信息化的基础平台

第一节　医疗信息化的形式

2009年4月发布的《中共中央国务院关于深化医药卫生体制改革的意见》指出：信息化作为新医改的一大支柱是实现医疗改革的技术保障。随着医疗信息化的发展，远程医疗和移动医疗已成为当代医疗服务的热门研究课题。同时，在医疗管理方面，随着物联网、云计算的发展，智能化的医疗管理模式正为医院管理和病患管理提供更加先进、有效、及时的服务。本章将介绍医疗信息化的三个阶段，并用若干实例阐述国内各地医院信息化的进程，以及详细阐述远程医疗、移动医疗和云智能医疗的概念和应用实例。

一、传统医疗信息化发展阶段

（一）医疗信息化发展的三个阶段

医疗卫生信息化是指将计算机、网络通信、数据库技术与医疗卫生行业需求进行有机的结合，满足医疗机构以及相关部门对医疗卫生信息的收集、整理、储存、分析的要求，提高医疗卫生行业效率。医疗信息化根据对象和发展目标的不同可以分为三个阶段。

第一阶段是医院管理信息化。医院管理信息化的重点发展对象为医院信息系统，它以管理为主轴，对医院的人流、物流和财流进行综合管理。医院管理信息系统就是在这种背景下应运而生的。

第二阶段是医院临床信息化。医院临床信息化是以医院管理信息化为基础，重点面向患者，以建立电子病历为核心的医院临床信息系统。它实现了病患诊疗信息的电子化，提高了工作效率并优化了医疗服务质量。

第三阶段是区域医疗信息化。区域医疗信息化是指在一定区域范围内，在标准化建设成果和互通共享基础上，为医院、社区医疗、保险和公共卫生等系统提供数字化、信息化的数据服务以及相关的技术支持平台，以达到优化区域内医疗卫生资源的配置、实现区域内数据共享和提高卫生决策和监管的需求。

（二）医疗信息化的相关案例

虽然我国的医疗信息化水平与欧美等发达国家存在差距，但是正在以高速的水平稳步发展。根据有关部门统计，2014年我国医疗信息化总花费规模为220多亿元，2015年增长至240多亿元。预计2020年将达到430亿元。在这期间，多家医院在医疗信息化的进程中表现突出。以下为三家医院的案例。

1. 甘肃省人民医院：创新型应用医院——绩效管理新模式

信息技术的发展促进了医院管理的转变。信息技术的发展提供了管理创新的支持。信息技术更是医院的可持续发展的需要。甘肃省人民医院在20世纪90年代初便自主探索开发和应用医院信息系统。经过近20年的发展，构建了针对患者对医疗服务的综合信息系统。按照“自上而下的整体设计，安全第一稳定优先，长远的规划和分步实施，总体规划和可持续发展”的指导原则，建立以电子病历为中心，包括医院信息管理系统、医院临床信息系统、医院资源管理系统、决策支持系统和区域医疗健康信息的综合系统。该系统的五大模块，涵盖60多个子系统，是一个规模大、功能齐全、运行稳定的医院信息系统。甘肃省人民医院探索性地建立了医院绩效管理新模式，利用现代信息技术平台有效解决了管理效率问题。利用数据库作为技术支持，采集、存储大量的考核信息，如收入、支出、工作量、经济效益、医疗质量等。通过提取医生站、护士站、医疗技术系统、仓库和其他系统产生的数据，分析医院、科室，甚至医生个人的患者费用构成、手术比例、平均住院时间、重症患者比例和药物比例，最终实现数据提示、数据指导、数据规范、数据约束、数据分类、数据激励和数据评估。

2. 西南医院：数据到信息再到知识的多种有益尝试

在大数据时代的背景下，数据对于患者、研究人员的价值越来越高，而使用数据的人也需要为数据的价值买单，这就产生了相应的数据经济。以此为出发点，西南医院信息中心的汪鹏认为，“好的大数据产品应该是工具化、产品化、与日常工作平台紧密嵌入的。它具有实时、快速计算和快速显示等特性。”基于上述观点，西南医院开展了一次依据现有的大量的医疗数据进行大数据分析的尝试，建立了多个医疗数据应用系统，如临床数据中心、病症数据建设；辅助管理决策；合理用药的监测管理，多品种处方监控；结构化电子病历与智能化检索系统；生物样本库信息系统建设；以乳腺癌治疗为突破口实现的CDSS研究；医学超算平台利用，等等。值得一提的是，与中科院合作开发的“大数据量化风险基础上的诊疗决策支持系统”。该系统收录了国内外的最新的医学资源，医生可以通过该系统进行案例查询，辅助医生进行决策。

3. 深圳市儿童医院：基于医院信息化系统的一站式远程会诊医疗平台的构建

对于医院来说，远程会诊可以促进优质资源的充分利用，便利学术交流，促进学科发展和技术钻研，实现医疗信息的共享，等等。对于患者来说，可以及时得到宝贵诊治，省时省钱省力，同时得到超值服务。深圳市儿童医院基于全景医疗系统构建了远程会诊平台。徐卫军介绍："全景医疗系统通过提取、整合患者在医院各子系统中的医疗信息，实现了信息资源的应用提升。第一阶段（2014年）实现了科内教学查房信息化；第二阶段（2015年）实现了各个科室之间信息交流畅通无碍；第三阶段（2016年）拟通过互联网，开展远程会诊，实现医疗业务的横向和纵向发展。"全景医疗的特点是：即时同屏、同步显示、交互操作。系统的医生端可以看到病人的所有病史资料，以及辅助检查等数据；患者端可以把病人的报告、检查推送给病人；专家们甚至可以通过手机，在安全的网络下，实时获取患者信息，参与诊疗过程。

二、远程医疗服务模式

（一）远程医疗的概念

远程医疗即通过使用远程通信技术、全息影像技术、新电子技术和计算机多媒体技术及互联网通信技术辅助完成医疗过程。它所涉及的领域不断拓宽、发展、成熟。远程医疗可以涵盖医学检验、监护、咨询、急救、保健、诊断、治疗以及医学教育和管理等诸多方面。世界卫生组织（WHO）把远程医疗的内涵拓展为远程健康（Telehealth），其1998年的定义是：所有使用信息和通信技术交换有效信息，提供关于疾病和损伤的诊断、治疗、预防、研究和评估，以及卫生保健服务，包括继续教育卫生保健专业人员所提供的卫生保健服务。其中，远距离是核心因素，目标是一切为推动个人和社区健康。

（二）国内外远程医疗的发展状况

1. 国外远程医疗的发展过程

国外远程医疗的发展过程可以划分为以下三个阶段。

（1）从20世纪中期到80年代的第一代远程医疗

远程医疗的发展在这个阶段刚刚起步，发展较缓慢。主要原因是信息技术还没有得到充分发展。信息高速公路处于发展的初始阶段，信息传输的数量非常有限。因此，远程医疗受到通信条件的限制，能发挥的作用也很有限。但是，在这一阶段人们开始对远程医疗的概念有了一定的认识，并开始了对远程医疗的建设与发展。

（2）从20世纪80年代末到90年代末的第二代远程医疗

虽然短短十年，但是随着现代通信技术水平的不断提高，第二代远程医疗的发展速度和影响力超过了之前的第一代。而其中，美国和西欧等发达国家的远程医疗系统是发展最快的。这一阶段，大多数联系方式是通过卫星和综合业务数据网（ISDN），并在远程咨询、远程会诊、医疗远程传输、电话会议和军事医学等多个方面取得了很大进展。

(3)从21世纪初开始并持续到现在的第三代远程医疗

这是一个高速发展的阶段。这一阶段的特点是通过公共通信网络为患者和居民提供定向的、个性化的服务。2010年，远程医疗开始走入社区和家庭，以提供有针对性和个性化的服务为发展特点。相关智能家居行业报告指出，远程医疗和智能手机开发紧密同步。远程血压监测仪、远程心电图仪甚至远程胎儿心脏监测仪的出现为公众提供了更方便和贴心的日常医疗预防和医疗监控服务。远程医疗也实现了从治疗疾病到预防疾病的转变。

2. 中国远程医疗的发展

中国远程医疗起步较晚，但发展迅速。在我国，作为远程医疗，在计算机技术、通信技术、数字医疗设备技术的核心技术、医院信息管理技术等方面已达到或接近国际先进水平。同时，在其发展过程中也积累了各种远程医疗模式的发展和教学经验。中国远程医疗的发展已经持续了20多年，可分为三个阶段，如表4.1.1所示。

表4.1.1　中国远程医疗的发展阶段

发展阶段	主要特征
尝试发展阶段	人们普遍认为，中国最早的远程医疗技术是在1986年。这一阶段主要是通过一些远程的方式实现会诊咨询
快速发展阶段	中国金卫医疗网络于1997年7月正式开业。自这个网络开放以来，通过远程、异地、实时和动态电视直播的磋商方法，已为数百名重症患者和疑难疾病患者进行诊断。此外，还成功地举办了大型国际会议、讲座、国内外学术交流和手术观摩数十次。它极大地推动了远程医疗在中国的发展，也标志着中国医疗卫生信息化产业进入世界先进水平
规范化、实用化发展阶段	近年来，随着互联网浏览器的远程医疗技术产品的成熟，利用互联网进行医学知识普及，为人们提供医疗咨询、医疗信息咨询和远程诊断已经越发普遍。随着远程医疗的实际应用越来越广泛，标准化也已提到议程上。1999年年底，《关于加强远程医疗咨询的通知》的颁布，明确划分医疗责任，制定了远程医疗咨询规则，使中国远程医疗的发展开始走向新的发展阶段。近年来，一些医学院校和医院建立了远程医疗咨询中心，并与全国数百家医院开展了各种形式的远程医疗工作，目前已可为疑难重症患者提供可视的实时专家会诊、传输共享诊疗数据、进行病理形态学诊断等

(三)远程医疗涉及的关键技术

1. 电子病历技术

电子病历的发展是远程医疗的关键先决条件之一。电子病历是信息技术和网络技术在医学领域应用的必然结果，也是现代医院管理的必然趋势。所谓的电子病历就是把过去传统的以纸质方式记录的病历改为电子化的方式，提供电子存储、查询、统计和数据传输等功能，实现患者病历的在线数字化。电子病历不仅包括过去医疗记录的内容，还包括音频、视频、医学影像等其他信息（内容）。电子病历以其完整的数据处理、网络传输、医疗支持、统计分析等功能大大地超越了传统的纸质医疗记录。不仅如此，通过网络，授权的医生可以随时查询患者的相关信息，提高国内远程医疗咨询的效率和质量，促进国内外远程会诊的顺利开展。

2. 网络技术

互联网是远程医疗发展的重要前提。它连接着世界上无数的网络和计算机，是世界上最开放的系统，可以让全世界数亿人进行信息交流和共享。但是，由于网络带宽的限制，远程医疗数据传输受到影响，需要在数据压缩、网络带宽和数据性能等各方面进行取舍。随着计算机的普及和信息技术的发展，互联网迅速商业化，这个问题逐步得到了解决。此外，卫星通信的不断发展也为远程医疗的发展开辟了另一个渠道。

3. 医学影像处理技术

医疗设备和医学影像（PACS）技术在高速地发展，随之产生了医学图像处理技术和相应的DICOM标准。PACS技术集成了医学图像的显示、存档和共享功能的应用，在很大程度上提高了医院在医学影像相关业务的效率。它有以下几个应用：首先，医生使用PACS系统的显示和诊断模块对患者进行医学成像的浏览、处理和诊断。这允许医生突破胶片的局限性并对患者的图像进行综合治疗和观察，以便得到更精准的诊断；其次，PACS技术的共享功能方便了院内各部门之间的借阅，医生们可以通过内部网在自己的办公室里对患者的多个医学图像进行共同诊断；第三，PACS技术在远程咨询和学习中也起到了必不可少的作用。医院外的患者或医生可以通过互联网远程访问患者的医学图像来远程咨询或远程学习。

（四）远程医疗的应用

1. 远程医疗咨询

远程医疗咨询是远程医疗应用中最具有可操作性的方式之一。通过逐渐普及的医疗咨询的手机软件或网页，患者和医生可以便捷地在两地建立联系并进行健康咨询。事实上，早先在一些期刊和杂志的咨询专栏以及电视台和广播电台开设的健康专栏中已经有了这种沟通方式。相比之下，通过手机软件或页面进行咨询将更快捷，效率更高。目前，部分网站已在国内外设立相关栏目，并邀请部分医生在网上坐诊，以便医生与患者远程联系。但这种方法的实际应用效果往往不好，主要是因为医生平日里需要忙碌地工作，只能在空余时间依靠热情提供免费公共服务，往往不及时，甚至经常没空回复。另外，以这种方式交换的信息量不够全面，患者的自述可能不准确也不全面，因此，在这种情况下，医生很难给出明确的诊断，也只能建议去医院做进一步的咨询。

2. 远程会诊

当某个医生的经验有限，对某种疑难杂症没有诊断把握，或者病情非常复杂时，往往需要与其他专家医生一起会诊。但是，如果当地并没有在该领域经验丰富的专家时，往往会需要请其他地区的专家医生一起会诊，或让病人去现场。如果专家时间表太满，无法花费大量时间往返两地，或者如果患者的身体状况不允许进行长途旅行，患者可能会失去治愈的机会。远程会诊在这个时候便可以发挥重要作用。通过网络，专家可以及时获取病史、检测报告和各种影像资料，可以观察患者并与患者对话。他们可以身处外地却轻松与医生“面对面”地讨论，或者指导和观察现场医生的医疗操作。这就像专家亲临现场一样，可以立即提供诊断意见和治疗计划。这使得传统咨询中难以克服的困难轻松解决。这不仅节省了大量的时间成本，可以及时获得专家远程咨询服务，还大大提高了医疗资源的合理配置，从而降低医疗费用。

3. 远程手术

远程手术是通过虚拟现实技术与网络技术结合，让医生亲自对远程的患者进行一定的手术过程操作。也就是说，医生根据传来的现场影像通过键盘、鼠标、“数字手套”等输入设备来进行手术操作，其一举一动可转化为数字信息传递至远程患者处，控制当地的医疗器械的动作。

三、移动医疗服务模式

（一）移动医疗的概念及意义

移动医疗是指通过使用移动通信设备，如掌上电脑、移动电话或卫星来提供医疗服务和信息。移动医疗的内容广泛，包括一系列广泛的产品和服务，从便携血糖检测仪到基于网络的健康应用，到为各类慢性疾病患者制定并执行日常治疗计划的医疗专业人员的分布网络。其主要分类包括：远程患者监测、视频会议、在线咨询、个人医疗护理、无线访问电子病历和处方等。

移动通信技术使我们能够在时间和空间层面以无阻碍的方式进行通信。它改变了过去患者只能去医院的传统方式。它可以帮助患者节省大量用于挂号、排队等候的时间，甚至节约了交通费用。人们可以通过网络的方式随时随地听取医生的建议，或获取各种与健康相关的信息。在整个医疗服务体系中，移动医疗正在引导医务人员朝着更高工作效率和更高工作质量的方向发展，从而更好地推动医疗服务体系的建设。

（二）移动医疗的应用

1. 面向大众提供医学知识教育和医学资讯服务

首先，移动医疗可以用于预防疾病和改善公民的健康生活习惯。随着移动电话的日益普及，移动医疗服务可以通过移动电话上的短信轻松地向公众传输大量的健康信息。这包括提供一些简单的疾病测试、自我治疗或保护的医学知识以及相关的健康信息，如流行病的爆发或预防措施，以及公共免疫注射的时间和地点等。同时，这种向个人移动电话发送手机短信的形式也可以保护个人的隐私。

2. 面向患者的医疗管理服务

（1）门诊预约

移动医疗的一个简单应用是医生门诊预约管理。病人可以方便地通过手机进行预约挂号，同时手机会提醒患者准时赴约。此外，医院可以根据预约的人数来配置相应的医生和护士等医疗资源，有助于医院的管理。

（2）电子健康档案查询

现代医院信息系统的必备功能之一是为患者提供医疗记录。病人希望能够便捷地查询自己在医院健康档案中的内容，而移动医疗可以让患者在他们的手机上查阅他们的个人电子病历，例如X射线或体检血液检查的结果。

（3）用药管理

移动医疗可以应用于患者的药物管理。医院内的相关信息系统和医务人员可以使用手机短信或者通过应用软件的方式来通知患者服用药物的时间和数量，以便患者可以根据医疗计划定期使用药物，以确保医疗效果。此外，某些手机软件还会提醒用户当前服用的药物和其他药物之间的冲突，以防止不良反应。从医生的角度来看，患者用药的历史很难收集，而且数据往往不及时或不完整，可能会影响到医生的判断。移动医疗的应用软件则可以实时地收集患者的用药情况，包括患者在服药后的反应、症状和效果的信息，这无疑对医生在制定医疗方案时大有帮助。此外，对于一些使用相同药物的治疗方法，医生可以通过移动医疗的应用软件提供电子药物处方，减少患者反复去医院拿药的问题，减轻医院门诊病人数量多的压力。

（4）老年人慢病管理

移动医疗可以应用于老年人的慢病管理。人口老龄化是一种全球现象，随着年龄的增长，高血压、心血管疾病、呼吸系统疾病和糖尿病等慢病的发病率将会增加，治疗慢病的社会负担和家庭的经济负担非常沉重。电子移动医疗是远程医疗的一部分，因此，患者可以在家中接受一些医疗服务。例如，医生可以远程跟踪患者的身体状况并收集患者的各种数据，及早发现患者体征数据的变化，并及时治疗。移动医疗应用软件使医生或医院信息系统能够通过移动通信提醒患者定期和定量地服用药物，并遵循医嘱，让患者按照医生的建议进行治疗，将许多慢性疾病的病情控制在合理的范围内。另外一个很重要的原因是，老年人愿意在家里，在一个比较熟悉的环境里接受医疗服务，所以，相较于住院治疗，他们对远程医疗的服务方式持更欢迎的态度。

3. 面向医院的管理服务

(1) 针对医护人员的应用

现代医学正变得越来越复杂，新药和新的医疗手段和技术不断涌现。与快速发展的医学相比，医生更新相关的医学知识的速度总是有限的。因此，医生需要具备强大的信息提取能力，并需要根据个人经验和需求，了解最新、最有效和最科学的医学知识。在移动医疗的技术背景下，医生通过移动办公设备可以随时随地轻松地从医学知识库获取第一手的医学知识和医学证据，使医生的工作符合循证医学的新要求，促进循证医学的推广。此外，医生的移动办公设备还应该配有医疗计算器、决策树、数据图表和其他应用程序，特别是医学药物词典，让医生能轻松验证疾病的名称、种类和用法。

(2) 针对医院内部管理的应用

移动医疗可以广泛地应用于医院的内部管理。针对医院内部医护人员间、部门与部门之间的沟通需求，如医生或护士换班交接的信息传递等，使用专门的移动医疗技术支持下的通信软件来传递信息会比传统的口头和书面传递更便捷和准确。移动医疗在医院急诊部门也发挥着重要作用，可实现与现场救护车、急诊室、医院本部、手术室之间的信息交流。

四、云智能医疗管理模式

(一) 云智能医疗管理的概念

“云”是信息时代对互联网的一种比喻说法。云医疗目前尚无明确权威的定义，大多是指在云计算、物联网、通信等新技术的基础上，通过医疗技术的有效嵌合，提高诊疗水平和资源利用效率的医疗服务。而云智能医疗管理则是基于上述的三种技术，实现医疗信息的智能化采集、转换、存储、传输和处理，及各项医疗业务流程的数字化、智能化的运作，从而实现患者与医务人员、医疗机构、医疗设备之间的互动，逐步达到医疗信息化。云智能医疗不仅仅是数字化医疗设备的简单集合，而是把当代计算机技术、通信及信息处理技术应用于整个医疗过程的一种新型的现代化医疗方式。

其中，物联网在云智能医疗管理中起到了举足轻重的作用。物联网这一概念最开始是由麻省理工学院的Auto-ID实验室于20世纪末年提出，并随着近10年来，计算机、传感器、5G通信等相关技术的高速发展而逐渐兴起的。一般来说，物联网即是通过射频识别（Radio Frequency Identification，RFID）、传感器、二维码、全球定位系统等各种装置，按照约定的协议，将任何物品与互联网连接起来，实现人与物体、物体与物体之间的交流与互动。

（二）智能医疗管理的应用

（1）对医院资产、药品等进行管理

①医院资产管理。医疗设备的管理主要是依靠手动记录并使用纸质文档和人工调配。这种做法的主要缺点是不能实时监视设备的使用状况，而且定位困难。同时，手动记录设备状态的过程非常烦琐，极易出现错误。此外，纸质文档的限制让管理员无法远程轻松地查看医疗设备使用的历史记录，从而难以发现未使用的设备，导致闲置设备不能被有效利用，降低了设备的工作效率。为了解决这个问题，优化记录方式，提高设备的使用率，可以向每个设备添加条形码或RFID标签。但这种方法需要手持式或固定式的读取设备，使用起来并不便利，同时，也不能实时跟踪设备的位置。但是，通过使用廉价的传感器可以解决上述问题。具体方法是：首先在每个医疗设备的电源插座上安装无线功率传感器，无线功率传感器可以检测设备的电力负载和周围的无线信号强度；然后，通过无线传感器网关将数据下载到医院的数据中心。基于下载的数据，数据中心可以使用内部的定位和机器学习技术来计算设备的位置和使用状况，并最终生成统计分析报告等。

②药物管理。在现有的临床信息系统下，管理医院病房基数药物的方式不够细致，基数药品库存及有效期等信息化管理存在不足，而且仍然需要人工手动进行取药和管理。在物联网技术的支持下，这些问题得到了很大的改善。在药物的分发上，护士通过手持设备扫描病人手腕上的标签，便可从后台服务器上直接获取需要发给相应患者的药品信息，然后将药物分发给病患。完成后还可以通过设备将信息备份。药房摆药是指根据医生所开处方中的药品信息在药带上打印的患者信息。药物通过自动包装机自动封装在袋中，从而实现药物摆放的自动化。药物监测是指在整个过程中对药物进行实时监测。在整个科研、生产、流通和使用过程中，使用RFID标签等技术进行全面监控。此外，还有电子药物记录和临床决策支持（CDS）和数据存储库（CDR）系统。电子给药记录接收来自医嘱录入系统的数字医嘱信息，及时提醒护士给药处置以及药品不良反应情况；自动集成药品目录信息记录了患者对药物的反应，并向服务医师、药剂师和护士显示医嘱的执行状态。此外，RFID技术可在医疗废物管理、医疗耗材管理和血液管理中发挥重要作用。

（2）实现医疗办公信息化

①移动医疗工作站。医生的移动工作站通过无线局域网（WLAN）等无线方式连接到医院的信息系统，并将患者信息从医生办公室传送到医院病床。医生可以通过移动工作站查询患者的电子病历，并在入院时清楚地了解患者的入院症状和危急程度，以及最近的所做的检查、接受过的治疗、服用的药物和其

他相关信息，以帮助医生了解患者的病情并为接下来的医嘱调方等工作做好准备。

②移动护理工作站。护士使用便携式终端在床边收集和记录患者各种信息。数据在后台自动存储在数据库中。一旦各种生命体征的记录完成，便自动生成趋势图，方便快速查看。另外，当医生下达医嘱后，相关的医嘱信息便会被自动传送到护士的便携式终端上，并提供显示提示。最重要的是，护士可以在无线网络覆盖的医院的任何区域，读取、查询、验证和执行护士工作站上的各种数据和指令。

（3）患者就诊智能化

传统的就医流程对患者和医院而言效率都非常低。例如，由于每种医疗检查的需求和时间消耗不同，每个检查站点的排队情况也不同。由于患者不了解医疗程序或医院情况，当需要进行多种医疗检查时，难以根据具体的排队情况选择最快且最不费力的检查顺序。对于医院而言，某个流程的低效率会影响整个医院的效率。具体来说，如果缴费窗口数量不足时，可能会导致患者在排队缴费环节浪费很多时间。而相对应的，在药房、各种医疗检查或其他的环节上则没有多少患者，导致不必要的设备闲置和人力浪费。物联网技术可以极大地优化医院的工作流程，提高医疗服务的整体效率。传感器实时检测状态，并将医院工作流程中各个阶段的信息都上传到医院的数据中心。实时监管包括医生与护士的繁忙程度、检查设备使用率、排队长度、耗材存量等。此外，病患也可以随身携带一个要么是医院分发的移动终端，要么是安装在智能手机上的应用程序。这种移动终端主要有三个功能：①在简单明了的流程图中记录病人的就诊状态，指出完成和未完成的就医步骤，并提供每个环节的详细地址和具体流程的信息；②从医院数据中心获取医院的实时状态，并将其显示在访问的流程图中，以帮助病人选择就医步骤中的下一步；③提供智能分配服务，综合患者的就医状态和医院实时状态，向患者推荐优化的就医流程。此外，一起陪同就医的家属也可以配备类似的移动终端，以帮助病人支付费用和领取药物等。这种“以患者为中心”的医院工作流程节约了病人的就诊时间，同时提高了医务人员的工作效率和设备设施的使用率。

第二节 医院内医疗信息化

医院内医疗信息化是以各类医学数据和医学信息为基础而进行的信息化建设。其中，医学数据是与医疗活动有关的数据集合。根据医学数据的表现形式，可将其分成以下几种：一是叙述（Narrative），即由医师记录的内容，如主诉、现病史等。二是测量数值（Numerical Measurements），如血压、体温、化验值等。三是编码数据（Coded Data），即对医学活动中的概念、事物经过编码之后得到的数据，如系统利用疾病分类法给疾病标上分类号，以方便统计各种疾病发病发生的情况。四是文本数据（Textual Data），即某些以文本形式报告的结果，如病理回报单、放射线回报单等。五是记录的信号（Recorded Signals），即对机器自动产生的信号记录后的数据，如心电图、脑电图等。六是图像（Picture），如X线图像、超声波图像等。

医学信息是指以医疗卫生、医学、公众健康、药学、药物为信息内容和应用领域的各种信息。医学信息是信息的一部分，是面向医学领域的、专门化的、有针对性的一类信息。

医学信息涉及的学科有：基础学科（包括解剖学、生物化学、组织胚胎学、遗传学、免疫学、细胞及分子生物学、微生物学、药理学、病理生理学、寄生虫学和神经生物学等）、临床学科（内科包括心血管病学、肾脏病学、感染与传染病学、呼吸病学、老年病学、内分泌病学、血液病学、免疫与风湿病学、儿科学、神经病学、硝化病学等；外科包括普通外科学、整形外科学、眼科学、创伤及骨科学、胃肠外科学、烧伤外科学、麻醉学、妇产科学、心脏外科学、耳鼻喉科学和移植学等）、预防医学与公共卫生（包括预防医学、营养与食品卫生学、毒理学等）、临床专科与辅助学科（小医学、皮肤病学、治疗学、急诊医学、肿瘤学、口腔医学、诊断学、护理学等）。

医学信息涉及医学科学和医疗服务的所有领域，内容广泛而复杂，与信息的划分类似，可以根据划分原则的不同，对医学信息从不同的角度进行分类。例如，根据信息的存在方式将医学信息划分为人体内信息和人体外信息；根据信息的来源将医学信息划分为系统内部信息和系统外部信息；根据应用领域将医学信息划分为医学研究信息、临床医疗信息、医学市场信息、医学管理信息和公共卫生信息，具体如下。

医学研究信息。它是与医学和药学研究有关的信息。主要包括与药学、医学各学科科研现状和研究进展有关的信息，以及与临床药学研究有关的信息。医学科研信息是医学信息管理与服务的核心。

临床医疗信息。它是与疾病诊治有关的信息。主要包括诊断信息、治疗信息、护理信息、医学影像检查信息、病案信息、营养信息、重症监护信息、药物监测信息、药品质量信息、临床用药信息等。临床医疗信息数量巨大、内容庞杂，是医学信息的重要来源。

医学市场信息。它是指与医学产品的生产、开发、销售、经营、反馈等环节有关的信息。主要包括医学产品生产、销售与经营信息以及药物专利信息等。

医学管理信息。它是指与卫生事业管理相关的一类信息。主要包括药物管理信息、医院管理与决策信息、科研管理信息，以及医学教育信息等。

公共卫生信息。它是指与疾病预防、防疫、公共卫生服务相关的信息。主要包括疾病预防报告与监测、调查、干预、评价信息，卫生检测和监测信息，涉及公共卫生的政策、资源、合作信息，等等。

随着社会经济的不断发展，信息已经渗透到了社会、经济的各个方面，其作用也日显重要。医学信息的主要作用有以下几个方面。

一是医学信息的管理与协调作用。医学信息的管理与协调作用主要表现为协调和控制医疗单位的五种基本资源以实现其目标。这五种资源包括人、财、物、设备和管理方法（即“5M”），它们都是通过有关这些资源的信息来协调和控制的。医学信息的管理与协调功能主要体现在：（1）对整个医疗行业运行目的进行传递，有效管理医疗系统的“5M”资源；（2）对医疗系统的物质流与能源流的数量、方向和速度进行调节和控制；（3）将外界对医疗系统的作用进行传递，对医疗系统的内部环境稳定进行保持。

二是支撑医学信息对医疗的决策。决策是人类最基本、最普遍的活动。信息广泛作用于人类决策活动的各个环节，对其决策行为进行优化，有助于预期目标的实现。信息在人类的决策活动中还具有预见性。信息是人类适应未来环境的手段，是人类认识未来环境的依据，是通向未来的桥梁。人类的决策活动实际上就是处在不断利用信息并对未来进行预测之中的。因此，充分利用医学信息可以帮助医疗系统的决策者进行医疗决策活动。

三是医学信息对研究与开发的活化作用。医学信息的这种功能，实际上是医学信息的科学功能的具体体现，即在人类进行医学科学研究和技术创新活动中，医学信息具有活化知识、生产新知识的功能。医学科学研究的技术开发与其他的技术开发一样，是在前人已经取得的成果的基础上进行的，因此，在人类从事医学科学研究和技术开发的各个阶段，都需要获取和利用相关医学信息，启迪思维，掌握方向，开阔视野，并生产出新知识、新技术和新产品。

一、医院管理信息化

21世纪是一个高度信息化的时代。随着信息技术的迅速发展，数字化、信息化已经进入了各行各业和人们生活中的许多方面，医药管理也悄然进入了数字化和信息化时代。我们不仅可以看到在医院中广泛使用的MRI、CT、彩超等大型的数字化医疗设备，还可以看到正在普及的从单机到计算机网络的各种医疗收费系统、管理系统和医疗信息处理系统等。因此，医院管理信息化的开展是建立在医学信息系统的基础上的，只有正确理解医学信息系统在医学中的意义，才能适应信息快速发展的需要，跟上世界发展的潮流，不断创新，提高医疗卫生工作效率和管理水平，提高医疗卫生的科研、技术水平。

（一）系统

尽管“系统”这一概念频繁出现在社会生活中和学术领域中，但不同的人在不同的场合往往赋予它不同的含义。国际标准化组织（ISO）将系统定义为："系统是内部相互依存的各个部分，按照某种规则，为实现某一特定的目标而联系在一起的合理的、有序的组合。"

通常，系统被认为是由若干相互联系和相互作用的要素组成并具有一定功能和结构的有机整体。这些要素之间相互制约的同时又相互联系，共同完成系统的总目标。例如，天气预报工作就是一个系统，包括人员、设备、管理等。

系统具有整体性、层次性、关联性、目的性以及环境适用性特点。

整体性（Integratlity），系统内的各个组成部分都是为了实现某一特定的目标而联系在一起的。因此，评价一个系统时，不能仅仅评价系统中的某一单独部分，而要从整个系统的总目标和总任务要求出发进行评价。

层次性（Hierarchy），系统可以分解成一系列的子系统，而这种分解实质上是对系统总目标、总任务和总功能的分解，各个子系统还可以进一步分解为更低一层的子系统。这样，一个完整的系统可以分解成由许多子系统组成的层级结构系统。

关联性（Relationship），系统是由内部各个元素彼此之间相互制约、相互依存形成的，因此，构成系统的各个要素之间、系统与要素之间、环境与系统之间都存在着相互依存、相互制约、相互联系的关系。各个子系统在功能上相对独立，又彼此相互联系，即各元素之间的关联性。这种关联性决定了整个系统的特定性能和系统的运行控制机制。

目的性（Purpose），建设一个系统，就是为实现一个总体目标、总体任务或总体功能而服务的。系统的目的决定着系统的基本作用和功能，而系统总功能和需求决定了各个子系统设计的功能与任务的要求。这些子系统彼此之间相互联系，又往往互相存在矛盾，需要寻求解决矛盾的平衡与折中，以期待达到总目标的最优化设计。因此，建设系统的关键是确定系统的总体目标和任务。开发新系统时，第一步就是确定总目标，这个目标必须是明确的、切合实际的目标。

环境适应性（Environment Applicability），任何一个系统一定是存在于一个更大的系统内，这个更大的系统往往称作"环境"。系统与系统的环境之间通常有能量、物质和信息的交换。环境特性的变化，常常会引起系统特性的变化。而系统特性的变化也同样会引起环境的变化。它们之间相互作用，还可能会导致系统发生改变或失去原有功能。因此，系统既要保证发挥它的应有作用，达到应有的目的，又要适应外部环境的变化而又不失去原有的功能。系统应具有很好的环境适应性。

（二）信息系统

信息系统是人类在生产活动中进行信息交流的过程中产生的，是与信息传递、信息加工、信息利用、信息存储等有关的系统。信息系统可以不涉及计算机等现代技术，甚至可以是纯人工的。然而，现代通信与计算机技术的发展，使信息系统的处理能力得到很大的提高。现代通信与计算机技术已在现今各种信息系统中变得不可或缺，所以，现在所说的信息系统一般均指人机共存的系统。即，信息系统是以提供信息服务为主要目的的人机交互的数据密集型的计算机应用系统。信息系统经过不断地探索和实践，逐渐形成了独特的理论和技术体系，其应用范围也深入到社会生活的各个领域。

信息系统涉及的数据量大而持久，其共享性为用户提供信息检索、事务处理、统计报表、规划、指挥、设计、控制、决策、提示、报警、咨询等信息服务。就用途来说，信息系统的基本结构可分为：网络层，包括硬件、操作系统；数据管理层，包括数据的采集、存取、传输和管理；应用层，包括各种应用程序，例如分析、报表、统计、决策等；用户接口层，即信息系统与用户的交互界面。

从组成和功能来看，信息系统是集计算机技术、现代通信技术、网络互联技术、各种软件技术、各种理论和方法于一体，并提供信息服务的人机系统，由信息源、信息用户、信息处理器、信息存储器、信息管理者和传输通道组成。其中，起主导作用的是信息管理者。

信息系统功能是把信息从一个地方传输到另外一个地方，包括数据采集、数据传输、数据处理、数据存储、数据输出等，通过信息的广泛交流和使用，进而为行动提供决策信息。

通常，按照信息处理的对象，可以把信息系统分为数据处理系统、管理信息系统、决策支持系统和办公自动化系统等几类。

数据处理系统（Data Processing System），数据处理系统是由方法、设备、过程以及人所组成并完成的特定的数据处理功能的系统。它包括对数据进行存储、收集、变换或传输等过程。如数据的复制、比较、识别、压缩、分类、转换及计算活动等。一个数据处理系统可能包含几个子系统，其中有些子系统本身就是数据处理系统。

管理信息系统（Management Information System），管理信息系统是收集、存储和分析信息，并向组织中的管理人员提供有用信息的系统。它的特点是面向管理工作，为管理所需提供各种信息。管理信息系统的基本特征是具有协助各级管理者的一个信息中心，具有结构化的信息组织和信息流动，可以按职能统一集中电子数据处理作业，通常拥有数据库，具有较强的询问和报告生成能力。管理信息系统是在切实了解客观系统中信息处理的全面实际状况的基础上，合理地改善信息处理的组织方式与技术手段，以达到提高信息处理的效率、管理水平。管理信息系统的广泛建立，有效地改善了各种组织管理，提高了计算机的应用水平。

决策支持系统（Decision Support System），决策支持系统是把数据处理的功能和各种模型等决策工具结合起来，以帮助决策的计算机信息处理系统。它能够在复杂的迅速变化的外部环境中，给各级管理人员或决策者提供有关的信息资料，并协助决策者制定和分析决策。其基本特征是能够协助管理者或决策者，特别是协助高层管理者制定决策。系统的重点在于易变性、适应性以及快速的响应和回答。决策支持系统面对的是决策过程，它的核心部分是模型体系的建立，它提供了方便用户使用的接口。广泛地建立和应用决策支持系统，将极大地提高决策的科学水平。

办公自动化系统（Office Automation），办公自动化系统由计算机、办公自动化软件、通信网络、工作站等设备组成，是办公过程实现自动化的系统。计算机是整个系统的核心，包括硬件设备、操作系统、数据库和网络软件等。办公自动化软件具有办公、信息管理以及决策支持等功能。通信网络可采用局域网或其他网络，以适用于不同部门、不同区域的需要。一个比较完整的办公自动化系统，应包括信息采集、信息加工、信息传输和信息保存四个基本环节，其核心任务是向它的各层次的办公人员提供所需的信息，所以，该系统综合体现了人、机、信息资源三者之间的关系。

（三）医学信息系统

医学信息系统与其他工业系统有很大的不同。广义的医学信息系统是涵盖整个与医疗、卫生有关的信息加工、传递、存储以及利用等相关的信息系统。包括医疗服务信息系统、公共卫生信息系统和卫生行政管理信息系统，如图4.2.1所示。狭义的医学信息系统一般是指包含放射信息系统（RIS）、管理信息系统（MIS）、医学影像系统（PACS）和远程医疗、病床监护等子系统的医学信息系统（HIS）。

1. 医学信息系统的特点

第一，医学信息系统的数据量庞大、数据复杂度高、收集对象广泛，因此，涉及数据的类型、属性、表达方式也是错综复杂的。设想在中国建立每个人的健康信息档案的话，将是十几亿人的多媒体信息数据量。

第二，医学信息系统的影响力大、应用范围广。医学信息系统无论对个人、对社会都具有极其重要的作用和意义。像流行病、多发病、传染病、食品安全、公共卫生等信息的采集、处理、监控和发布涉及千家万户，这些工作对提高卫生和医疗工作的水平也具有指导性的意义。

第三，医学信息系统的标准化程度低。其主要表现在信息分类、编码没有形成统一的共享医学信息的标准、政策或法规，因此，医学信息系统标准混乱，交流与共享困难的情况非常常见。

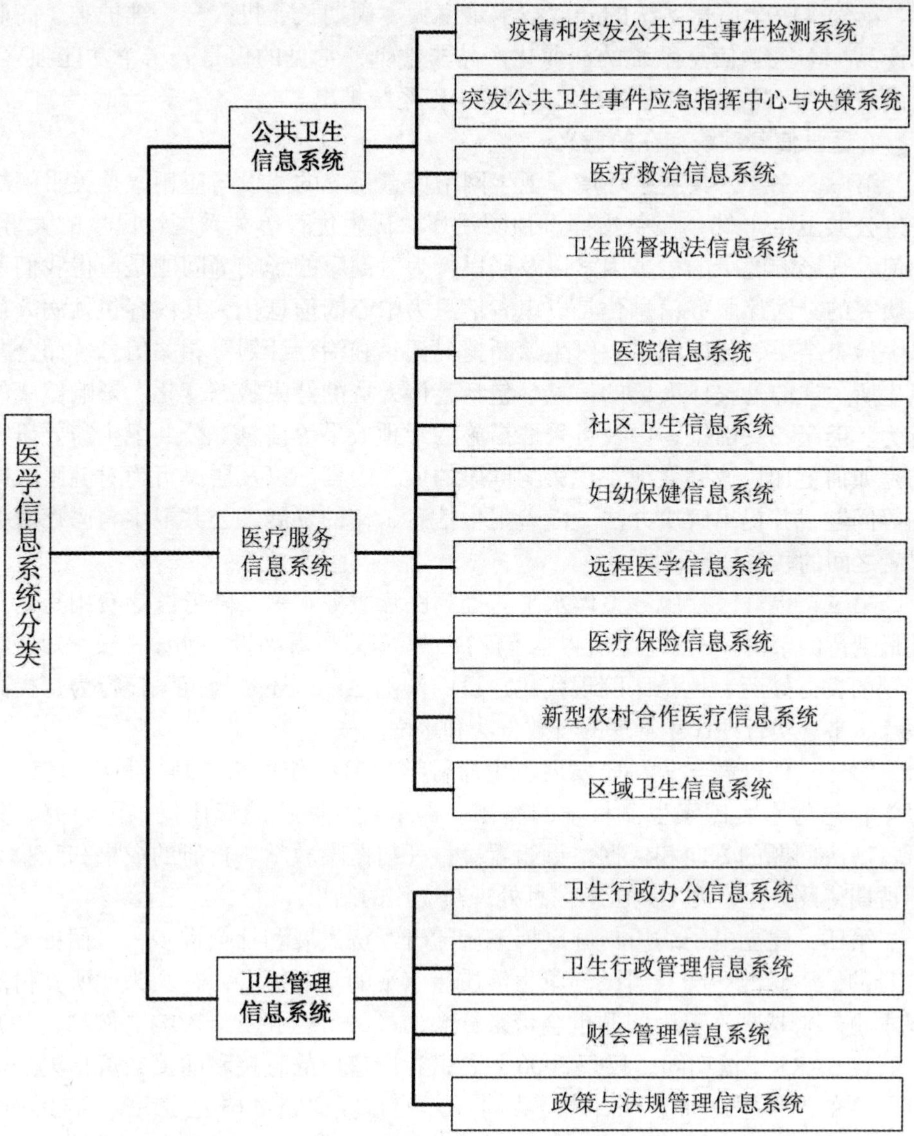

图4.2.1 医学信息系统分类

第四，医学信息系统的处理难度大、私密性强。医学信息系统处理的信息对象种类繁多，流程复杂，是公认的世界上最复杂、最难开发、最难管理、最难维护的信息系统。同时，医学信息涉及个人、家庭、民族、地方甚至国家的相关信息，并且个人的诊疗信息还具有法律意义。

第五，医学信息系统时效性显著。医学信息是伴随每个人终身的健康档案，几十年甚至上百年的连续而完整的医学记录尤其显得珍贵。同时，在抢救生命的危急关头，准确实时地传递医学信息，又凸显了医学信息时效的重要性。

第六，医学信息系统的开发技术难度大、周期长、投入多、维护难、商业化产品少。医学信息系统的商业化产品非常少，常见的仅是若干个功能独立、自成系统的产品，很少有标准化的成熟HIS系统推出。

2. 医学信息系统存在的意义

第一，完善公共卫生环境。卫生网络信息系统的建设与应用，是关乎解决突发公共卫生事件、应急指挥、预防治疗、优生优育等关系国计民生的大事。如何发现影响健康的危害因素以及居民行为对健康的影响等问题是值得我们深入研究的。医疗服务信息化是以患者信息为中心的信息化，其内容包括病人症状、检查结果、化验结果、医生诊断情况记录和治疗计划等相关信息。而公共卫生所关注的是整体人群的信息，包括整体人群的健康状态变化、影响健康的行为、健康相关因素，以及可采取措施的干预效果等信息。公共卫生需要研究的是如何更加快速高效地发现影响健康的危害因素，以及居民行为对健康的影响等问题，并提出解决办法。随着卫生信息工作的发展，公共卫生与医疗服务二者之间的联系越来越紧密。

第二，提升医疗服务整体水平。提高医疗服务水平、降低医疗费用是老百姓最期待的事情。HIS既是从根本上解决"看病难，看病贵，就诊三长一短"等问题的良方妙药，也是医院现代化建设的基础之一，还是规范医疗行为、提高医疗水平、实行现代化管理的有效方法和手段。

第三，促进教学、科研发展。生命科学是21世纪的重要热门科学，其中，医学信息为人类探索生命科学的奥秘、揭示疑难杂症的规律提供了研究、分析、解决问题的方向和依据。毋庸置疑，任何医学教学、科研的成果和经验无不被期待及关注，无不是医学信息处理与应用的结果。

第四，建立电子病历与健康档案。随着经济发展和社会进步，人们更关注自身的健康状况。随着居民健康生活质量水平的不断提升，社会为此所支付的成本也越来越高。卫生问题也会带来社会的经济负担和负面影响。例如，2003年我国SARS疫情期间，仅仅5000多名患者所造成的直接和间接经济损失是极其严重的。根据亚洲银行估计，我国GDP直接损失超过61亿美元，占GDP的0.5%。因此，当前急需采用现代信息技术手段，建立电子病历与健康档案，提高医疗卫生服务的工作效率和质量，以适应社会发展的要求。

3. 医疗卫生信息化给医务人员带来的挑战

伴随着医疗卫生信息化的发展，医疗卫生传统的工作模式被逐步改变，这给在岗人员的信息素养带来了巨大的挑战。目前，各医药院校均开设有计算机课程，但是，课程内容基本上都是围绕计算机发展历程、Office基本操作为主的基础课，以使学生能够通过计算机等级考试为主要目的，与医疗卫生岗位对当前实际岗位需求标准相差很大。医疗行业信息化建设的基本特征大都没有融入这些课程，使医药院校的毕业生的知识体系与岗位工作要求相去甚远，毕业生也无法适应未来的工作要求。国际医学信息学会（IMIA）指导建议指出，在世界范围内，医学专业人员制定决策的质量已经由于缺乏对医学信息知识的系统处理和掌握而大大受到影响。因此，对各个层次的医药学专业人员进行医学信息学和健康信息学的教育，使被教育者掌握、获取和处理医学数据、信息和知识的方法，提高信息素养已迫在眉睫，让医药学专业人士在现代科学技术的飞速发展中，不断吸取新的知识，并进行创新活动已势在必行。

二、临床管理信息化

根据国际统一的医疗系统信息化水平划分，医院信息化发展普遍经历三个阶段：医院管理信息化（HIS）阶段、医院临床医疗管理信息化（CIS）阶段和区域医疗卫生服务（GMIS）阶段。

HIS系统以收费为中心，对门诊/急诊挂号、核价、收费、配药和住院登记，以及医疗机构人、财、物等资源调配信息，借助信息网络技术进行管理，并采集整合各节点信息，供相关人员查询、分析和决策。

CIS系统以患者为中心，以医生临床诊疗行为为导向，通过多种软件应用系统整合患者临床诊疗数据进行电子化汇总、集成、共享，使得医务人员通过信息终端即可浏览辅助诊疗路径、发送医嘱、接受诊疗结构、完成分析等工作，最终实现全院级别的诊疗信息与管理信息集成，并在此基础上，不断延伸出各类信息应用系统。

GMIS系统是指通过运用信息和通信技术把社会医疗资源和服务连接起来整合为一个系统，实现区域医疗卫生服务。GMIS系统建立的前提是医院内部HIS系统、CIS系统已经有一定的基础且数据能实现无障碍交互。该系统主要体现在区域内医院与医院、医院与各级卫生行政管理机关、医疗保险等机构间的信息互联互通，消除单个机构的信息孤岛现象，以实现资源的共享和优化，以及区域医疗卫生服务的管理。

在新的医疗改革政策的推动下，我国医疗卫生领域信息化建设的花费不断扩大，各类产品和服务市场快速成长。根据IDC统计，2014年我国医疗信息化总花费规模为223.12亿元，2015年增长至243.60亿元，预计2020年我国医疗信息化总花费规模将达到430.01亿元，期间年复合增长率为11.1%；2014年我国临床信息化解决方案的市场规模约为20.64亿元，2015年达到24.48亿元，预计2020年将增长至52.17亿元，期间年复合增长率达到16.71%。

尽管我国医疗信息化投入增长较快，但与欧美等发达国家仍存在较大差距。我国医疗卫生总费用占GDP的比例仍低于全球平均水平。2013年，全球医疗卫生费占GDP的平均值为6.79%，我国为5.6%，美国高达17.1%。我国医疗信息化投入占医疗卫生费用的比例仍较低。

2012年我国医疗行业IT总花费占医疗卫生总费用的比例为0.59%，而同期美国占比为2%左右。因此，与欧美等发达国家相比，伴随着我国医疗改革的深化以及医疗卫生投入的增长，我国的医疗信息化行业发展潜力巨大。

（一）我国医疗信息化的现状

1. 我国医疗信息化已进入以临床医疗管理信息化为主的发展阶段

随着我国新医疗改革的深入发展，对医疗信息化建设的投入力度也不断加大。我国医院经历了2003年HIS系统的建设热潮后，其基础业务平台已逐步成型，HIS系统占医疗行业总体解决方案的比例由2013年的35%变为2014年的34.3%，HIS系统占比略有下降。至2014年，CIS系统在医疗信息化解决方案中占比44.4%，HIS系统占比34.3%。预计2014–2019年，CIS系统的年复合增长率为23.24%，高于HIS系统的18.80%。

患者信息管理的过程逐步由以收费为中心发展到以患者为中心，从侧重于运营管理为主的HIS系统，转变为以临床应用、管理决策为核心的CIS系统的推广运用。当前医疗信息化已进入CIS系统建设的高峰期，推动了临床医疗管理信息化解决方案的市场规模不断增长。

2. 我国临床医疗管理信息系统开始向深度应用发展

目前，我国大中型医疗机构已经建成了具备基本功能的HIS系统和PACS、RIS、LIS等基础的CIS系统，临床医疗管理信息系统建设开始向手术室和ICU等诊疗行为更为密集的科室延伸。

根据CHIMA2014年的调研统计结果，医院规划实施的比例超过10%的临床业务信息系统的临床应用分别为手术麻醉信息系统、临床路径系统、临床决策支持系统、医院感染/传染监控系统、内窥镜影像系统、心电图信息系统、体检中心管理系统、远程医疗系统、病理科信息系统、PACS系统、临床知识库系统、超声影像信息系统、重症监护临床信息系统、放射科信息系统和区域卫生信息系统，由此可以看出，我国临床医疗管理信息系统在重要科室和核心治疗等相关领域的应用在不断拓展，处于医院深化相关信息系统应用的阶段。

2012年以来，我国手术麻醉信息系统高速发展，在大型医院的普及率逐渐提高，并开始进入二级医院。手术管理系统是新兴的临床应用系统，大型医院正逐渐部署该系统，未来一段时间，大型医院将进一步快速部署该系统。预计上述信息系统将会继续保持高速发展。

为了满足不断增长的就医需求，我国医疗机构的服务能力也在不断提升。根据国家统计局的数据显示，2008年我国医院床位数为288.3万张，2015年达到533.10万张。预计2020年我国医院床位数将达到659.82万张，期间年复合增长率为10.90%。病区床位数量的不断增长和病区医护工作量的不断增加对病区信息化支持都提出了更多的要求。

随着医疗护理专业的发展、新型医疗设备的应用、医院管理体制的改进，以及我国医疗领域对危重症的医疗和护理需求不断增加，危重症专业科室的建设规模和水平也不断提高。根据《中国卫生产业》对北京63家医疗机构的相关调查显示，过去10年间重症监护病房床位数增加约5倍。中华医学会重症医学分会发布的《中国重症加强治疗病房（ICU）建设与管理指南（2006）》（简称《建设与管理指南》）提出：ICU病床数一般以医院病床总数的2%～8%为宜。以重症监护病房的床位数量占我国医院床位数2%进行保守估计，2014年我国重症监护病房床位数为9.68万张，2020年将达到13.20万张。

重症监护临床信息系统具有日常工作标准化、流程化和自动化的特点，能够有效提高重症监护工作的效率，降低护理人员的工作负担，缓解重症医疗服务的供需矛盾。因此，《建设与管理指南》提出，ICU应建立临床医疗管理信息系统。我国重症医学的发展将带动重症监护临床信息系统的不断普及和推广。

据中国医疗器械信息网的数据显示，目前全国手术室近10万间，从长远发展来看，这些手术室均有改造成数字化手术室的需求。算上工程施工，单个数字化手术室整体投入可达400～500万元。按我国每年3000间手术室进行数字化改建，每间终端费用300万元估算，则潜在终端市场规模可达90亿元。

急救体系建设是卫生事业的重要组成部分，是人民群众生命安全和生活质量的重要保证，而我国面临着急救资源不足的问题。通过装备急救信息系统，可打通院前急救与院内急救的通路，从而在第一时间内有效快捷地抢救伤患生命、缓解其症状、稳定其病情，以便安全转诊。通过急救信息系统的使用不仅可以提高患者的救治效果，而且可以提高急救资源的工作效率，在一定程度上缓解急救资源压力。根据中国卫生和计划生育统计年鉴，截至2014年我国共有325个急救中心，较2008年增加130%；2014年全国仅急诊医学科门诊量就达1.4亿人次。

根据《医疗机构基本标准（试行）》的要求，急救中心应按每5万人口配备1辆急救车，但至少配备20辆急救车；急救站应按每5万人口配备1辆急救车，至少配备5辆能正常运转的急救车。随着我国城镇人口的增加，部分地区急救中心（站）的配置尚未满足相应要求，为此，我国也在大力支持急救中心（站）的建设。《全国医疗卫生服务体系规划纲要（2015—2020年）》提出，“以市办急救中心为龙头，县急救中心和院前急救网络医院共同建成比较完善的急救网络，每个地市必须设置1个急救中心（站），在有核电站、核设施、大型核辐射装置的重点省份可以建设核辐射应急救治基地。”

（二）临床信息系统

1. 临床信息系统相关概念

临床信息系统的主要目标是支持医院医护人员的临床活动，收集和处理病人的临床医疗信息，丰富和积累临床学知识，并提供临床咨询、辅助诊疗、辅助临床决策，提高医护人员的工作效率，为病人提供更多、更快、更好的服务。如检验信息管理子系统、影像管理子系统等就属于临床信息系统范围，如图4.2.2所示。

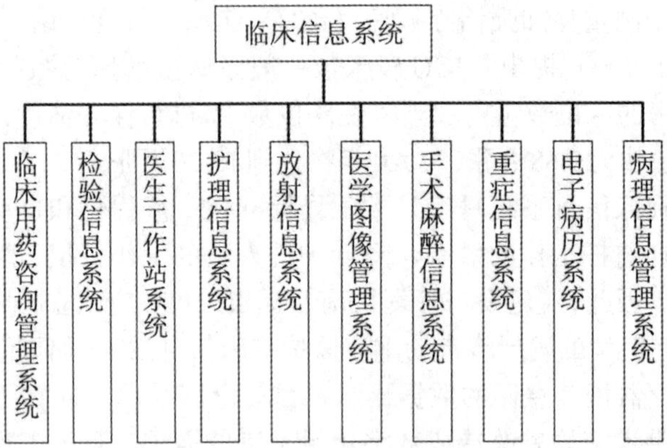

图4.2.2　临床信息系统的组成

CIS系统和HIS系统由于侧重点不同，存在一定的区别，但同时二者也存在着相互联系，例如住院登记属于HD，但它所采集的病人的一般信息是CIS系统的信息基础。再如，在HIS系统和CIS系统中我们都涉及了实验室信息系统，但在HIS系统中，主要注重“申请→检查→结果”的事务性过程中对数据和信息流的管理，以及自动划价和收费管理。而在CIS系统中，更注重信息在临床诊断、治疗中的作用，例如，将检验结果与电子病历中的症状、体征信息进行综合分析，经临床支持系统，做出诊断或制订治疗计划。

所以，在完整的实验室信息系统、护理信息系统等系统中都会涉及两方面内容：一是对一般性信息的管理，例如姓名、年龄、化验数值、价格等；二是对医学专业知识信息的采集、处理和智能分析。前者应归入HIS系统，后者应归入CIS系统。而就这些系统本质而言，是为临床服务的，都属于CIS系统的范畴。

HIS系统是CIS系统的基础，CIS系统是HIS系统发展的必由之路。从医院管理内涵来看，CIS系统是本质、是核心，因为医院管理的根本是围绕病人的诊疗过程展开的，医院的社会和经济效益主要来自于这个过程。

CIS系统发展之初，是以简化各类医务人员的工作强度、提高科间流程工作效率为目标。随着应用的深入，CIS系统在临床深层次专业技术业务和专业流程业务的应用得到了极大的拓展。近年来，CIS系统的发展方向主要有以下几个方面。

（1）全医疗部门覆盖

CIS系统发展之初，只涉及了少数科室的少数岗位，如检验科、放射科等。而现在，CIS系统经逐步覆盖到所有的医疗业务部门的业务活动。从医生到护士，从药剂科、检验科到放射、超声、心电、脑电、病理等影像科室，从输液注射科到手术室、麻醉科、高压氧、分娩室等治疗科室，几乎所有医疗部门都会使用信息系统来帮助提高工作质量和工作效率。

（2）专业活动全过程覆盖

刚开始，CIS系统主要注重科室内的衔接业务和相对静态的、简单的科内业务。而现在，实现了医疗业务科室的各项业务流程的深度信息化，有效加强了内部业务控制，提高了工作效率，丰富了信息化的内容。

（3）操作与记录的同步性

随着信息使用深度的不断加强，对信息采集的时间点特性要求更高。信息数据的时间点采集应以尽量减少补充录入为目标。也只有这样，相关的分析才能有更高的价值和可靠性。比如，治疗的具体执行时间、标本处理的具体时间等。

（4）知识管理的应用

知识管理包括知识的使用和知识的积累。医学是一门复杂的学科，不仅年轻医生的成长需要一个过程，即便是某一领域的专家，对其他相关领域的医学知识也难有深入全面的了解。将各个领域专家的经验知识集中到信息系统中，对医疗活动的过程进行实时的提示指导，供使用者学习，为使用者提供思路，防止出现医疗差错，规范医疗程序，有着重要的现实意义。专家智能化系统是一种知识系统，以独立系统或嵌入到其他系统的方式在信息系统中发挥着作用。

（5）无线技术的应用

为保证时间点准确，又减少操作的复杂性，以及减少对有线网络的依赖，无线网络的技术应用也逐步推广。如，对器械的清点、药品的管理、床边操作执行的确认、床边开医嘱、医疗信号采集与分析的分离等。无线技术的应用，使许多理论解决方案具有现实的可操作性，也为合理规划工作流程和人力资源提供了方便。

（6）临床路径研究

临床路径系统是一种特殊的专家智能化的决策系统。它重点研究在临床疾病诊治过程中，如何规范医疗人员的医疗行为并用专家的经验知识为实际的临床工作人员提供意见和帮助，以减少低级的失误。临床路径研究对疾病的规范化治疗有着积极的意义，在信息系统中使用它可以更有效地强化规范治疗管理。

（7）电子病历和个人健康档案

电子病历系统以电子化的方式记录并呈现出病历中涉及的各个部分，并能将这些病历集中在同一个平台上进行处理。电子病历是医院信息化的一个阶段性标志，它意味着医疗信息中，最重要的部分全部实现了信息化。尽管还存在着一些技术上和法律上的争议，但电子病历的这一发展方向是不可逆转的。

随着病人信息系统的逐步完善，将病人在门诊、住院多次就医、体检的信息集中在一起，建成以病人为中心的个人健康档案，是医院信息化建设的必然结果，也是实现区域化卫生医疗的基础。以院内信息统一，促进院际信息交换，最终实现区域卫生资源互通共享，是节约卫生资源、提高卫生工作效率的必由之路。采取统一的标准、遵循相同的规范是实现这一目标的重要保证。

2. 临床信息系统的产生与应用

(1) 外因：政策与技术的改变

在美国，早期HIS系统的应用，主要是为了减轻医院为支付保险费用的工作量以及支持自动处理庞大的药品数据和检验报告数据。在20世纪80年代中期，美国保险政策和技术环境发生了迅速改变，保险政策变化首先反映在美国联邦政府补贴政策的变化，而技术方面的变化则反映在个人计算机和网络的出现。

为了遏制过度增长的保险费用支出，美国联邦政府决定只对某些疾病类型或病人的某些治疗措施进行补贴。联邦政府对每一个病人的补贴额取决于诊断相关组（DRG）的分类法。病人编码状态的微小差异，将会对补偿额产生巨大的影响。例如，一位病人因哮喘入院，但没有哮喘危象，DRG编号为097，平均补偿为4531美元。然而如果注明COPD（慢性阻塞性肺气肿）的话，编号为088，则平均补偿为7455美元。DRG编号的确定，是根据DRG分类法，由医院病史室的编码员对纸质病历的相关资料进行回顾性分析，确定病人的疾病属于DRG之中的哪一种。由此可知，DRG编号的确定取决于对病历资料的综合分析，这就要求医院信息系统中必须包含病人更为详细的临床诊疗信息。

在DRG限额补偿这样一种新的补偿政策环境下，各医院都纷纷改变自己的经营管理理念，着手降低成本。为达到降低成本、获取最大利润的目的，各医院便开始加强对临床信息本身的研究，让医院能采用最为简便的医疗措施，耗费最少的医疗资源，为病人提供优质的医疗服务，达到满意的医疗效果。为达到上述要求，临床信息的管理就成为医院信息管理的重中之重，医院信息系统也必将由管理信息为重点向临床信息为重点过渡。

出于对经济等因素的考虑，20世纪90年代以来，医院逐步将重点由管理信息系统转向以病人为中心、为医护人员服务的临床信息系统。临床信息系统的应用，既为医护人员提供了病人的翔实的临床信息，也使医院降低医疗成本、提高医疗效果成为可能。据相关研究表明，在CIS系统应用后，各医院在医疗成本上都有不同程度的降低。例如，美国印第安纳波里斯市的Regenstrief研究所在应用了CIS系统后，医院的开支减少了12.6%。

(2) 内因：提高医疗服务质量的需求

治疗效果是衡量医院水平的客观尺度。医院要提高生存能力，就必须在降低医疗成本的同时最大限度地提高医疗服务质量。然而，要从根本上提高医疗水平，广大医护人员就必须全面、系统地掌握病人的各种医疗信息。也只有这样，才能为患者的治疗提供最基本的保证。为达到上述目的，以病人为中心的临床信息系统的建立就成为医院必须关注的问题。医院对临床信息系统的建设也是逐步深入的，这可以从医院信息系统的发展阶段中得到较好的印证。医院信息系统的发展一般可以分为以下标志性的三个阶段。

第一个阶段：以开发医院行政管理功能为开发的中心需求。

第二个阶段：在开发者继续完成和实现医院管理信息计算机化的同时，努力进入医疗信息的处理领域。

第三个阶段：研究者的重点从前两个阶段转移到了患者床边系统、医学影像处理、电子病历、区域性医疗网络等方面。

临床信息系统的产生，是内外因相互作用的结果，是人们对医院信息系统的认知逐步深化的过程。以病人为中心、以提高医疗质量为根本目的的临床信息系统在某种程度上可以说是整个医院信息系统的核心。

（3）发达国家临床医疗系统简介

20世纪60年代初，美国少数医院为了对整个医院进行数据处理，对耗费时间的一般业务实行自动化处理，从而引进大型计算机应用于医院管理。如，会计、科研病案、具体事务管理等。由于当时计算机价格高、处理性能低、专业技术人员和软件数量少等原因，对计算机在医院信息管理中的应用造成了较大的阻碍。随着20世纪70年代廉价小型机的迅速普及，发达国家多数医院大量引进并使用计算机来进行信息管理，主要内容以医疗信息的记录、储存、传递、检索为中心需求。不少医院建成了各部门之间的信息可以共享的计算机网络化的医院信息系统。到了20世纪80年代，由于更加物美价廉且功能更强的微型计算机和微型计算机局域网、用于数据处理的高速计算机和用于数据储存的大容量磁盘和光盘等的出现，使计算机网络化的信息系统费用大幅度下降，从而对医院信息系统的推广应用和发展产生了极大的促进作用。20世纪80年代后期以来，医院信息系统的开发、应用正向广度和深度发展，达到了前所未有的新高度、新水平。主要表现在计算机局域网基础上的大规模一体化医院信息系统的建立，这不仅包括一般信息管理的内容，还包括以电子病历、医学图像存储与传输系统为核心的临床信息系统。

在国外，大多数国家以病人为中心的临床信息系统得到了很好的应用，例如，美国马萨诸塞州波士顿市的Beth Isreal医院、印第安纳州印第安纳波里斯市的Regenstrief研究所等。在欧洲，CIS系统也得到较快的发展，如，瑞士日内瓦市的Cantonal大学医院、比利时Leuven市的大学医院Gastuisberg等。

国外的临床信息系统是在20世纪60年代末或70年代初发展起来的。基本上是采用整体式体系，即当用户在各个应用程序之间相互转换时将病人和医护人员的操作过程保存下来。与病人医护有关的数据，使用者可以在任何时间、地点以易于理解的方式读取，这些信息包括病人的免疫史、药物过敏反应、各项检验结果、诊断记录等。当医护未达到系统所设定的标准时，系统会自动显示警告、推荐和建议，以帮助医护人员对病人的病情做出最为准确的判断，给出最佳的治疗方案。

3. 临床信息系统的主要内容

CIS系统主要包括实验室信息管理子系统、影像信息管理子系统、手术麻醉和重症监护子系统、护理管理子系统、电子病历子系统、用药咨询及监控子系统和病案统计信息子系统等。各子系统中都包括了各自的专业数据处理、业务流程管理和专家咨询几大部分，专业数据处理是基础要求，业务流程管理运用由浅及深，专家咨询是知识管理的重点。

CIS系统又可分为护理现场临床信息系统和非护理现场临床信息系统。相关检查科室的临床信息系统即为非护理现场临床信息系统，如，实验室临床信息子系统、数字化影像管理子系统和心电图信息系统等。信息的产生及应用都在护理现场的系统被称为护理现场临床信息系统，包括各种临床科室的临床信息系统，如麻醉临床信息子系统和重症监护临床信息子系统等。

4. 临床信息系统的功能

临床信息系统的功能主要包括：临床日常管理、临床质量管理、教学及科研、临床决策系统、智能化临床管理等五个方面。

（1）临床日常管理

此部分包含临床科室和医技科室的日常管理两类，每类均包含临床信息管理和科室事务管理两个方面。

临床科室（医疗、护理现场）的临床信息管理主要是辅助临床医生和护士进行信息处理。通过网络传输病历、检查申请与结果、医嘱录入、会诊申请及会诊手术安排等，将需要的信息传达到各个医疗部门。其主要作用是代替医务人员书写医疗文书，进行医疗文件的传递，帮助医务人员获取必要的信息，减轻他们在照顾患者以外的工作负担。科室事务管理主要包括临床工作安排、教学、科研等计划、人员管理、薪酬管理、设备和资产管理。

医技科室（非医疗、护理现场）的临床信息管理主要是完成检查项目的报告处理和向临床科室传递信息的处理工作，提高信息传递的效率和准确性。科室事务管理主要包括临床工作安排、教学、科研等计划、人员管理、薪酬管理，设备和资产管理。

（2）临床质量管理

临床质量管理系统能对临床质控指标体系和原始数据进行标准化，通过计算机来完成临床质量体系信息的储存、分析和评价。质量保证系统（QAS）则可以通过患者的记录、医嘱、治疗效果、手术效果、术后并发症等指标来评价医疗质量和数量，从而提高医疗质量，减少医疗差错。

（3）教学及科研

临床信息的电子媒介（Electronic Media）能及时有效地为研究者提供患者的临床资料以及治疗、随访信息和相关疾病的知识库。多维的临床信息能提供丰富、生动的教学资料，也有利于开展远程教育。通过数据挖掘能有效地进行临床科研，同时信息技术能提高科研人员的资料处理、数据管理、统计分析、图形显示和文本编辑的能力。

(4) 临床决策系统

临床决策系统是以数据仓库（DW）为基础，以联机分析处理和数据挖掘技术为分析手段，运用定量分析和定性分析方法，从各个侧面对决策问题进行分析、评价和判断。临床决策系统涉及临床指南、疾病管理、临床决策、临床信息系统（CIS）等多方面研究与应用。

(5) 智能化临床管理

智能化临床管理是基于临床效果研究的医疗管理。它使每一例患者的医疗效果追踪都可链接到国家医学图书馆，并能获得最新医学研究成果的指导，有效地处理患者的并发症；它具有与移动个人监护设备连接的接口，在任何地方都能得到个性化的患者信息等，从而使患者得到智能化、个性化的临床管理服务。

5. 临床信息系统的新技术应用

(1) 数据存储技术

随着医院临床信息系统以及医学图形图像处理系统等信息系统的发展，数据存储的需求迅速增长，信息存储已成为医院信息系统正常运转和发展的重要基石。由于医院庞大的数据量、重要的数据属性、较长的数据存储时间等特点，使得其对数据的存储技术有更高的要求。

目前，存储技术主要有三种方式：网络附属存储（NAS）、直接存储（DAS）、存储区域网（SAN）。直接将存储设备连接到服务器上是传统的直接存储模式（DAS）。但是，当存储容量增加时，这种方式很难扩展，且当服务器出现异常时，数据会出现无法获取的情况。随着网络成为主要的信息处理模式的发展趋势，NAS和SAN出现了。未来的世界是网络存储世界，未来的发展趋势更将是存储外部化，而目前大部分医院医疗存储的重点也放在NAS、SAN上。

NAS——网络附加存储，就是通过将存储设备连接到现有的网络上，实现数据和文件服务。NAS服务器一般由存储硬件、操作系统以及其中的文件系统等几个部分组成。简单地说，NAS由磁盘阵列在网络上直接连接而成，具有高效能、高容量、高可靠性等特点。NAS将存储设备通过标准的网络拓扑结构连接，无须服务器便可直接上网，不依赖通用的操作系统，而是采用一个面向用户设计的、专门用于数据存储的简化操作系统，通过网络连接所需协议的内置，使整个系统的管理和设置变得非常简单。其次，NAS可做到即插即用、物理位置灵活，无论是在工作组内还是在其他地点，只要与网络连接均可工作。因此，基于NAS价格合理、便于管理、灵活且能实现文件共享等特点，NAS解决方案得到快速应用。

SAN——存储区域网络，就是将若干台存储服务器通过特定的互联方式连接，组成一个单独的数据网络，提供企业级的数据存储服务。它是一种特殊的高速网络，连接网络服务器和诸如大磁盘阵列或备份磁带库的存储设备。尽管SAN置于局域网之下，但不涉及局域网。利用SAN，不仅可以提供大容量的存储数据，而且地域上可以分散，并缓解了大量数据传输对局域网的影响。SAN的结构允许任何服务器连接到任何存储阵列，不管数据置放在哪里，服务器都可以直接存取所需的数据。

与NAS相比，SAN具有下面几个优点：首先，由于SAN采用了网络结构，服务器可以访问存储网络上的任何一个存储设备，所以，SAN具有无限地扩展能力，用户可以自由地增加磁盘阵列、磁带库和服务器等设备，且整个系统的存储空间和处理能力均可按客户需求增减。其次，SAN采用了为大规模数据传输而专门设计的光纤通道技术，传输速率高，因此，SAN具有更高的连接速度和处理能力。

综上，NAS的优势在于安装管理方便、性价比高，是中小企业存储的优选方案。特别是对于部门服务器合并项目、独立的工作组级的客户，能充分享受到NAS的好处。而SAN可以适用于企业级数据存储、服务器集群、远程灾难恢复、Internet数据服务等多个领域。SAN和NAS可以针对不同的用户在不同层面的应用需求提供个性化服务，二者互为补充，和平共存。同时，随着IP、Infiniband等技术的不断出现，未来的SAN、NAS最终将逐渐走向统一。

（2）无线技术

随着医院信息化水平的不断提高，今后在医院实施无纸化和无胶片化管理是必然的发展趋势。在医院无纸化和无胶片化的环境下，原有的工作模式将发生重大变化，无线网络和移动技术的应用更显重要。

多种多样新的应用解决方案随着移动计算技术的发展应运而生。医疗保健供应商可以随时随地向他们的客户提供服务；医院的护士利用移动端可以直接记录病人的生理、病理数据，查询医院业务系统的数据；药剂师可以记录各种各样的实验结果；医生可以随时记录诊断结果、从医院业务系统查询病人的历史记录。

（3）临床信号采集技术

临床信号采集技术主要有基于VGA的视频信号采集分析技术和基于RFID的射频识别信号采集技术。前者主要是针对医院大量使用的综合监护仪等设备所产生的信号进行统一采集，既能保证医生及时准确地判断患者病情，又能保证患者医护历史信息的完整性，同时，还能对数据进行较低存储空间占用的长期性保存，以及提供便利的查询功能。通过该技术，可以将一些用常规方法无法采集的临床数据采集出来，联入整个医院信息系统，使得电子病历EMR的构成更加完整。

后者主要是针对每位挂号的住院患者个人的医疗信息进行匹配和管理而建

立的信息系统。目前，医院现有的HIS系统中，已经对每一位挂号病人进行基本信息录入，但是，这类信息无法转移，只有医护人员到特定区域的特定终端前才能查到病人的准确信息。现在，医护人员可以通过一条简单的RFID智能腕带，随时随地掌握每一位病人的准确信息。图4.2.3为医院应用RFID系统的示意图。

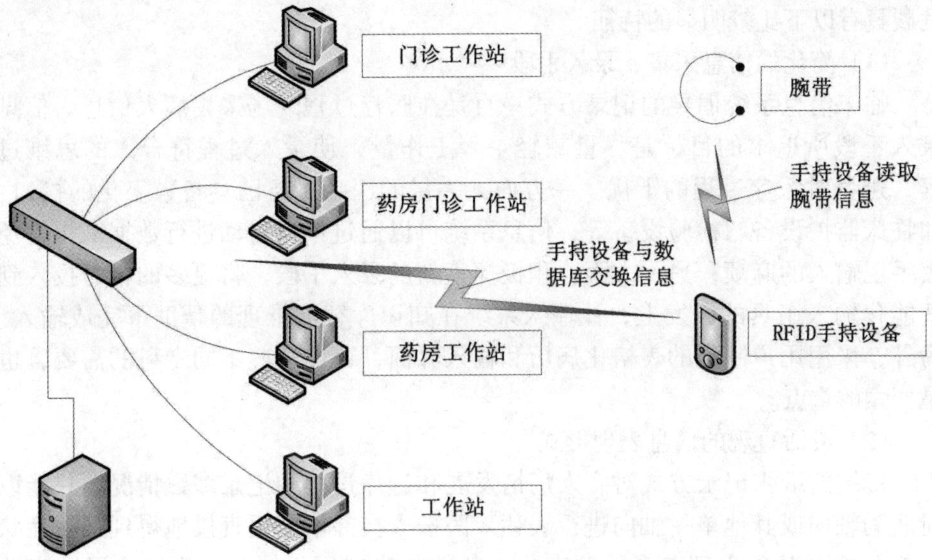

图4.2.3　医院应用RFID系统

从图4.2.3中可以看到，病人最终完整的病历存储于医院服务器上，每个病区医生的RFID手持设备上也可以存储所负责病人的相关病历，病人腕带上的相关信息可以通过手持设备准确读出或写入，例如：病人是否对某种药物过敏、今天是否已经打过针、今天是否已经吃过药等监控信息，由此，医院管理病人的效率被大大提高，RFID技术可以完全代替现有病床前的病人信息卡。

通过使用特殊设计的病人标识腕带，将标有病人重要资料的标识带系在病人手腕进行24小时贴身标识，能够有效保证随时对病人进行快速准确的识别。通过腕带的特殊设计，能够防止被调换或随意摘下，标识对象的唯一性及正确性能够得到有效保障。同时，医院的工作人员也应该佩戴有RFID技术的胸卡，这样医院不仅可以对病人进行有效管理，也可以在紧急时刻找到最需要的医生。

6. 临床信息系统发展特征

在医院管理信息系统成功运行之后，医院信息系统的重点一定会转移到临床信息系统（CIS）的建设上来，这是全世界应遵循的客观规律。广大医护人员迫切要求以病人信息为中心建设CIS系统，以提高医疗服务质量并减少医疗错误和事故。诊疗是医院工作的主体，诊疗过程本身对信息高度依赖。临床信息系统最基本的目标是，通过增强获取信息的便利性，提高信息获取的及时性，提供更有效的信息处理工具，达到提高医疗质量和效率的目的。

面向管理的信息系统在医院信息化起步较早的发达国家已得到广泛应用，功能已发展成熟。而面向直接为医疗提供信息服务的功能需求，尚无成熟的模式和相对完善的系统。当前医院信息化最活跃的领域即为临床信息系统，它的发展具有以下比较明显的特征。

（1）简化的信息采集、录入手段

临床信息系统倡导的记录方式一直是在医疗过程现场采集病人信息。信息录入手段所追求的目标是尽量减轻录入工作量，使录入过程符合人的思维过程，避免对医疗过程的干扰。一方面，大量的医疗设备已具备数字化的接口，如临床监护设备、检验设备等，信息系统可以通过接口自动进行数据采集，免去手工输入的麻烦；另一方面，积极探索新的录入手段，将更多的精力投入到智能化输入工具的研发上，让输入系统在知识库智能推理的帮助下完成输入。另外，采用用户制定的表格化病历和输入界面，可以适应不同专科的需要，也是探索的重点。

（2）灵活直观的信息表现形式

传统的纸张记录方式对病人病情发展和诊疗过程的记录多数情况下只能以时间为轴向或其他单一轴向进行表达。医护人员并不能很直接地得到某一症状的变化或者某项生理参数值的变化。新的临床应用系统几乎都结合了图表功能，让病人的病情和治疗过程通过图表方式可以直观地表现出来。临床信息系统通过将病人的用药、检查、治疗放到一张图表中，使医生可以一目了然地获取病人的病情和治疗过程的总体情况。另外，医生还可以根据需要对图表所体现的数据项进行定制，以获得反映特定目的的图表。

（3）医疗管理模式的融入

临床信息系统发展的又一特点是新的医疗管理方式地融入，其中，比较突出的是临床路径和面向问题病案的采用。

通过规范医疗过程，减少同一病种不同病人、不同医生的医疗过程差异，达到降低医疗成本的目的是临床路径的管理思想。面向问题的病案着重于解决传统病案记录中只按时间顺序记录，而病人症状发展与医疗过程信息不清晰的问题，强调了病案记录应将病人的症状和所采取的医疗措施关联起来，以症状的发展变化为轴线来记录病案。这就对临床信息系统中的信息记录和展现方式提出了新的要求。一些系统提供的动态图表化的医疗事件展现方式是对这种管理方式很好的支持。此外，还有循证医学思想的体现等，这些功能都体现了信息系统与医学方法更密切的结合。

（4）智能化知识库的应用

在医护人员的日常医疗工作中，有大量涉及相关医学知识的应用。临床信息系统研究的热点在于，在临床信息系统中，建立各种知识库，帮助医护人员掌握和应用这些知识。比较常见的应用之一是检验知识库，系统可以根据医嘱对标本的采集条件进行提示；可以对检验项目与病人用药的冲突提出警告；可以对检验结果进行解释。各种专科的临床医疗指导（Guideline），如糖尿病医疗指导、高血压医疗指导等，也是当前临床知识库发展的热点。

(5) 向电子病历方向发展

将各个业务系统产生的病人信息集成到一起，由以业务为中心的信息管理发展到以病人为中心的信息管理，形成电子化的病历系统，是临床信息系统由局部发展到整体集成的必然结果。

(6) 新技术手段的应用

计算机和网络技术的快速发展对临床信息系统起到了巨大的推动作用。新技术的出现为临床信息系统的实现带来了新的手段，表现出了良好的效果。另外，网络技术、移动计算技术、多媒体技术的运用也大大促进了临床医学信息系统的发展。

临床信息系统是医院信息系统的核心，也是一个开放的和需要不断完善的系统，它涉及医院各个科室领域的知识，特别是理论上与实践上的医学知识。临床信息系统在提高医疗质量、临床科研和医学教育中起到了重要的作用。

7. 临床信息系统的标准化协议

在医学信息系统中，目前应用范围最广泛的信息交换标准是HL7。目前，HL7已在北美、日本、澳大利亚、新西兰、韩国、欧洲的部分国家以及我国得到推广应用，并已被美国批准成为国家标准。基于HL7标准来进行医用信息系统的开发，可以很好地解决不同应用系统之间的信息交换和集成问题。除HL7以外，还需要其他一些技术标准的配合才能构筑完整的医院信息系统，国际医用信息技术标准主要包括：CDA临床文档结构、临床前后文对象管理CCOW、分布式医疗保健环境HE、LOINC、DICOM、SNOMED、ICD-10、ICD-0、HIPAA、ASTM等，其中的HIPAA已被美国政府通过立法，强制性要求医用信息系统遵循。我国的国家标准/部颁标准主要有：《耳穴名称与部位》《中医病证分类与代码》《全国主要产品（中药部分）分类与代码》《中医临床诊疗术语》《中医病证诊断疗效标准》《中医病案规范》等。

三、医院信息集成

（一）医院信息集成的需求、目标及核心问题

一个完善的医院信息系统通常由非常多的子系统组成，涉及许多专业领域。医院信息系统的发展趋势是整合不同厂商的不同特色的专业系统，而各个系统的有效集成和数据的高度共享是医院信息化能够取得成功的根本保障。然

而，这些系统通常是随着医院的发展需求逐步建设的，它们的厂家来源不同，技术支持不同，信息交换标准更是难以统一，这些系统的集成整合已经逐渐成为医院数字化发展亟待解决的主要问题。

制约医院数字化发展的主要障碍在于系统间的集成、整合和扩展，由于不同厂商之间的产品不兼容，使得医院整体信息化步履维艰。通过一个规范的系统集成平台的建设，在IHE、DICOM、HL7等国际标准的基础上，制定覆盖医疗所有业务流程的系统集成规范，开发基于规范的系统集成平台，为遗留的、当前的以及将来的系统提供了一个统一且标准的数据交换和工作流协同的平台。

系统集成平台的构建主要面向两个核心问题：一个是为各种医疗应用提供统一的医疗数据访问服务，从而消除各种医疗应用系统与医疗数据中心的直接耦合性；另一个是为各种临床信息系统提供系统集成服务。系统集成服务基于系统集成模型，通过HL7和DICOM等标准通信协议为各种医疗应用系统提供集成服务，确保各个临床信息系统在工作流整合的基础上实现交互协作，从而以数字化的形式完成各项医疗业务。

（二）医院信息集成的方法

针对解决不同方面的问题，医院信息集成包含应用集成、数据集成和界面集成三种方法。应用程序之间实时或异步交换信息和相互调用功能属于应用集成范畴。应用集成是基于HL7、CORBA、Web Service、DCOM、EJB、RPC等标准，通过BPM等消息中间件来实现；应用系统的数据库系统之间通过ETL（Extract-Transform-Load）工具来实现数据的交换、共享以及映射变换，属于数据集成范畴；应用程序界面之间，通过Portlet、ActiveX插件、IFrame等技术来实现相互关联、引用、合成，属于界面集成范畴。

早期的协同应用采用的是单纯点对点的接口方式，经过多年发展，至今集成平台方式成为主要方式。两种方式的不同点在于：

（1）点对点接口方式，由于每个系统都要和其他不同的系统建立1∶N的接口，当有N个系统时，那么，两两之间需要相互建立接口，在这种方式下，接口总数通常为$N\times(N-1)/2$。

（2）集成平台方式，对于在进行应用协同的情况下的N个系统，只需要开发N个适配器接口即可，减少了集成平台的系统负荷。

由于医院信息系统的复杂性，在设计时需要根据不同的需求和应用场景，分别采用以下集成方法和手段进行信息集成。

1. 应用集成

医疗健康信息集成规范（IHE）是医院信息系统在国际、国内广泛采用的一套集成规范。IHE规范未定义新的集成标准，而是采用了“标准协调”过程推动基于工业标准的医疗IT系统互操作性。在IHE中，影像传递采用DICOM标准，消息传递采用HL7（2.x版本）标准。集成平台严格参照该规范进行信息集成：信息集成平台在消息传输时采用HL7 2.4标准并在消息内部传递DICOM StudyUID，以满足后续DICOM图像应用时的需要。

临床信息集成可用于对各临床信息系统进行信息层面的集成事务处理。事务的定义参照IHE规范执行，消息的交互标准参照HL7 2.4标准执行。

在Ensemble集成平台基础之上进行二次开发成为集成平台内部引擎，依托Ensemble本身对各种适配器的支持，集成平台对外能够提供TCP、FTP文件监听、文件夹监听、SQL监听、自定义WebService等形式的多种服务接入方式，以便通过多种不同的接入方式集成各业务系统。

工作流程的制定与使用，来源于集成流程中业务流程的可视化与可编辑化，其应用的扩展、应用交互的描述，是通过标准的业务流程执行语言（Business Process Execution Language）来实现的。

（1）信息集成模块与示例

事务的集成与消息传递通常由信息集成组件来实现，其中，Business Service业务服务、Business Process业务处理、Business Operation业务操作这三个部分共同构成了信息集成组件。消息的监听与接收工作由Business Service负责；全局的消息路由转发、事务流程处理、消息匹配映射等工作由Business Process负责；对于转换完成的、最基础化的操作，由Business Operation负责发送/调用至信息集成的目标端。相应地，反馈的消息可在这三部分的共同作用下，被准确地传输到Business Process，并由它将消息控制反馈给消息发送方，如图4.2.4所示。

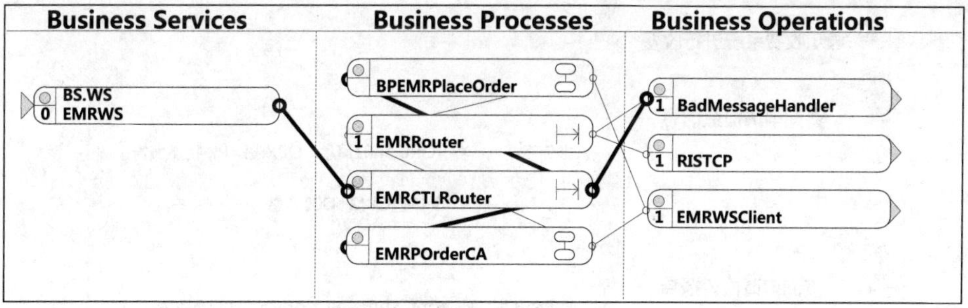

图4.2.4　信息集成组件示意图

（2）集成事务处理流程规划

本书以医嘱下达方医嘱执行的完整业务流程为例，以IHE规范进行完整的集成事务流程描述，如图4.2.5所示。该实例反映了多数医院内普遍的医嘱流程，可为医院的信息系统集成方式提供良好的参考。本实例中的目标系统以PACS为例。

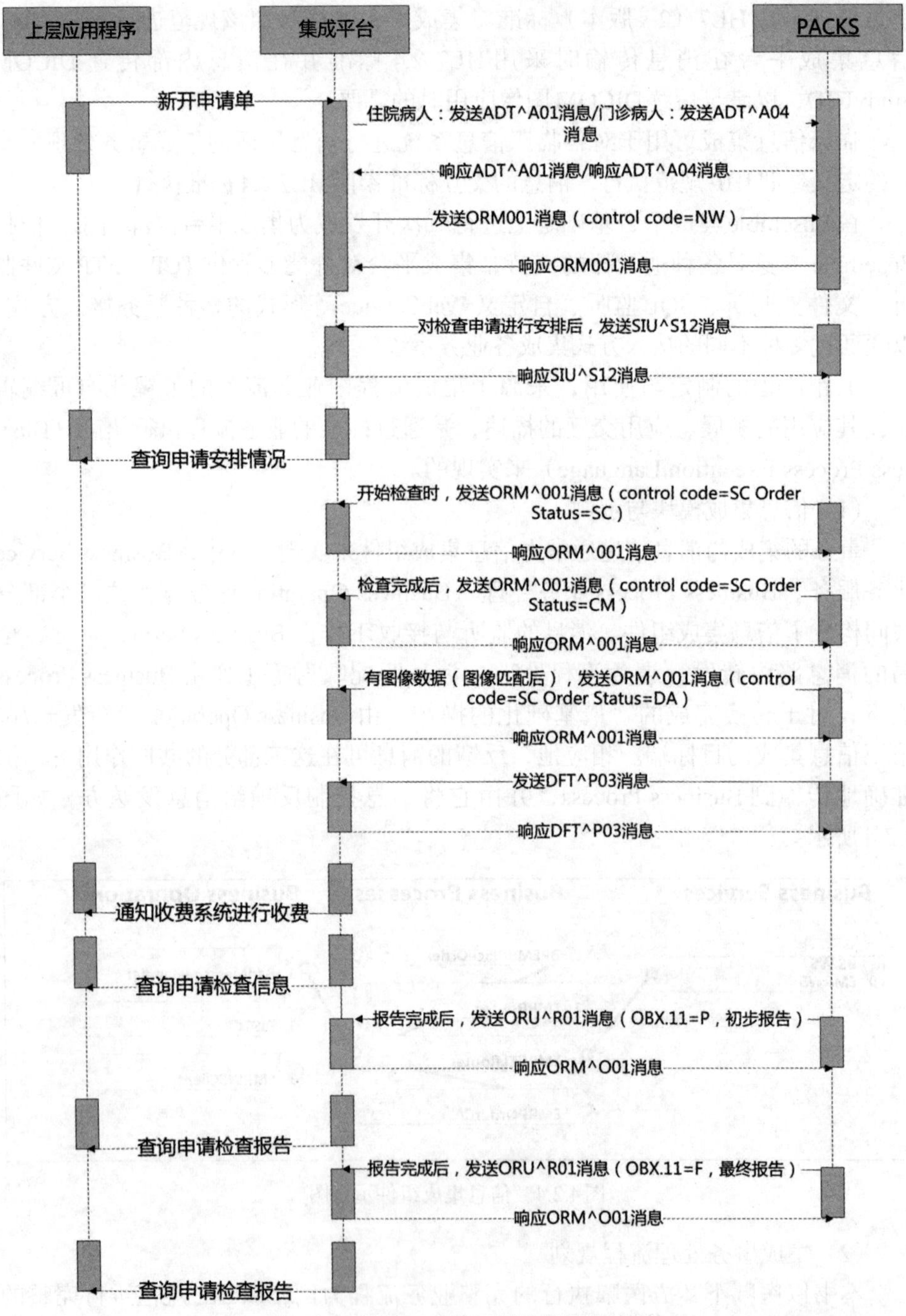

图4.2.5　医嘱下达方医嘱执行业务流程

另外，在医院内还经常出现的有在IHE规范中描述的即由医嘱执行者（PACS系统中，为检查科室）进行医嘱下达并执行的流程，如4.2.6所示。

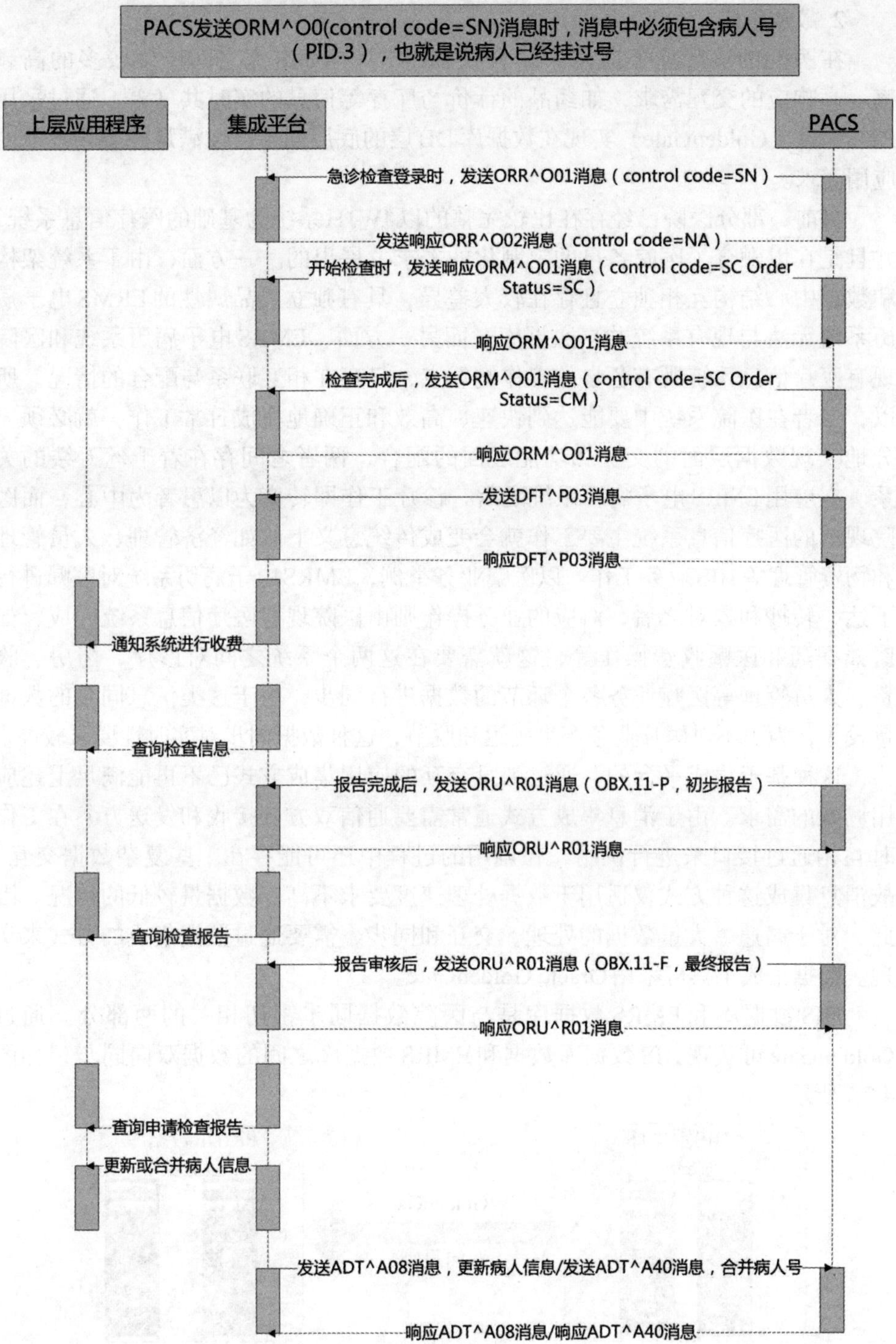

图4.2.6　执行者医嘱业务流程

2. 数据集成

在医院的实际业务应用中，会在ERMS库与HIS库之间产生较多的高频率、高响应的交互需求，如药品的计价与库存等信息的实时共享等。通过采用ETL工具（GoldenGate）实现在数据库DB层的底层同步，以满足此类场景下的应用需求。

目前，部分医院已经存在比较完整的以JW1H系统为基础的医疗信息系统，并且是在以融合了医院各自的定制化的需求发展出的。一方面，由于系统架构和数据中心结构互相独立且存在较大差异，具有独立产品属性的ERMS电子病历系统无法与现有系统共享数据库。而另一方面，EMRS电子病历系统和医院现有医疗信息系统既有各自的工作侧重点，又存在相互联系与配合的情况，所以，二者在医院系统中要能达到快速、高效和正确地完成日常工作，就必须充分地实现数据层面的交互和功能层面的配合，两者之间存在着千丝万缕的关系。在应用EMRS电子病历系统之后，诊疗工作即转变为以患者为中心，而医院现有的医疗信息系统主要工作就会变成传统意义上的如经济管理、人员管理和物资管理等HIS业务工作。以医嘱业务举例，EMRS电子病历系统对医嘱进行下达、转抄和校对之后，对应的业务操作则由医院现有医疗信息系统完成，如医嘱摆药和医嘱收费操作等，这就需要在这两个系统之间对诊疗、药房、收费、人员管理等医疗业务各个环节的数据进行同步，由于这类信息同步的数据量较大，为了不对医疗业务产生延迟和脱节，这种数据同步对实时性要求较高。

这种基于集成平台的、通过消息交互的应用集成方式已不再能满足上述应用场景的需求。由于消息集成方式通常需要通信双方（接收和发送方）在工作时互相通过接口来进行调用，在调用的过程中还可能存在一些复杂数据交互，故消息集成这种方式仅适用于数据处理速度要求不高、数据量较低的情况。因此，对于高速、大量数据的处理、交互和同步，需要通过数据集成的方式来实现。数据集成工具可采用Oracle GoldenGate。

HIS数据库和EMRS数据库是与医院数据同步密切相关的两部分。通过GoldenGate可实现HIS数据库数据和EMRS数据库之间的数据双向同步，如图4.2.7所示。

图4.2.7　数据双向同步示意图

从图4.2.7中我们可以看到，发生在HIS数据库上的相关数据变化以及发生在EMRS数据库上的相关数据变化，均能通过GoldenGate实现双向实时同步。

当在EMRS中下达、校对医嘱时，EMRS数据库的数据发生变化，这些变化的数据被运行在EMRS数据库服务器上的GoldenGate所监测和获取，并通过网络传输到HIS数据库。这些变化的数据由运行在HIS数据库服务器上的GoldenGate进行解析后，将其应用到HIS数据库，此时如摆药程序就能看到相应的医嘱记录并进行摆药。反之，也是通过相同的方式进行同步的。

HIS数据库与EMRS数据库之间的既相互独立又密切联系的关系，可以通过GoldenGate较好地实现，二者分工明确、各司其职，促进医院更加高效地提供服务。

3. 界面集成

临床医生对医学影像、心电图波形数据，不仅要求能浏览，还要求能对其做一定的处理。通常，对应系统供应商提供了对DICOM影像和波形进行管理、处理、传输和转换的浏览器及其工具。我们通过界面集成的方式，对专业浏览器插件或应用程序进行集成，以实现对这种具备专业处理功能的人机交互界面的应用程序进行处理。

针对这种方式的场景，EMRS系统将采用界面集成应用的方式集成数据综合浏览视图。该视图本质上是集成了各类专业浏览插件的容器，通过采用组件化方式进行开发，对各种医学影像（X-Ray、CT、MRI、超声、胃肠镜）、心电图、监护数据和麻醉监护数据等在内的多种医疗数据提供综合阅览分析功能。

通过采用应用集成的方式，从内部来实现各专业浏览器的插件，采用直连方式从多媒体资料库中获取影像和波形，从而提高性能。

以DICOM影像浏览器组件为例，其内部采用DICOM标准进行医学影像格式定义与交互传输。EMRS医护工作站通过DICOM引擎的OCX控件来实现从影像中心查询和获取影像等功能，同时，该控件还可以为集成事务处理模块所使用。

三、医院信息集成的核心价值

建立了集成信息平台是为了更好地集成各类应用系统和日常运营的业务，医院各业务应用系统通过该平台得以整合，从而形成医院数据互通、业务互联的协作网络。医院信息集成平台可以对各类系统的业务进行较好地整合、对医疗数据进行共享、对应用程序节点进行快速部署，以及为各医疗子系统提供协同通信；为医院信息系统中的HIS、LIS、RIS、OA等子系统提供相关医疗信息的传递和共享；从技术上保障临床数据中心的数据来源的可靠性；通过制定信息标准、交换原则等相关业务规定，确保业务系统信息交换服务过程中的数据可靠性、安全性。

医院信息平台的建立和健全，一方面可以避免低效的“点对点”式的信息共享与交换方式，从信息平台整体方面提升医院业务流程的优化与管理，提高内部管理水平，以规范统一的接口与区域卫生协同网络对接，提升为人民健康服务的水平。另一方面，通过合适的实施和服务模式作为支撑，以增强医院信息系统的可持续性，以及对未来需求变化的适应性。

第三节　区域内卫生医疗信息化

在医疗改革不断推进和深化的背景下，推动区域医疗信息系统的建设，并形成高效、和谐的运作模式非常有必要。区域医疗信息化对我国医疗卫生体制的改革，既有重要的理论意义，也有深刻的现实意义。而近年来，随着国内外医疗信息技术的日益成熟，建设区域性的医疗信息化，成为医疗信息技术的发展趋势之一。

目前，针对如何建立以及建立什么样的区域医疗信息系统，各方从不同的角度有着不同的界定。但得到大部分研究人员认可的表述，具有以下几个特征：一是以行政区域为范围划分；二是要有统一的医学信息标准和统一的数据接口；三是对现有各功能系统进行整合，形成更上层的系统架构；四是要能够与医疗卫生事业的需求和发展相适应；五是关乎多方利益的系统；六是在区域内实现各医疗卫生信息系统安全地网上数据收集、交换并存储；七是在本区域内将现有的医疗、保健、防疫卫生等一系列常规业务，通过规范的方式整合入一个系统，从而实现大范围的医疗文档共享，改进和提高医疗卫生服务。

数据研究规律有个80：20的现象，这个现象同样会出现在患者就医的过程中，大医院接受80%患者的来访，而患者去中小医院看病的只占20%。而从理想的医疗资源分配和效率的角度来分析，大医院应该是用来诊疗20%的疑难重症的，占80%的常规病症或康复治疗只需要去中小医院诊疗即可。究其现象背后的原因，一方面是中小医院的医疗资源和水平较低，另一方面，人们对较低的医疗水平的医院不认可。从而中小医院虽然数量众多，但病人前往诊疗的较少，反而会形成医疗资源闲置的现象，解决方法只能从改善医疗资源配置，提升基层医院的医疗质量入手，而区域医疗信息系统的建设将会很好地配置医疗资源。

我国各地区不均衡的经济发展状况，决定了发展医疗信息化的步伐、建设水平以及发展目标都会存在着差异，目前区域医疗卫生信息化的试点工作，也只在国内的上海、厦门、北京等少数几个城市试点开展。2009年，中国医院协会信息管理专业委员会（CHIMA）调查了全国的60个区域卫生信息化的项目，其中，基本完成的单位有15家、实施中的单位有15家、正在试点研究的有10家、正在规划中的有10家、情况不明的有10家。由上述内容可见，我国区域医疗卫生信息化的推进并非一帆风顺。

相对于国内，西方发达国家很早就开始了医疗信息化进程。例如，欧洲的健康信息网络战略计划（SHINE）于20世纪70～80年代开始建设；英国的国家医疗服务体系（NHS）于1948年起开始建设；荷兰的国家转接点（National Switching Point）集成平台于20世纪90年代中后期开始建设，并通过统一的集成平台，使患者与医疗机构之间的信息能够稳妥高效地进行交换；美国一体化科学信息管理系统（IAIMS）研究项目于1984年开始，经由美国国立医学图书馆资助，已在乔治·华盛顿大学医学院、犹他大学医学中心等单位实现大规模一体化。2003年年底到2004年，英国政府拟搭建全国性的卫生信息网，部署一系列应用服务。为了推进这一计划，英国政府与多家跨国卫生信息化巨头签署了为期10年、总金额逾60亿英镑的合同。2009年，奥巴马为了推进医疗卫生信息化发展，从复苏经济刺激方案的7870亿美元中，拿出500亿美元用于该领域。美国医疗质量管理机构在2006年发布的一份报告显示，全国医疗卫生信息化的101个项目中，达到成熟阶段的有三个州，其余的都还处于计划阶段。2004年美国启动的“全民电子健康档案项目”、2005年英国启动的“国民医疗保健服务系统项目”等，汇聚了网络系统架构及安全建设、卫生信息的标准化、系统集成化与隐私保护、医疗信息系统的开发与应用等多个研究领域和多方建设力量，完成这些系统的建设，可为区域医疗系统建设和发展提供强大的技术和制度基础保障。

一、居民电子病历系统

随着计算机科学技术与医学诊疗技术的飞速发展，多媒体、大容量光盘、图像工作站、网络技术，以及自动化的临床检测仪器、CT等一大批标志着当代科学水平的技术与仪器进入医学领域，病案资料的应用价值得到了提高，其应用范围逐渐扩大，传统的纸质病历已不能适应时代要求，电子病历应运而生。电子病历为医疗服务、临床治疗和教学科研等提供了重要支撑，在一定程度上体现着医院现代化、标准化水平。电子病历作为医院信息系统的重要组成之一，是其发展的重点内容。

（一）电子病历概述

电子病历是传统病历的电子化形式。和传统病历一样，电子病历也记载了患者病症信息、病情变化状况、转院、诊断、治疗情况等各类信息，同时也包含了诊疗过程中所产生的文本、图表和影像资料。

病历主要是由临床医师，以及护理、医技等医务人员实现的。他们根据问诊、体格检查、辅助检查、诊断、治疗、护理等医疗活动所获得的资料，经过归纳、分析、整理而形成病历。病历不仅记录病情，而且也记录医师们的会诊、治疗、护理的过程和意见。因此，病历既如实记录了病情，也在一定程度上反映了医疗、护理质量和学术水平。病历为医疗科研提供了极其真实、可靠、详细的基本资料，也是处理医疗纠纷和诉讼的重要依据。

病历的书写有严格的规范。我国的病历书写规范首先必须符合《病历书写基本规范（试行）》《中华人民共和国执业医师法》《医疗机构管理条例》《医疗事故处理条例》《中华人民共和国护理管理办法》的相关规定。其次，还要符合各省、市、地区的具体规定，以保证与医疗卫生改革和医疗技术的发展相适应。

电子病历（EMR，Electronic Medical Record），也叫计算机化的病患记录（CPR，Computer-Based Patient Record），它的特点在于其对患者医疗记录的保存、管理、传输和重现，均采用数字化形式并存储于电子设备中。其载体形式主要包括：文字、图形、影像、数字、音效、影片等六种。并且具有传输速度快、共享性好、存储容量大、使用方便、成本低等特点。

电子病历的作用及意义主要有。

第一，医疗微观信息支撑宏观管理：电子病历中所包含的各类原始的第一手数据，经由各级卫生行政管理部门的提取、统计、分析后，可为其制定政策、协调资源等决策提供辅助和支持。

第二，服务于医院的管理：各类一手数据，借助于电子病历系统得以及时采集，并能及时反馈并形成管理指标，达到环节管理控制的目的。

第三，深化了医院的管理：在更详细准确的患者信息得以高效收集的情况下，可以实现原本一些手工达不到的管理内容。比如，在科室考核方面，通过对电子病历系统中的单病种医疗质量和医疗效益分析，可以有更多的量化指标作为参考。

第四，工作效率提升：电子病历系统可大大提高工作人员日常工作中的病历书写效率，减少重复性劳动；系统对医嘱的自动化处理，使转抄工作量得以减轻，避免很多差错；电子化的单据，借助网络传输，大大提速；医师可以在任何地方、任何时候通过网络查看病患信息。

第五，工作质量得以提升：系统可以为医生提供辅助决策，发挥信息化的优势，为分析病情和决定过程主动、智能地提供相关信息，从而提高医生的判断准确度和效率。

第六，共享患者信息：患者在转院时，电子病历系统会将患者的治疗、症状等信息共享给转入医院，避免了重复诊断，提升了医疗效率。

第七，规范了医疗行为：电子病历系统有助于发现并纠正医疗失误，便于累积医疗经验。管理的信息化必然要求医务人员工作流程的规范化。系统本身的逻辑也在很大程度上规范了病历编写，从而提升了病历质量。

第八，服务于教学与科研：电子病历不仅可有效管理医疗工作人员和医疗信息，同时累积的第一手治疗记录、病症记录也为科研和教学提供生动真实的实例。

依据图4.3.1中的内容，电子病历系统包含如下功能或特点：(1) 主要目标是满足医疗服务与管理的需求；(2) 本身是一个系统平台，为相关的信息系统搭建通信与数据交互环境。

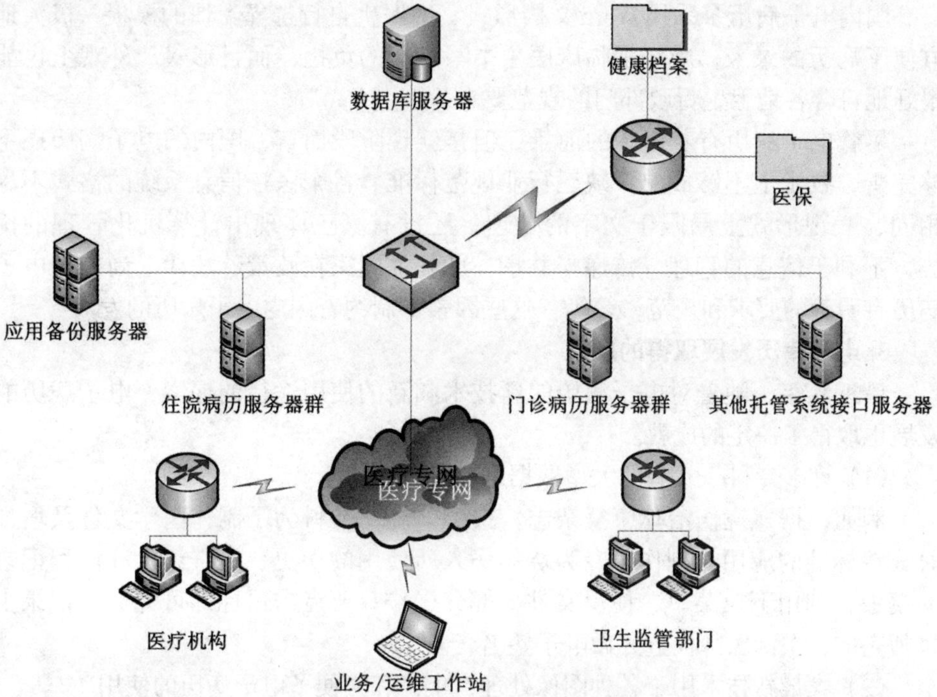

图4.3.1 电子病历系统概貌图

(二) 国内外电子病历的研究现状

1. 国外电子病历的研究与应用现状

近20年以来，医院信息系统在西方发达国家的大型医院中逐步建立，相应的，美、日、英、荷兰等地区对电子病历也有着一定的应用和研究。美国医药研究所通过对电子病历进展状况的两次研究，分别在1991年和1997年这两年，出版了电子病历研究进展报告，报告中包含了其概念、意义、进展及对现存的障碍进行了综述。在英国，孕妇会有一张电子病历的IC卡，其中记载了孕期信息、产程启示及跟踪观察等内容。

2. 国内电子病历的研究与应用现状

经过20多年的发展，我国医院信息系统已具有一定的规模，许多医院相继建立起自己的信息系统，为我国电子病历更好的发展奠定了坚实的基础。国家卫生和计划生育委员会（现国家卫生健康委员会）推出的金卫卡能够保存持卡人终生的医疗保健信息，持卡人可通过计算机网络直接与银行、医疗保险中心和保险机构联网，使医疗活动变得简单、方便和快捷。香港医院管理局的患者卡中，可以对病人接受的医疗过程、检查化验结果、X片、CT片及处方等信息进行记录。

国内电子病历多采用Word文档形式、由医生自行选择习惯的模板，极大地方便了病历的录入，减轻了临床医生书写病历的负担，而且形式、外观上也能很好地符合各地卫生行政部门的规范要求。

尽管电子病历有着广阔的前景，但是就现阶段而言，国内的电子病历还不够完善，技术上不够成熟，缺乏行业规范标准。各个医疗信息系统的格式不尽相同，表现形式上局限于文字的处理，还没有真正体现出计算机化管理的优势，不利于信息的管理、传递与共享。此外，国家在政策、法律上尚未对电子病历有明确的要求和规范，等等，这些因素都制约着国内电子病历的发展。

3. 电子病历发展取得的成就

最近几年，随着对电子病历的新技术和新的使用途径的探索，电子病历的发展也取得了一定的成就。

（1）许多专科、专病的大型数据库已经建成

例如，据《烧伤治疗康复杂志》报道，烧伤外科为了制作医学文件及增加对收费标准的应用，制作了专为烧伤病人所使用的病史、检查记录和病程记录的模板，利用下拉菜单，使得文件大部分操作只要点击鼠标即可完成。记录由医师完成，主治医师检查并做电子签名。

（2）大量新技术用于各种图像处理，丰富和方便了电子病历的使用

例如，运用一体化网络技术的视窗系统来存储和分配病理数字图像，运用计算机系统使数字图像能从病理学数据库分配到一个大型医疗中心的各个地方的许多潜在用户上。

（3）输入和提取资料的设备和方法经过了更新和改进

日本人研制了一种新的分类方法，用自然语言作为人和计算机的接口，使电子化处理医疗信息更具有理性，这种方法被称之为状态指向病案（Situation-Oriented Meidcal Record）。此方法在病例框架的某种状态内用人们识别力的视角来描述变化，且对目前病人转换医院时用自然语言进行的医学交流进行了分析，以论证这种方法的合理性。此外，还创造了一种标准系统，来帮助计算机实现这种交流。

（4）智能化电子病历的发展

电子病历界面是一个标准人的图形。当光标指向头颅时，会立即出现有关头颅的症状的关键词，如头痛、头晕、外伤等；当选中头痛后，会立即显示相关部位：如颈部、枕部等。选中部位后再关联出头痛性质的描述：钝痛、锐痛等，同时对出现的伴随性症状进行逐一选择，当病史选项完成后，系统会自动

提示初步诊断以及推荐的各种治疗方案。

（5）个人医疗信息标准化基础上的共享与交流功能

通过网络，医生可以在家中或在世界任何一个角落随时获得患者的电子病历。因此，现在比以往任何时候都更加要求医学信息的标准化。只有标准化，才能够实现医疗信息无障碍交流。美国国家医学图书馆已经制定出了统一医学用语系统。这一系统包含了近100万个术语描述医学概念。该系统的使用极大地促进了全球医学用语的标准化。

未来的电子病历将集中每个人一生中与健康有关的所有信息，因此，就发展趋势而言，电子病历不仅仅属于医院，供医院中的医生们使用，而且与科研单位、政府管理部门、保险机构等都有密切的联系。这样，电子病历本身就成为实施健康保健高质性、易取性和高效性的工具。

（三）电子病历系统数据结构化与病历信息标准化

真正意义的EMR不仅需要将其中的信息转化为结构化的数据，还需要数据的语义有可交换性，即EMR不仅为所在医院的系统所拥有，被所在医院的医生阅读和使用，而且可以跨医院、跨地区被其他医生阅读和利用。这就需要使数据代码化，使得结构化的数据对编码系统产生一对一的映射，即对数据进行规范化的分类和编码，这种分类和编码被公认的范围越大，数据的标准化程度就越高，适用性就越强。

目前，被国际公认的医学数据代码有《国际疾病分类编码ICD-10》《人类与兽类医学系统术语》（SNOMED）、Read临床分类代码等。国内承认的数据代码还有《临床术语标准》《全国医疗服务收费项目规范》等。《临床术语标准》收录了50万条词汇，基本包含了所有的临床医疗词汇，比较全面详细。《全国医疗服务收费项目规范》显然是为了计价收费制定的，侧重于设备和材料因素，由于术语中包含了设备和材料的名称、规格、疾病的名称、解剖部位、操作方法等，因而可以借鉴和应用。

在制定EMR信息标准化，并对其进行分类和编码时应遵循以下原则：科学性、标准化、准确性、唯一性、冗余性、结构化、实用性和易操作性。

（四）电子病历的实现过程及采用的主要技术

1. 电子病历的实现过程

开发电子病历系统的相关主体，应该是具备计算机程序开发知识的医院工作人员，或者是具备医院业务知识的程序开发人员，本质上就是要求他们既要具备医院业务知识，又要具备程序开发能力，因为EMR的最终用户是医务人员，对它的功能、作用、内涵最清楚的人也是医务人员，只有他们的需要、期盼和实际应用才是EMR得以开发和完善的原始动力。

电子病历的实现过程具体如下。

第一，建立EMR的格式化模型。要实现EMR，首先要建立一个EMR的格式化模型，这个模型必须符合我国现行关于病历书写规范的规定，而且这个模型不是固定不变的，它可以根据不同专科、不同病种进行动态组合。

第二，EMR中的数据高度结构化和代码化。来自患者或医疗过程中的数据应该尽可能以结构化的形式为医师直接获取，并直接录入EMR中。当然，也应留有自然语言的文本输入方式，以备特殊情况下使用。对于自然语言处理的主要方式倾向于通过EMR的语音识别系统，自动提取并以结构化数据录入。

第三，系统设计及平台。系统设计可采用Internet/Intranet的体系结构，各种应用程序之间的通信由各个工作站按ISO标准自动管理。这种系统集成的平台可在Unix或Windows环境下，基于Internet，特别是基于Web的技术开发。

第四，执行过程。在就诊医院的挂号处或住院处建立病患的个人基本资料。患者进入病区后，病区的相关医务人员对病患的主诉、现病史、既往史、家族史、体格检查、治疗计划、申请实验室或影像学检查、治疗及检查结果等进行记录，并录入系统。护士在此期间录入医嘱及护理信息。医师在病患康复出院前，录入出院小结，并对电子病历中的主要诊断、其他诊断和手术操作名称等方面负直接责任。患者的电子病历在完成出院手续和费用缴纳之后，被提交至病案室。

2. 电子病历中采用的主要技术

（1）射频识别（RFID）技术

目前，该技术在各方面均有应用，在二代身份证中的应用，使中国非接触智能卡的数量已达到全球第一。在医疗体制不断完善的今天，医院的信息化程度已经大大提高，特别是电子病历系统的应用，方便了群众就医，同时也提高了医疗服务水平。

（2）中间件技术

近几年来的HIS建设中，中间件技术（也称为多层结构技术）作为一项新技术被引入其中。目前，大部分HIS采用C/S模式。这种模式的特点就是服务器与客户机是分开的，数据库、应用程序逻辑部署在服务器中，用户界面部署在客户机中，通过定义不同的参数以适配相应的程序。

中间件技术的总体思路就是“化繁为简”，即对原本需要设计功能复杂的模块进行分解和简化成若干基本功能单元，基本功能单元可以按需求任意组合，具有较强的灵活性，从而能够及时因医院发展业务变动而进行相应功能适配和调整。因此，开发方只需要对基本系统和基本工具进行开发，而项目工程师根据医院的业务需求也只需要将基本系统与基本功能进行搭配组合，即可形成符合医院业务的HIS。当医院业务需求再次发生变化时，只需要调整功能搭配即可满足，不需要从上到下对系统重新修改，使系统的适应性大大增强，同时也降低了维护的难度。

（3）移动工作站技术

我国传统的HIS中的各终端大多通过有线网联机。有线网的特性决定了这些工作站的位置相对固定，要么在医生的办公桌上，要么在实验室中，在日常的常规业务诸如信息录入、查询等方面，这些工作站能够很好胜任，但是，医院工作中还有相当一部分业务是需要在临床、巡查以及急救中进行的，如果这种情况下再通过固定的工作站处理业务，则有效性和效率会大打折扣。

通过采用802.11标准的无线局域网技术，使得具备无线联网功能的移动工作站的作用得到充分发挥。该局域网技术具有抗干扰和保密性较强、传输速率快、传输距离较远等特点，适用于HIS。医生可以通过笔记本电脑或者个人掌上终端，进行病房巡检、临床信息记录，甚至在急救中也能随时随地与HIS进行连接，查询、录入相关信息，极大提升了诊疗效率和便利性。

（4）XML技术

XML（Extensible Markup Language）即“可扩展标记语言”。为了让因特网更好地传输各类型的信息，全球信息网协会（World Wide Web Consortium，W3C）于1998年，在标准通用标示语言（Standard Generalized Markup Language，SGML）的基础上，通过精简其格式之后提出了XML。XML是一种结构化语言，它既可以对内容进行描述，也可以对对象的结构进行描述。因此，XML用来生成新的标准描述语言，可以对类别文件的格式进行定义，即在XML中创造出很多不同的标示语。这种自含式的结构描述能力使其成为在Internet上进行内容交换的理想描述语言。用XML建立电子病历具有便于长期保存病历、便于信息交换和查询、可扩充的灵活适应性等优点。

二、院际信息互联互通

（一）院际信息互联互通问题与障碍

当前，我国的医疗信息化建设，正随着政府的大力支持和资本的助推，如火如荼般在全国各地推广开来。但是，在实际中却面临着医院资金投入不足、缺乏统一标准、缺乏必要的技术人才和技术支撑等诸多问题。原卫生部曾提出，各级医院的信息化建设经费不应该低于年收入的3%～5%，然而现实是，信息化投入经费占医院收入不足0.5%的医院占全国医院的48%，可见，阻碍医院信息化建设的障碍之一就是缺乏资金投入。另外，由于缺乏统一标准，导致在不同医疗机构之间、医院内部之间、不同业务系统之间，数据和资源无法互通共享。即使同一个医院使用的临床管理信息系统（CIS）的影像存档和传输系统（PACS）、放射信息系统（RIS）、检验信息系统（LIS）、病理信息系统（PIS）、手术信息系统（ORIS）等多个子系统之间也都亟待进行集成与整合。

要想实现院际医疗信息的互联互通，尚需解决以下几个方面的问题。

1. 建立统一的设计标准

1977年，美国就将M（MATLAB）语言确定为医疗行业程序设计的标准语言，并得到了医疗行业的大规模使用，保证了在复杂性和特殊性的行业数据环境下的系统和数据的规范，从而为美国医疗信息化建设的健康规范发展奠定了基础。在我国的医疗信息化方面，软件语言标准化不一，系统架构既有C/S模式，也有B/S模式，而这两种结构的互联互通从现有技术角度来说则较为复杂，也许随着html5技术的成熟与普及，可以做到二者的互通。但对于医院来说，开支将会大幅增加。此外，从投入成本来说，B/S架构软件通常只初期投入成本，后期有着较低的维护成本，有利于规模较大的医院的软件项目成本控制。而C/S架构的软件则不同，由于客户端程序的特点，费用通常是按照数量来收取，因此，随着应用规模的不断扩大，客户端程序的投资会随着数量的增加而增加。在国内采用C/S架构软件的医疗机构的比例很高。

2. 第三方独立评审机构缺失

如HIMSS（Healthcare Information and Management Systems Society）就是一个独立的NGO（Non-Governmental Organization，非政府组织）。而国内医疗信息化系统的评级还缺乏公正、可信赖的第三方独立机构。国内目前仅有卫生部医院管理研究所对医院电子病历系统进行评级，但是，由于体制等诸多原因的存在，其评审结果并不被太多医疗机构所认可。这也恰恰是印证了北京大学人民医院院长王杉所说的“医院在信息化建设方面去找在国际上被大家认可的评价体系进行评审，确实有助于医院信息化的提升”。

3. 医院管理者的认知偏差

长期以来，我国医院管理者对医院的发展存在“重硬轻软”的观念，热衷于医院的基础建设与医疗设备投资，轻视医院软实力（如信息化软件、内部管理、诊疗规范化等）方面的建设。尤其是在医疗信息化方面的建设，不少管理者更认为是能够满足基本要求即可，缺乏更多投资动力。

4. 信息化建设各自为政

如卫生行政部门出资建设的，可能侧重于医疗服务监管；医院出资的，更侧重于医疗服务的使用；医药行业投资的，侧重于药品用量分析；社保投资的，可能注重社保报销等。如何对这些平台资源进行整合与高效利用，也是需要协调各方利益的一项重大工程。

5. 信息化的建设缺乏统一规划

医疗信息化的互联互通必须融入国家或各地方政府的医改方案中，统一搭建区域医疗卫生信息平台，通过搭建统一的信息平台实现资源全面整合与共享，以提高患者就诊便利性和降低诊疗费用。

（二）基于互联互通的区域医疗数据中心的建设

1. 制定信息标准与规范

各级区域卫生信息平台采用了不同的信息整合方式和信息整合技术，不仅给之后数据信息集成带来了较大的难度，还给区域医疗数据中心的建立增加了维护成本和扩展难度。由此，将带来区域医疗数据中心的数据质量、数据共享、分析功能较差等问题。

在建立区域卫生信息平台的过程中，应制定信息标准与规范，统一设计采购建设方案。我国在制定全面的标准、规范的前提下，让数据的交互有标准可以遵循，同时，各医院数据中心按照“急用先行”的原则，逐步探索实现联通路径与功能需求，以利于区域医疗数据中心更好地发挥作用。

2. 建立隐私保护与信息安全法律法规

目前，我国区域医疗数据中心的安全基础设施建设虽有一定保障，但数据的安全防护较为薄弱，信息泄露事件时有发生，临床医疗数据的安全问题成为一大难题。医院 HIS 系统遭黑客侵入，居民的临床资料、个人信息、健康档案等涉及隐私的数据遭到泄露，是数据中心面临的重大挑战。部分平台加密储存防护没有普及，对网络设备的防护不够完善，同时，行政部门政策的衔接不到位、管理监督不严格等，存在着安全漏洞，给患者造成巨大伤害，给社会造成恶劣影响。

随着医疗数据中心建设的推进，信息安全与隐私泄露风险已成为阻碍数据中心联通的重要因素。政府部门应尽快建立个人医疗健康数据隐私保护的相关法律法规，明确医疗健康数据在存储、管理及使用等环节的责任归属与相关标准，进而实现医疗数据共享与隐私保护共同发展。若要保证分级诊疗业务协同互联互通、追溯监管，信息安全建设尤为重要。落实网络安全、信息安全、数据安全等硬、软件设施的投入，积极推进信息安全等级保护工作，提高发现隐患的能力和应急处置能力，实现信息共享与隐私保护的同步发展。

3. 统一医疗服务实体的标识

医疗服务实体唯一标识，也称为主索引。其主要用于较为复杂的医疗信息系统中，通过唯一的医疗服务实体标识对多个医疗信息系统实现互联互通，同时保证分布在各个系统中的同一个医疗服务实体的个人信息的完整性和准确性。

医院信息系统医疗服务实体身份管理存在着如下问题：一是由于发卡机构的多样性，个人手中可能会有多张与医疗卫生相关的电子凭证，如同时拥有就诊卡、医保卡、银医联名卡等，这样在医院信息系统中，对于不同的电子凭证有着不同的验证方法，因此，区域范围内持多张卡的同一个服务实体就会没有关联而造成无法调阅完整的就医档案，使得区域数据中心无法建立，无法实现共享。二是各家医院信息系统是分阶段建立，自成体系，造成数据仓库之间医疗服务实体身份无法统一，无法互联互通，意味着各个系统之间无法进行有效的信息交换。

我国目前尚未统一患者等医疗服务相关实体的标识，影响了信息共享与交互，使得医疗健康服务提供不能很好地实现。因此，唯一标识的建立和促进信息整合是当前卫生信息化建设的重要任务之一。通过为患者、医务人员、医疗机构等建立唯一标识，可以整合分散的健康相关信息，在建立唯一标识的查询服务、注册服务、合并服务的基础上，允许其他信息系统调用，提供索引服务，为各类医疗服务提供统一、适合的医疗卫生信息。

4. 平衡信息共享各方利益

各医疗机构从自身利益出发，可能会做出拒绝互联互通的决策；即使迫于压力参与互联互通，所投入的精力也有限。但多个数据中心之间的互联互通对整个卫生计生系统的提升有促进作用，平衡信息共享各方利益是促进区域医疗数据中心互联互通的关键。目前，各级医疗数据中心间的互联程度仍较低，表现在卫生部门内不同机构间、卫生部门与其他部门间均未实行信息高度共享。卫生行政部门除从政策法规上明确信息共享利益归属问题，也可提供必要的资金激励各利益相关方，提高各部门共享信息的主动性。

5. 数据的开放和共享

目前，我国的医疗数据堪称海量，但其共享程度很低，无法发挥其本身的作用。一方面，未充分共享利用，导致患者重复就医，临床医生重复诊疗，既增加了患者的经济负担，又浪费了医疗资源；另一方面，医务人员也不能利用海量的医疗数据进行科研。分析原因，认为主要有以下三方面：(1) 国内发展观念比较陈旧落后，绝大多数科研人员没有认识到医疗数据共享的意义，在思想上没有足够的重视；(2) 缺乏先进的医疗数据共享技术。目前，我国大多数医疗单位缺乏相关的技术人才，与国际发展仍存在较大差距；(3) 医疗数据的共享，是一个系统的工程，涉及政府、医疗机构、社会各界的相互合作与协调，在短时间内难以实现。

数据被利用的前提是开放和共享。由美国ONC发起的Blue Button Campaign项目结果显示，为患者、医务人员和开发者提供数据访问的接口能够提供其参与度和创造性。目前，我国国家政策和消费导向都促进了“互联网+健康医疗”的发展。开放数据访问接口，对于建立区域医疗数据中心也有积极的影响。

协同的基础是共享，只有协同的参与者之间信息对称，才能保证业务协同的准确执行。如何保证信息跟人走、实现数据对接是互联互通的区域医疗数据中心建设的重要环节。尤其考虑跨区域、跨机构的医疗信息共享，要确保用户行为规范可控，信息集成技术才能够跨地域、跨机构地实施。

6. 数据挖掘和利用

建立互联互通区域医疗数据中心的直接结果之一就是获得大量的数据，而这些数据的利用和挖掘成为目前的关注点，要将医疗数据的价值挖掘出来，提升数据的真实性，就一定要有相应的挖掘人才。但由于医疗数据的专业性特点，挖掘人才要具备扎实的医学知识和过硬的计算机知识，只有这样，才有可能深度挖掘医疗数据。而现状是几乎很少有人全面掌握这两个行业的知识，因此，对于不具备医学知识的人来深度挖掘医疗数据是比较困难的。近年来，对于医疗数据的利用研究仍处于初期探索阶段，区域医疗数据中心的建设、医疗数据的整合挖掘，是一项长期而艰巨的工作，短期难看到效益，而长期效益在初期也难以评估，欲达到收获的彼岸尚需艰苦努力。但是，在数据利用需求的强力驱动下，集成平台与临床数据中心（Clinical Data Repository，CDR）建设受到了普遍关注。在数据利用阶段，通过构建 CDR 支持数据分析利用的理念被医疗机构广泛使用，未来数据利用和挖掘的方式将是集成式和分布式相结合的。

数据挖掘和利用的具体目标是：将历史数据打散后，按照数据颗粒度和应用需求，重新存储到数据中心；集成影像数据；提高查询速度和便捷性；兼容非机构化数据；从无所不包的数据仓库，剥离重组出专业性更强的单病种数据集合；把数据中心演变成科研工作的生产系统，更好的实现数据决策支持，为精准医疗提供基础。

三、院际医疗资源共享

（一）医疗信息化在医院与社区信息资源共享中的必要性

“信息孤岛”问题在医院内部、医院之间、医院与社区之间普遍存在，而医院之间的“信息孤岛”问题不仅仅是依靠区域医疗信息化平台的建设就能解决的，这里面还包括了各个医院在自己的范畴内营运和责任的需要问题。随着医疗设备的更新换代和飞速发展，淘汰了原来手动或完全凭肉眼观察的技术手段，取而代之的检查设备都已经是半自动和全自动的医疗设备。特别是近几年医疗设备的高速发展，目前的医疗设备无论在质量上还是稳定性上，都是越来越好，同时这些设备做出的诊断结论也越来越精确，同一台设备对同一样品进行多次检查，得到的结果也是一致的，这样就为医生进行疾病的诊治提供了准确的依据。而且医院为了减少医患纠纷，对医疗设备所做结果的准确性也非常重视。因为，一旦有医疗纠纷，它就会成为法律证据。所以，人们常常会发现，同一疾病去不同的医院，检查结果是一致的，不同的只是由于每个医生的业务水平不一，对同一病人给出的治疗方案略有差异。为了病人的安全，技术监督部门对医疗设备的监管能力也在大力增强，每年对医院的每台设备都要进行定性检查，采用专用的计量设备，对医院的每台设备进行质量认证。如果医院拒不进行质量认证，或者使用未按规定进行质量认证的，对其都要采取处罚措施。由于国家计量标准的高度准确性，所以，当患者在生病时，去不同的医院，采用不同的设备，得出的结果应是一样的。只是医院可能会考虑到病人在转诊过程中病情发生变化以及其他原因，对患者在其他医院做出的检查结果不认可，从而让患者进行重复检查。这一方面加大了病人的医疗费用支出，另一方面也可能造成延误救治的情况。虽然卫生主管部门早就要求各医院互相认可检查结果，减少患者重复检查的费用。但是到目前为止，这种情况依然没有落到实处，老百姓并没有从中得到好处。只有减少医疗重复检查，才能减少医疗设备的使用频率。这是一件既节省人力，又节省物力的利国利民的好事。要实现这个目标，只有进行区域医疗信息共享，搭建全面的区域医疗信息平台，国家才可以通过信息共享网络，严格管理重复检查给病人带来的看病贵的问题。而且患者完全可以凭借如“医保卡”等身份证明来自由地选择医院就医，充分发挥患者在就医行为中的主观能动性。

从这个角度来看，目前一个医院就是一个“信息孤岛”，需要利用计算机和网络技术将各个医院联系到一起，各个医院之间充分共享患者的医疗信息，减少患者重复检查的心理负担和经济负担，实现真正意义上的双向转诊。

另一方面，患者在出院之后或者患有不必住院治疗的小病时，可以选择在社区医院接受治疗或进行连续护理，以实现对患者的持续治疗并缓解大医院的就诊压力。

随着医护人员医疗水平的提高，社区医院的医护人员也可以为患者提供良好的医疗服务。只是由于资金、场地和规模的限制，社区医院往往没有大型综合医院那么先进高级的医疗设备，但是社区医院的经济性、方便性是大型综合医院很少能做到的。这样，社区的护理人员就需要依靠大型综合医院对患者的病情做出详细的检查或者从医院得到患者住院期间的医疗信息。这时区域医疗信息化平台就为医院和社区之间提供了良好的交互通道。有了患者医疗信息的可靠来源，社区医护人员就可以为患者制定出合适的出院后的治疗计划，使得病人得到有效的连续护理。

在这个方面的建设中，一些欧美发达国家已经走在了我们的前面。2000年，欧盟实施以建立知识经济为目标的“里斯本战略”，其行动计划e-Europe的一大重点就是电子医疗。在亚洲，韩国政府结合本国特点制订了《电子韩国2006计划》，其主要内容除加快发展新一代移动通信、宽带接入等基础设施外，一大重点就是数字医疗。日本2001年修订了《电子日本战略》，其主要内容是：建设无处不在、安全的网络基础设施，研发新一代的IT技术，完善电子商务的发展环境，其中强调的七大应用领域就有医疗。而且日本已实施e-Health战略，移动通信、远程医疗等技术正广泛地应用于病人监控、家庭病床、老年卫生等。

放眼全球，国外发达地区的医疗信息化已经走过转折期，多年来人们所讨论的数字化医院、电子病历、区域医疗信息等正在变为现实。作为一个有着高效率、高精度要求的行业，医疗行业借助信息化手段来实现更进一步的发展成为医疗行业的迫切需求。

（二）大型综合医院之间医疗信息共享

现阶段，病患去多个医院就诊，常常会出现医院重复检查的情况，造成这种情况的原因有很多：第一，各医院医生的诊断水平、检验设备的质量水平有差异；第二，病患的病症可能会随着时间推移发生变化；第三，医疗责任规避、经济利益等诸多因素的限制。从这几个方面考虑，国内医院通常不会认可其他医院对病患的诊断结果，从而要求病患重复检查。这种现象不仅增加了患者的就诊成本，也会引起患者对医院的不满，进而激发矛盾。因此，如何实现院际信息共享，减少人力财力浪费，是医疗信息化建设的发展方向之一。

自从20世纪90年代以来，我国就开始了医疗信息化建设，虽然各类管理系统、检验系统、信息系统相继建设并应用到了各大医院中，但由于缺乏统一标准，各系统间无法交换数据，造成了各系统“信息孤岛”的问题。随后，我国逐步认识到上述问题的严重性，开始着手进行国际医疗卫生信息系统指标体系与交换协议（HL7）应用研究，取得了一定的成绩。

当然，也不可否认，医疗数据共享可为患者减轻精力和金钱的耗费，但也会带来新问题。例如，目前我国医疗服务的收入来源主要是药品、大型医疗器械检查收费等方面，一旦共享医疗数据之后，诊断检查费用的收入会显著减少，从而会影响一部分医院的经济利益，医院的响应度和积极性不高。其次是在如何划分医疗责任方面上不明晰，如果转诊后的医院依据转诊前医院有误的诊断结果，而导致的误诊，责任应该由谁承担的问题也不可回避。只有在研究的初级阶段正视预见可能的问题和困难，积极考虑对策和方案，才能确保将这些可能的问题造成的影响降到最低限度。

（三）医院和社区之间的医疗信息共享

随着卫生体制改革的深入发展，大部分省市、自治区逐步建立了社区卫生服务组织、综合医院和专科医院等合理分工的医疗服务新体系。社区卫生服务和大型综合医院的诊疗服务形成功能互相补充、互相支持的局面，社区卫生服务主要提供疾病预防、保健、健康教育、计划生育、常见病、多发病、诊断明确的慢病的治疗和康复；大型综合医院和专科医院主要从事疾病诊治，其中大型综合医院主要从事急危重症、疑难病症的确诊和治疗，并结合临床开展教育、科研工作。随着社区卫生服务机构和大型综合医院、专科医院双向转诊制度的不断建立与完善，也进一步明确了社区卫生服务机构和综合医院及专科医院之间存在着密切的双向转诊、指导培训、信息反馈等关系。这就需要医院信息系统与社区卫生服务信息系统之间实现数据共享，以尽快满足医疗卫生服务模式的转变和实现医疗卫生管理信息化的需要。

目前，我国正在建立的医院信息系统只是以医院的管理信息为中心，还需在功能上不断地完善和扩充，并为社区、医疗保险等其他卫生服务信息系统提供标准规范的接口功能。但是，社区卫生信息系统最基本的内容是居民个人、家庭及社区健康档案管理，要求提供针对居民需求的包括生物、心理、社会三个层次的综合性医疗卫生服务，这与主要针对疾病的医院服务有明显的差异。社区卫生信息系统包括医疗、预防、保健、康复、健康教育和计划生育技术指导等六位一体的服务管理信息，可概括为社区卫生服务管理、社区卫生服务、社区卫生服务评价和决策支持四大信息系统，适用于社区卫生服务中心、社区卫生服务站、社区医院及有关社区医疗服务机构的管理。

我国社区卫生信息系统的开发正处于起步阶段，表现为地域性强、条块分割、多头开发严重、各系统缺乏统一的信息分类标准和数据元素标准，这些问题与我们在研究医院之间进行信息共享工作时遇到的问题类似，都需要解决信息标准、网络接口等障碍。大型综合医院与社区实现医疗信息共享的方式有以下几种。

1. 以大型综合医院为主导，社区医院挂靠在大型综合医院下

这种方式要求社区医院的信息系统与它挂靠的大型综合医院的信息系统紧密结合。由于这种方式的社区医院是挂靠在大型综合医院下面的，因此，一般由大型综合医院派医生负责社区医院的工作，病人可在社区医院和大型综合医院之间转诊。但是，由于大型综合医院在人力、物力、财力等方面的限制，以及这种社区医院的数量限制，不便于大规模普及。可是，这种依托大型综合医院建立的社区卫生机构的信息化建设往往是依托大型综合医院完成的，即使他们使用的是其他公司的信息系统，由于与医院之间的隶属关系，它们与所依托的医院之间的信息互通是可以保证的。

但是，这种方式也为这些社区医院今后的信息化建设造成了不利的影响，主要表现在和其他社区医院、其他大型综合医院信息不能互通，无法提供整个区域的卫生信息。而且，如果今后国家要求打破社区医院的隶属关系，在更广泛的范围内建立信息共享，就需要对这些信息系统进行改造，以前的投入有可能就会完全失去作用。

2. 以社区卫生中心为主导，由地方政府投资建设信息系统

除了大型综合医院外，地方政府也是社区卫生信息化建设的另一个主导力量。由地方政府投资建设信息系统，统一的区域卫生规划的实施保证了各个社区医院之间信息资源的统一及互通，可以对社区医院的资源进行统一配置，有效地发挥社区卫生机构的作用，对区域内社区医院的建设及发展很有帮助。

自从改革开放以来，人民群众的生活水平快速提高，一些地方政府也逐步开始统一规划社区信息化，出资建设社区卫生信息系统。在这种模式下，社区医院使用的信息系统一般采用由地方政府出资进行招标采购的方式建设。其好处就是，地方政府可以有效地进行场地、设备、物资、人员等方面的配备，同时地方政府也有足够的能力进行信息系统的整合。由地方政府投资建设的社区卫生信息系统除了可以满足各社区医院的需求外，还对整个区域的卫生信息进行了统一规划和统一管理。

但是，这种方式在实现过程中既没有大型综合医院的参与，也没有考虑到如何在社区医院与大型综合医院之间进行信息共享、实现双向转诊和连续护理。区域统一的社区医院信息系统今后如何与大型医院互通，如何实现医患双方期望的双向转诊、连续护理、共享检查结果等功能，都存在很多的困难。

3. 以市政府为主导，利用第三方平台实现信息共享

这种方式是指建立一个保存居民健康档案和电子病历的区域信息平台，经过授权的大型综合医院、社区医院等机构从统一的信息共享平台实现信息提取、更新、保存等行为，以解决信息共享难题。但是，能否建成统一的社区卫生信息系统，最终还得看实际情况。目前，我国社区卫生信息化的投资主体很多，往往谁出钱谁就能决定采用哪种信息系统。因而，就形成了社区医院的信息系统各不相同的局面。另外，大型综合医院的HIS系统也各不相同。社区医院每与一家大型综合医院建立信息共享，就必须开发出一个接口与这家大型综合医院相连。有多少大型综合医院，就得有多少个接口，这种方法大大增加了区域医疗信息共享平台的开发难度。因此，有专家指出，社区与医院之间直接建立信息共享通道并不是一种理想的方式。一种更大范围的信息共享模式就是社区卫生服务中心（站）与大型综合医院共同通过第三方机构（如卫生局）实现共享信息。

将医疗信息共享平台建立在第三方机构中，无论是大型综合医院还是社区医院在信息共享平台的建设过程中都被视为医疗信息的提供者和使用者，避免了上面两种方式中由投资主体决定系统种类和归属的问题。同时，将医疗信息共享平台建立在第三方机构中，尤其是建立在政府职能部门中，有利于病人医疗信息的真实性和完整性，对今后的统计等科研工作的开展也有较好的数据支持；有利于通过政府职能部门的有效干预，建立统一的数据库和网络接口，使用统一的医学信息标准（如HL7标准），为今后更大规模的区域信息共享奠定基础。

通过上面的分析可知，统一的标准的确非常重要，但并不是说没有完整、成熟的标准，就不能建设信息系统。其实，标准的建设和系统的建设可以同时进行，但应把握好标准的发展方向。在医疗信息交换方面，HL7是国际上比较成熟的标准，政府部门也在积极地推广这个标准。因此，标准建设的发展方向应积极向HL7标准靠拢，努力研究和制定适应我国国情需要、符合我国应用需求的标准。同时，对区域医疗信息化系统建设进行初期规划时，应以贴近实际应用为系统设计理念，共同制定合适的数据库和网络接口，为以后的数据共享平台建设打好基础。

尽管目前医疗信息化基础平台建设还存在许多尚未完全解决的问题，但是，区域医疗信息共享是未来医疗信息化发展的必然趋势。我们要认真研究并找到解决问题的办法，使医院信息化和区域医疗信息共享成为现实。

第五章 DISANZHANG 我国医疗卫生信息化行业现状及趋势

我国的医疗卫生行业包含着众多种类的机构，根据卫生部（现国家卫生健康委员会）公布的统计数据，截至2008年，国内卫生机构数量达到了278 337家。其中，主要类型有：各级医疗卫生行政管理机构、医院、门诊部、疾病预防控制中心、医学科研机构、疗养院、妇幼保健院、专科疾病防治机构、卫生院、社区卫生服务中心（站）等医疗卫生机构。

根据《医院分级管理办法》规定，国家相关部门对医院实行分级管理制度，将医院的功能、任务、设施条件、技术能力、医疗服务质量和科学管理的综合水平等条件作为分级依据，将医院确定为一、二、三级；每一级中进一步细分为甲、乙、丙三个等级，最高级别为三级甲等。

截至2008年，除医院外，我国医疗卫生机构还包括39 860家卫生院、180 752家门诊部（所）、3011家妇幼保健院/所/站、3534家疾病预防控制中心、1310家专科疾病防治机构、210家疗养院（所）、24 260家社区卫生服务中心（站）、2675家卫生监督所和3013家其他机构。

一、医疗卫生信息化的发展过程

医院既具备典型的劳动密集型机构的特点，例如大量的基层护理工作人员；也具有知识密集型机构的特征，例如从事医学和临床研究的科研工作者。病人从进入医院挂号就诊到住院或实施手术的一系列过程中，涉及物流、消费以及诊断治疗的记录和信息处理，需要经过一套错综复杂的诊疗流程。在医生为病人诊断以及实施治疗的过程中，不仅要以各类相关信息进行收集和整理为基础前提，还需要借助自身相关专业知识进行判断、分析，整个诊断治疗过程涉及多个专业学科，包括基础医学、医学影像学、解剖学、药理学、病理学以及心理学等。由医疗业务本身的复杂性可见，其作为技术支撑的医院信息系统也是一个错综复杂的系统。而在我国医院规模和分类多样化、医疗水平参差不齐的大环境下，如何开发出适应各类医院的医疗信息系统，这在产品开发的技术难度和创新要求方面，无疑是一项巨大的挑战。虽然医疗卫生信息化进程在我国起步比较晚，但随着我国经济近年来的持续快速发展，以及对该行业和相应信息化的投入力度不断加强，我国医疗卫生信息化因此得到强力助推并走上快速发展的道路。

医院信息化发展，按照国际医疗系统信息化水平标准进行划分，通常可分为：医院管理信息化（HIS）阶段、临床管理信息化（CIS）阶段和局域医疗卫生服务（GMIS）阶段。随着医疗改革逐步深入，也逐步建立起了医院和公共卫生管理中的基本管理信息系统（MIS）。

医院管理信息系统（HIS）是通过计算机网络，围绕收费这一业务中心，对挂号、划价、收费、配药和住院病人的医嘱、配药、记账，以及医院的人、财、物等进行管理，同时将各环节产生的信息进行收集汇总，为管理人员的决策提供数据支持。目前，对HIS应用水平最为成熟应当属我国的大型医院，除了已建成高水平的HIS外，还在无线技术和手持设备等方面不断进行拓展；中小型医院、社区医疗中心以及地方卫生院/所也紧随其后，相继也开始建立、部署HIS，并有着不同程度的发展和应用。

临床管理信息系统（CIS）的中心有所转变，其信息收集是围绕病人这一中心元素，通过放射信息系统（RIS）、检验信息系统（LIS）对病人的病症进行检测，通过病理信息系统（PIS）、影像存档和传输系统（PACS）、手术信息系统（ORIS）保存病人的诊断和临床信息，医生通过工作站开具电子化医嘱，通过处方、医嘱和检查申请单，查询检查结果的录入，为病人建立电子病历。系统的电子化流程有效地减少了纸质医疗文档的产生，促进了诊断和治疗效率提升，进一步提升了医疗自动化信息化水平，为建立和开展区域医疗信息化提供了技术基础。近年来，我国大型医院的CIS系统建设快速发展，并已处于相当高的发展水平，例如，正逐步走向成熟的PACS等各子系统的应用。由于各子系统的部署和运营处于相对独立的阶段，信息化建设比较发达的医院已经开始进行集成。

公共卫生与区域医疗卫生管理信息系统（GMIS），是用IT技术将社会医疗保健资源（包括社区医疗、医院、远程医疗、药品供应商、设备供应商等）和服务（包括医疗保险、银行、卫生行政机关等）变为系统中的各类节点，并将其连接起来形成整体系统，从而为一定范围内的公共区域提供局域医疗卫生服务。

目前，我国的区域医疗信息系统还不够成熟，相关机构对此的建设和管理尚在研究和摸索阶段，行政机构在管理流程和管理政策方面还不够规范和完善，例如在转诊的实施、病历的归属等方面尚未明晰化。区域医疗在基础信息（如居民健康档案）、基础设施（如区域医疗数据中心）、基础数据系统等方面，都处于起步建设阶段。

基本管理信息系统（MIS）主要是为医院和医疗管理部门提供基础业务的管理，包括医院办公自动化和医院成本核算管理。随着信息化水平的不断提高及应用的不断深入，医院及其他医疗机构在这方面的需求愈发强烈。在新的医疗改革方案中，公立医院对成本核算的需求驱动了对信息系统的需求。目前，医院的成本核算系统建设还处于起步阶段，原因是政府的管理政策正在制定和调整中，不同医疗机构的成本核算系统区别较大。随着社区卫生医疗网络的建立，社区卫生机构的成本核算系统也正处于试验阶段，OA 建设同样处于起步阶段。

二、国内医疗卫生信息化应用的发展状况

我国现阶段的医疗卫生信息化建设的重心，正在经历着升级转变，正从初级阶段的以资金管理为中心的模式，转变到高级阶段以患者为中心的模式。相应的，为配合其转变，开发医院信息系统以及应用的渗透，也在不断向广度和深度发展，从前期的对人、财物的运营管理重心，向临床信息管理及应用、管理决策应用等方面逐步拓展，正在将“以收费为中心”的医院转变为“以病人为中心”的数字化医院。其重要地位能够促使医疗资源的统筹协调不断趋近合理化，诊疗业务流程不断规范完善，医院管理决策不断优化提升。

当前信息化建设已经在绝大多数三级医院全面开展，超过八成的二级及以下医院也已经开展了以HIS为主的信息化建设，基本达到成熟应用HIS系统的程度，并实行了一定程度的应用扩展，这包括：医生工作站、护士工作站及导医系统得到了逐步普及和完善；借助于成熟的无线应用技术，终端手持化、便携化程度以及基于此的移动应用也在不断提升。CIS 系统正在逐步深入，PACS、RIS 等系统应用逐渐成熟，EMR（电子病历）正在被越来越多的医院试用和采用，手术麻醉、重症监护等系统应用得到推广。从2007 年开始的数字化医院集成平台稳步发展，但是整合难度较大，目前发展较慢。

多年前，我国在突发公共卫生事件的应急机制方面、公共卫生发展方面，存在着机制不健全，发展缓慢等一系列的问题，这些问题在2003 年SARS 爆发后得以显现，并引发了社会各界的关注和反思。自此之后，公共卫生领域得到了政府的大力支持和投入，区域性医疗卫生信息化建设不断推进，同时，国家公共卫生信息系统（包括：疫情和突发公共卫生事件监测系统、突发公共卫生事件应急指挥中心与决策系统、医疗救治信息系统以及卫生监督执法信息系统）的建设也得到了有力的推进。多种医疗信息化产品，诸如社区卫生服务系统、农村医疗保险信息系统等，在医疗体制改革的助力下，得到了快速发展，我国医疗信息化产品线得到进一步丰富和完善；计划免疫信息系统、妇幼保健信息系统、血液管理信息系统等各类应用系统，也在各地的卫生行政管理部门中逐渐普及和建立，这些可为医疗信息资源的共享和整合奠定技术和信息基础。

疾病控制、社区卫生、妇幼保健以及新农村合作等信息化建设目前在各地区逐渐展开，欠发达地区也着手建设相关系统，但信息化应用相对简单。疾病控制、新农合等信息化应用已经在全国展开，但是目前建设重点还是省级平台。居民健康档案系统建设和区域医疗数据中心建设作为公共卫生信息化建设的重点，在2008 年开始大力发展。居民健康档案是实现区域医疗的基础，也是

实现医疗改革目标的关键途径，多个省级的政府卫生管理部门开始建立省级平台。区域医疗数据中心用于集成区域内多家医院的医疗信息存储和交换，是将来实现区域医疗的基础。

由于受经济条件的限制，国内医疗卫生行业信息化是从国内少数大型综合医院开始发展，逐步向中小型医院普及。从医院等级上来看，三级医院的投入显著高于三级以下医院，乡镇医院及农村卫生系统的信息化建设相对落后；从地域分布来看，经济发达地区的医院信息化投资也明显高于经济中等发达及经济欠发达地区。信息化程度的差异对全国范围内的医疗体制改革、新农合等政策的实施及全民医疗卫生水平的提高带来了一定的困难。

三、医疗卫生信息技术产业的发展趋势

我国医疗卫生行业信息化的发展，从历史总体上看，起步晚发展慢，投资不足；从世界范围内看，整体IT投资规模上，发达国家和地区每年实际投入占医院年收入的3%～5%，而我国目前在这方面的投入占比只有发达国家的十分之一。医疗卫生信息技术产业虽然起步较晚，但近几年得益于和谐社会及新农村建设、新型医疗体制改革等一系列方针政策的实施，医院信息化和公共卫生信息化的建设得到了推动，并走上了快速发展的道路，在IT市场中的份额占比逐渐上升。在2004年到2006年三年中，计世资讯公布的数据表明，中国医疗卫生信息技术产业市场占整个IT市场的份额分别为1.22%、1.33%和1.41%，而全球这一比例约为2.9%，因此，我国医疗卫生信息技术产业市场还有不小的上升空间。国内医疗卫生信息化发展趋势如下。

（一）大型医院已进入整合信息化阶段，并保持稳速发展

对HIS系统和CIS系统的整合是当前大型医院信息化建设的重点，借助于对HIS进行升级，来推动其向临床信息化方向转变，如电子病历、在线临床医疗信息共享等。同样快速发展的还包括：PACS系统、预算管理系统、数字化医院集成平台等。

（二）中小型医院加快信息化建设步伐

中小型医院在不久的将来，其信息化建设主要是以经济管理为核心的HIS系统，并在原有的HIS上增加医疗保险接口。同时临床信息化将会在对财务核算等基本功能进行完善之后，逐步实现。

（三）区域性公共卫生信息化呈现出加速发展的态势

随着我国逐年加大对医疗体制改革以及新农村建设的投入，区域性公共卫生信息化建设将呈现出加速发展的态势，并逐步成为未来我国医疗信息化市场

的主体。目前，我国区域性公共卫生信息化发展主要包括以下内容。

1. 社区医疗信息系统

基本模式：以社区数据中心为核心，与周边的社区卫生服务站相连接。这种模式目前在北京、上海等地的社区发展较快。它可以对社区内居民的所有医疗过程进行记录并建立健康档案，不仅具备计/收费、药品和医疗物资管理和配送这些基本功能，还能实现医疗文档的区域内共享。升级后的系统，甚至还能对全科医生团队、家庭病床、慢病进行管理以及慢病随访，并支持在线预约挂号。

2. 以大医院为中心的信息系统

基本模式：在其中一个地区的中心医院或大医院建立数据中心，与周边社区卫生服务站互联。与社区医疗信息系统相比，患者在社区卫生服务站即可直接获取到与之相连的某大医院（或中心医院）的医疗服务和资源。

3. 区域图像存储与传输系统

基本模式：在某区域内建立医学影像中心，与区域内成员共享。此系统除了可共享医学影像资料之外，还可以提供现场拍片上传，实现远程诊断，这对于在当地没有足够诊断条件的医院，可借助于该系统获得远程诊断协助。

4. 区域卫生数据中心系统

基本模式：数据中心建立在某一行政区划内，由分布在众多医疗机构内的终端机经由网络收集各相关数据，经过汇总、统计、分析，将行政区划内的医疗运行状况呈现给主管部门管理者，为其决策提供数据信息支持。这个系统主要为主管部门提供服务。

5. 区域医疗协同系统

此协同系统可以实现真正的医疗数据互联互通、共建共享的目标，能够在大范围共享医疗文档。患者在任何一家医院诊断、治疗后，区域内的各家医院均能获取到该名患者的所有就诊、治疗记录；医生借助于此系统，能够为患者提供更准确的诊断和更有效的治疗，同时，也大大减少了转院后的重复检查和诊断，减轻了患者的经济负担。

（四）产品新功能不断完善，新产品不断创新

IT行业的发展以及5G等各种新技术的应用，将促使医疗产品种类、功能向多元化方向发展，并逐步推广和完善，如：建设数字化医院、建设完整的临床信息系统、建设无纸化电子病历。可以预期，我国医疗卫生信息化会朝着如下方向发展：呼叫中心的多样化、医疗资源的网络整合、医疗会诊的远程化、健康管理服务的信息化等。

（五）服务成为未来软件发展的新方向和主要盈利手段

随着软件产品逐步向服务转变的趋势，软件服务将成为主要发展方向和盈利手段。一方面，服务能力将逐步成为医疗机构选择IT供应商、合作伙伴时的主要因素，良好、高效的售前、售中和售后服务支持能力，以及针对性的咨询和培训工作等服务内容更加完善；另一方面，SaaS等新的商业运营模式也为软件通过服务来获取盈利成为可能。

四、智慧医疗简介及发展趋势

（一）智慧医疗的概念及特点

智慧医疗（WIT120，Wise Information Technology of 120）是最近几年出现的新的医疗概念，它利用当今蓬勃发展的物联网技术，通过不断提升的信息化技术，建立患者与医务人员、医疗机构、医疗设备之间的联系和互动，从而打造成为健康档案区域医疗信息平台。

智慧医疗是一套智能化的医疗体系，包含的子系统有：智慧医院、区域卫生、家庭健康，并且在各个子系统中建立联系并做有机整合。第一，智慧医院的组成主要有数字医院和提升应用两部分。数字医院的主要作用是收集、存储、处理、提取病人的诊疗信息和行政管理信息，并实现数据之间的交换；提升应用的主要作用是在数字医院建设过程中，将远程图像传输、大数据计算处理等技术引入其中，以此来提升医疗服务水平。第二，由区域卫生平台和公共卫生系统两部分组成的区域卫生系统，其主要职责是，对社区、医院、医疗科研机构、卫生监管部门记录的所有信息进行收集、处理和传输。第三，家庭健康系统可为市民提供随手可得的健康保障，具体包括：针对医生无法亲自前往诊断，或者患者不便移动的情况下，通过实时远程视频提供医疗诊断及指导，提供慢病的实时监测，以及对生活自理能力较弱的老年及幼儿病患提供远程看护，对智力障碍、行动不便的残疾人、传染病患者等提供健康状态监测，智能服药系统可对用药的时间、禁忌、药量剩余情况进行自动化提示。

在医疗信息化快速发展的将来，智慧医疗会得到迅速普及。在便携医疗终端方面，医务人员可通过手持终端设备，经由无线网络连接各类诊疗仪器，随时随地获取病人的病历信息和最新诊疗报告，并快速制定诊疗方案；医护人员也可在医院内任何一个查询终端登录并查询到医嘱和其他医学资料信息；病人转院时，病历和转院信息经由网络共享，使得任意一家医院均可查阅和参考……这些场景将逐步走入寻常百姓家的日常生活中。智慧医疗的特点主要有以下几个方面。

1. 医疗机构紧密互联

医生获得授权后，能够获取患者的病历、患史、治疗措施和保险细则等信息，患者依据实际情况，也可以对医生或医院进行选择。

2. 系统之间密切协作

各系统之间存储的医疗信息通过网络进行共享，降低了数据冗余，也减少了信息“孤岛”现象，有利于构建专业的医疗网络。

3. 提供实时监测及预警

系统可对重大医疗事件或者发展趋势进行监测、处理和分析，从而进行一定程度的预警，并能够快速响应、有效准确地提供有参考价值的决策支持。

4. 提供平等和普及化的医疗支持

乡镇医院、社区医院与中心医院互联互通，任何一家医院均可实时获取专家技术支持和建议、高效办理转诊手续以及对工作人员实施培训。

5. 技术创新促进研究

系统的智能化，有助于信息、数据以及知识的积累和完善，以及诊疗过程处理效率的提升，可有效推动临床创新和研究。

6. 提供可靠的信息

医生的诊断结论，可以通过互联的各类医疗信息、数据分析来获得科学的支撑。

（二）智慧医疗的发展趋势

1. 智慧医疗的现状

从移动医疗应用程序、医药电子商务到互联网医院，这些新事物的不断出现，使医疗事业的信息化、智能化趋势愈发明显。

各行各业都在“互联网+”的大环境下积极地探索着自身行业的变革与发展。自从大健康概念在“十三五”规划中被明确提出来以后，居民的自身健康意识，从被动、应对性的就医诊疗，向着主动、常态性的预防保健方向逐渐发生着变化，无论是医院诊断治疗还是日常保健的需求，都悄然发生着质变。我国虽然人口众多，但医疗资源的分配依然存在着不均衡不合理的情况，从世界范围看，中国的医疗资源仅占2%，国内城乡医疗服务水平差距悬殊，医疗智能化、信息化的呼声愈发强烈。

我国智慧医疗的兴起和发展，既有国家政策的扶持，也有越来越多的互联网企业的参与。随着我国社会老龄化趋势的加速，健康服务需求不断增长，自2014年开始，中央及地方政府就围绕智慧医疗、医药行业，颁布了一系列深化改革的政策，在政策方面奠定了智慧医疗的建设基础。国内医疗信息化解决方案市场规模在政策的促进下，迅速增长到108.5亿元，复合增长率自2015年至今，达到了29.6%，这类市场规模有望达到并可能超过500亿元。

由于智慧医疗发展迅速且前景广阔，百度、阿里巴巴、腾讯等互联网企业也相继涉足其中并进行投入和展开相关研发，例如，阿里巴巴创立的阿里健康和医疗云服务；互联网医疗生态链在腾讯、丁香园、众安保险三方协同建设下，目前已初见雏形；一些大型企业也采取并购等方式，对各类医疗资源进行整合，进一步丰富智慧医疗产业链。在投资规模方面，截止2016年，我国智慧医疗接近500亿元，预计到2020年，将扩大到1000亿元规模。

现阶段，我国智慧医疗的建设与发展、机遇与挑战并存，虽然其总体发展态势是稳步上升的，但是，还存在如下问题：一是医疗行业还处于较低水平的智能化、信息化，在整合和共享医疗资源方面，障碍较多。二是尚未有完整且有效地发挥机器、人工智能以及互联网的长处，去解决医生、医疗、医学方面难题的方法，这也是建设智慧医疗的困难之一。从另一个角度看，人工智能的发展，数据在其中起着不可忽视的基础作用，而在医疗数据的获取、处理、传输及共享等方面，亟待解决的困难依然较多，尚有极大的提升空间。要解决数据方面的基础性问题，需要统筹规划、建成大数据平台，并具备强大的可扩展性，以便能存储患者、各种病症（例）、健康指标等数据。三是平台建设的系统性和复杂性也是建设并发展智慧医疗的难点之一。

2. 智慧医疗未来发展方向

在人工智能、高速无线通信终端设备的应用和普及，以及国家政策支持、资本积极投入的大力助力下，智慧医疗建设的发展有以下几个方向。

（1）人工智能与大数据的融合，促进智慧医疗发展

当前智慧医疗的关注点之一，就是通过大数据分析，发挥辅助决策、疾病监控、健康管理等领域的关键作用，如当前百度建设并发布的“医疗大脑”，就是该技术的实践应用。百度医疗大脑是一款智能医疗产品，它的功能其实是模拟真人医生的诊断过程，最开始步骤也是问诊，在问诊的过程中与诊断对象充分交流，然后基于交流获取的信息对病症进行分析，再凭借后台庞大的医疗数据库和相关医学数据，反复验证所涉及的症状，最后能够为用户或患者提供相对准确的诊断结果和治疗建议。另外，在医学影像分析方面，人工智能技术的应用也愈发成熟，香港中文大学博士陈浩认为，在未来的几年内，人工智能的机器识别技术，在不久的将来有可能承担对病变组织样本医学影像的分析工作，从而实现人工智能问诊。

（2）NB-IoT + 物联网芯片 = 移动医疗设备商用

传统的移动医疗设备普遍基于Wi-Fi、蓝牙等通信手段，存在不能独立使用、功耗较高、隐私泄露等问题，难以促成用户形成良好的使用习惯。传统通信技术的缺点，会在下一代的NB-IoT/eMTC 通信技术的应用中得到改善甚至弥补，并且该通信技术会广泛应用于移动医疗设备中。从某种意义上可以认为，各通信运营商在发展、完善和部署自身通信技术或产品的同时，移动医疗设备

的商用化进程也得以加速，尤其以运动、心律、睡眠等检测为主的各类医疗设备发展较快，为迎合市场，满足用户需求，高通、华为等芯片厂商也纷纷推出可以支持 NB-IoT / eMTC 等通信技术的物联网芯片，助力移动医疗设备的商用。

（3）政策扶持，智能养老产业开始发力

随着人口老龄化的加剧，在2013−2015年期间，我国关于扶持养老产业发展发布了一系列的政策。在随后的几年，政策由扶持老人转向扶持产业、扶持市场。尽管目前我国智能养老产业还面临着盈利模式不清晰、养老项目融资难等问题，但是，随着时间的推移，新一代老年人口的教育水平、生活消费水平都有所改变，从长期发展来看，政策扶持智能养老产业，撬动的很可能是数以万亿计的银发市场。

（4）用户体验是医药电子商务竞争的切入点之一

近年来，越来越多的企业涉足医药电子商务，其中的主要原因就是医药电子商务的三证已经取消。但是，由于药品自身的特殊性决定了它与一般商品存在着显著差异，医药电商的发展，在相当大程度是受消费者的消费习惯与消费场景所影响。在国内居于医药电商领导地位的公司，均视用户体验的提升为重要努力方向，例如，通过建立质量控制部门，严把服务质量关的健客网；依托于自身发达的物流平台，保障药品物流效率的京东医药城；建立线下体验馆，为用户提供直观体验的康爱多。由此可见，医药电商在运营模式方面与普通的电商几乎相同，只有在保持住用户黏性、壮大用户基础上，才能保证营收。

（5）为智慧医疗提供电子元件的厂商发展潜力大

随着越来越多的居民在日常保健过程中使用医疗设备，人们愈发注重这些设备的智能化、人性化及安全可靠性等，因此，医疗健康设备的配件诸如相关传感器等，是各硬件供应商、开发商近年来重点把握的机遇市场。当前国内医疗资源从整体上看还是处于供不应求的状态，特别是需求量巨大的医疗设备领域。医疗配件的市场规模，中国在全球范围内都处于数一数二的地位，为医疗设备提供电子元件的众多厂商，有着较大的发展空间和潜力。

我国的智慧医疗起步较晚，虽然发展迅速，但仍处于探索研究阶段。根据近几年来的医疗行业发展态势看，市场需求是推动其发展的因素之一。我们相信，智慧医疗未来发展的必然结果是：以科技进步为融合切入，以人的需求为本，以数据为基础，找准智慧医疗的突破口，进而提高医疗效用并不断满足人们对健康日益增长的需求。

参考文献 CANKAO WENXIAN

[1] 赵越. 医学信息学[M]. 北京：清华大学出版社，2016.

[2] 谢维信，裴继红，李良群. 模糊信息处理理论与应用[M]. 北京：科学出版社，2018.

[3] 傅松滨. 医学生物学[M]. 北京：人民卫生出版社，2018.

[4] 傅松滨. 医学生物学[M]. 北京：人民卫生出版社，2004.

[5] 张闻，郑多. 医学生物学[M]. 北京：中国医药科技出版社，2016.

[6] 钟义信. 信息科学原理[M]. 北京：北京邮电学院出版社，1996.

[7] 黄崇福，王家鼎. 模糊信息分析与应用[M]. 北京：北京师范大学出版社，1992.

[8] 许乙凯，王绍武. 医学影像学[M]. 北京：高等教育出版社，2017.

[9] 孟悛非. 医学影像学[M]. 北京：高等教育出版社，2009.

[10] 宋伯根，裘莹. 疾病学概论[M]. 北京：清华大学出版社，2017.

[11] 李衍达，等. 信息科学技术概论[M]. 北京：清华大学出版社，2005.

[12] 谢维信. 工程模糊数学方法[M]. 西安：西安电子科技大学出版社，1991.

[13] 颜延，秦兴彬，樊建平，王磊. 医疗健康大数据研究综述[J]. 科研信息化技术与应用，2014，5（06）：3-16.

[14] 曹谢东. 模糊信息处理及应用[M]. 北京：科学出版社，2003.

[15] 胡宝清. 模糊理论基础[M]. 武汉：武汉大学出版社，2004.

[16] 李燕. 医学信息技术导论[M]. 兰州：兰州大学出版社，2014. 4.

[17] 师毅冰，等. 新编医学影像学[M]. 长春：吉林科学技术出版社，2016.

[18] 杨红梅，田翔华，周毅. 电子病历对基于知识网络的精准医学的支撑及模式研究[J]. 中国数字，2017，12（8）：29-31.

[19] 朱雯，朱卫国，董方杰，等. 互联互通标准化测评促进医院信息化建设[J]. 中国卫生信息管理杂志，2016，13（4）：352-355.

[20] 王磊，齐明，魏兼元. 互联互通在医院信息管理中的实践应用[J]. 医学信息学，2016，37（8）：53-55.

[21] 陈欣. 云计算理念下对医院信息化建设的思考[J]. 医学信息，2017，30（20）：16-17.

[22] 许培海，黄匡时. 我国健康医疗大数据的现状、问题及对策[J]. 中国数字医学，2017，12（5）：24-26.

[23] 沈韬. 中国医院信息化建设进展[J]. 中国数字医学，2017，12（7）：37-42.

[24] 杨阳. 区域医疗信息化猜想——医院信息化现状调查[J]. 当代医学，2007，5：22-26.

[25] Stephanie O. Zandieh，Kahyun Yoon-Flannery，Gilad J. Kuperman. et al. Challenges to EHR Implementation in Electronic-Versus Paper-based Office Practices[J]. Journal of General Internal Medicine，2008，23（6）：755-761.

[26] 黄素华. 我国电子病案发展概况[J]. 广西医学，2004（06）：93-95.
[27] 侯凯文，赵升阳，李明利，张桂祯，张丽霞. 电子病历发展展望[J]. 西南军医，2006（01）：84-85.
[28] 何华，刘齐宁，王惠芳，侯敏全. 电子病历及其在临床中的应用[J]. 中国现代医学杂志，2003（21）：168-170.
[29] 商振和，李梅，单会强. 浅述现代化设备在病案信息管理中的应用[J]. 办公自动化，2007（06）：10-11.
[30] 屠美玲. 电子病历起革命[J]. 科学时代，2003（17）：32-33.
[31] 李明. 国外电子病历的发展现状及其对我国的启示[J]. 医学信息(上旬刊)，2011（3）：1478-1481.
[32] 娄海容. 国外电子病案现状及前景[J]. 现代医院，2003（01）：78-80.
[33] 白玲. 基于互联互通的区域医疗数据中心建设研究[J]. 医学信息，2018（9）：3-3.
[34] 李洲，白尚旺，李俊吉. 社区医疗信息系统的设计与实现[J]. 太原科技，2007（4）：40-41，43.
[36] 张燕，刘晶，高非. 信息共享与医院现代化[J]. 基层医学论坛，2006，10（5）：385-386.
[37] 刘谦. 建立服务于远程医疗系统的区域性的医疗信息交换中心[J]. 医疗设备信息，2003，18（4）：24-26.
[39] 张庆，高上凯. HIL7 网关的设计和实现[J]. 生物医学工程学杂志，2003，20（1）：111-115.
[40] 例潘林，余轮，陈金雄. 远程医疗信息共享平台网络架构的研究[J]. 中国医疗器械杂志，2006，30（4）：293-295.
[41] 何琳. 区域医疗信息共享平台构建理论与实践的研究[D]. 天津：天津医科大学，2010.
[42] 常海庆，林平光，孙秀伟. 从网络治疗年会主题看国际医疗信息[J]. 医疗保健器具，2007（05）：16-18.
[43] 王志伟. 城市社区卫生服务可持续发展研究[D]. 上海：华东师范大学，2008.
[44] 邓颖思. 浅谈社区医疗卫生信息系统建设[J]. 人人健康《医学导刊》，2008（03）：116-116.
[45] 刘杰. 区域医疗信息化破局[J]. 中国医院院长，2007（13）：10-10.
[46] 肖浩. 北京市信息化支撑双向转诊的现状和目标[J]. 社区，2007（10）：27-29.
[47] 谭萌. 我国医院分级收费制的资源配置效应[D]. 上海：复旦大学，2010.
[48] 李川. 基于一卡通模式的医院数字化门诊系统的设计与实现[D]. 山东：山东大学，2013.
[49] 医疗信息化行业发展现状分析及2020年发展趋势预测：https：//www. yigoonet. com/article/22534937. html.
[50] 医学教育网. 疾病发生的四大基本机制[EB/OL]. [2017-07-17]. http：//www. med66. comnchuangyishi/fudaopeixun1707179859. html.
[51] Interfaceware Inc. Best Design Practice for HL7 Interfaces[EB/OL]. [2019-7-25]. http：//www. interfaceware. com/manual/design. html.
[52] 代涛. 健康医疗大数据发展应用的思考[J]. 医学信息学杂志，2016，37（02）：2-8.
[53] P. Zikopoulos，C. Eaton，D. deRoos，T. Deutsch，and G. Lapis. IBM Understanding Big Data：Analytics for Enterprise Class Hadoop and Streaming Data. McGraw-Hill Companies，In-

corporated，2011.

[54] Zadeh L A. Fuzzy sets[J]. Information and Control，1965，8（3）：338-353.

[55] Linfeng Wu; Sophie I. Candille; Yoonha Choi; Dan Xie; Lihua Jiang; Jennifer Li-Pook-Than; Hua Tang; Michael Snyder（2013）. "Variation and genetic control of protein abundance in humans". Nature. 499（7456）: 79-82.

[56] Hamburg MA， Collins FS. "The Path to Personalized Medicine". New England Journal of Medicine（NEJM）. 2002（4）：301-304.

[57] Wang J，Wang W，Li R，et al. The diploid genome sequence of an Asian individual. Nature，2008，456：60-65.

[58] 宁康，陈挺. 生物医学大数据的现状与展望[J]. 科学通报，2015，60（Z1）：534-546.

[59] Chen R，Snyder M. Systems biology：Personalized medicine for the future? Curr Opin Pharmacol，2012，12：623-628.

[60] 谢立，杨旭辉，王婧，等. 基于非处方药销售的流感样病例残差预警研究[J]. 中国预防医学杂志，2014，15（8）：724-728.

[61] 李印东，王全意，李玉堂，等. 学校因病缺课监测预警阈值的研究[J]. 首都公共卫生，2008，2（3）：112-115.

[62] 董斌. 数据挖掘和 GIS 在突发公共卫生事件管理系统中的应用[D]. 电子科技大学，2010.

[63] Y. Li et al. ，Potential impact of time trend of life-style factors on cardiovascular disease burden in China[J]. Journal of the American College of Cardiology，23 August 2016，Vol. 68（8）：818-833.

[64] T. T. -Y. Lam et al. ，The genesis and source of the H7N9 influenza viruses causing human infections in China[J]. Nature，2013，502（7470）：241.

[65] 王弈，李传富. 人工智能方法在医学图像处理中的研究新进展[D]. 2013.

[66] 杜志江，孙立宁，富历新. 外科手术机器人技术发展现状及关键技术分析[D]. 2003.

[67] P. Moeskops，M. A. Viergever，A. M. Mendrik，L. S. de Vries，M. J. Benders，and I. Išgum，Automatic segmentation of MR brain images with a convolutional neural network[J]. IEEE transactions on medical imaging，2016，35（5）：1252-1261.

[68] K. Kamnitsas et al. ，Efficient multi-scale 3D CNN with fully connected CRF for accurate brain lesion segmentation[J]. Medical image analysis，2017（36）：61-78.

[69] T. Brosch，L. Y. Tang，Y. Yoo，D. K. Li，A. Traboulsee，and R. Tam，Deep 3D convolutional encoder networks with shortcuts for multiscale feature integration applied to multiple sclerosis lesion segmentation[J]. IEEE transactions on medical imaging，2016，35（5）：1229-1239.

[70] P. Dvořák and B. Menze，Local structure prediction with convolutional neural networks for multimodal brain tumor segmentation[C]. International MICCAI Workshop on Medical Computer Vision，2015：59-71.

[71] S. Pereira，A. Pinto，V. Alves，and C. A. Silva，Brain tumor segmentation using convolutional neural networks in MRI images[J]. IEEE transactions on medical imaging，2016，35（5）：1240-1251.

[72] J. Dolz et al. ，Stacking denoising auto-encoders in a deep network to segment the brainstem

on MRI in brain cancer patients: a clinical study[J]. Computerized Medical Imaging and Graphics，2016（52）：8-18.

[73] K. Hirata et al.，Convolutional neural network can help differentiate FDG PET images of brain tumor between glioblastoma and primary central nervous system lymphoma[J]. Journal of Nuclear Medicine，2016，57（supplement 2）：1855-1855.

[74] F. Li，L. Tran，K. -H. Thung，S. Ji，D. Shen，and J. Li，A robust deep model for improved classification of AD/MCI patients[J]. IEEE journal of biomedical and health informatics，2015，19（5）：1610-1616.

[75] H. -I. Suk，S. -W. Lee，D. Shen，and A. s. D. N. Initiative，Latent feature representation with stacked auto-encoder for AD/MCI diagnosis[J]. Brain Structure and Function，2015，220（2）：841-859.

[76] J. Kawahara et al.，BrainNetCNN：convolutional neural networks for brain networks；towards predicting neurodevelopment[J]. NeuroImage，2017，Vol. 146：1038-1049.

[77] V. K. Ithapu et al.，Imaging-based enrichment criteria using deep learning algorithms for efficient clinical trials in mild cognitive impairment[J]. Alzheimer's & Dementia，2015，11（12）：1489-1499.

[78] V. D. Calhoun，L. Wu，K. A. Kiehl，T. Eichele，and G. D. Pearlson，Aberrant processing of deviant stimuli in schizophrenia revealed by fusion of fMRI and EEG data[J]. Acta Neuropsychiatrica，2010，22（3）：127-138.

[79] N. M. Correa，T. Adali，Y. -O. Li，and V. D. Calhoun，Canonical correlation analysis for data fusion and group inferences[J]. IEEE signal processing magazine，2010，27（4）：39-50.

[80] X. Meng et al.，Predicting individualized clinical measures by a generalized prediction framework and multimodal fusion of MRI data[J]. Neuroimage，2017，Vol. 145：218-229.

[81] H. Liao et al.，An integrated diagnosis and therapeutic system using intra-operative 5-aminolevulinic-acid-induced fluorescence guided robotic laser ablation for precision neurosurgery [J]. Medical image analysis，2012，16（3）：754-766.

[82] H. Meng，Y. Jin，S. Zhang，S. Zhang，X. Ma，and J. Tian，"Imaging-guided brain tumor surgery strategy based on a triple-modality MRI-PET-fluorescence imaging probe and imaging analysis，" ed：AACR，2017.

[83] T. Zhou，T. Ando，K. Nakagawa，H. Liao，E. Kobayashi，and I. Sakuma，Localizing fluorophore（centroid）inside a scattering medium by depth perturbation[J]. Journal of Biomedical Optics，January 2015，Vol. 20(1)，pp. 017003.

[84] F. Chen，D. Wu，and H. Liao，Registration of CT and ultrasound images of the spine with neural network and orientation code mutual information[C]. International Conference on Medical Imaging and Augmented Reality，August 2016：292-301.

[85] M. Preuss et al.，Integrated PET/MRI for planning navigated biopsies in pediatric brain tumors [J]. Child's nervous system，2014，30（8）：1399-1403.

[86] 张力伟，王忠诚. 脑干胶质瘤治疗现状[J]. 中国微侵袭神经外科杂志，2010，15（4）：145-147.

[87] 李苗，刘佳，泮长存，汤劼，张力伟，廖洪恩. 基于 DTI 图像的脑干肿瘤术前路径自动规

划设计[J]. 中国医疗设备，2017，32（8）：55-59.

[88] Y. Liu，S. Li，and Z. Xia，Path planning efficiency maximization for ball-picking robot using machine learning algorithm[C]. 2015 International Conference on Intelligent Transportation，Big Data and Smart City，December 2015：551-555.

[89] E. Dorileo，A. Albakri，N. Zemiti，and P. Poignet，Simplified adaptive path planning for percutaneous needle insertions[C]. 2015 IEEE International Conference on Robotics and Automation（ICRA），May 2015：1782-1788.

[90] F. Chen，J. Liu，and H. Liao，3D catheter shape determination for endovascular navigation using a two-step particle filter and ultrasound scanning[J]. IEEE transactions on medical imaging，2017，36（3）：685-695.

[91] X. Zhang，G. Chen，and H. Liao，High-quality see-through surgical guidance system using enhanced 3-D autostereoscopic augmented reality[J]. IEEE Transactions on Biomedical Engineering，2017，64（8）：1815-1825.

[92] Y. Gong，D. Hu，B. Hannaford，and E. J. Seibel，Toward real-time endoscopically-guided robotic navigation based on a 3D virtual surgical field model[C]. Medical Imaging 2015：Image-Guided Procedures，Robotic Interventions，and Modeling，2015，Vol. 9415，pp. 94150C：International Society for Optics and Photonics.

[93] 祝丙华，王立贵，孙岩松，宋宏彬. 基于大数据传染病监测预警研究进展[J]. 中国公共卫生，2016，32（9）：1276-1279.

[94] 崔泳. “以患者为中心”的临床信息系统[EB/OL]. 2010-02-01. http：//news. hc3i. cn/art/201002/2039. html.

[95] 闫殿东，文静. 浅谈医院电子病历的发展与应用[J]. 医学信息，2013（7）：47.

[96] 李震，王关莲，钊剑. 电子病历的开发与应用[J]. 信息技术与信息化，2013（3）：72-73.

[97] 丁丽萍. 大数据时代电子病历应用前景探析[J]. 档案，2015（02）：48-51.

[98] 2015-2016 全国医院信息化建设投入情况概要[N/OL]. 2016-11-19. http：//www. cnhiic. com/about/795. html.

[99] WHO. A health telematics policy in support of WHO's Health-For-All strategy for global health development：report of the WHO group consultation on health telematics，11-16 December，Geneva，1997. Geneva，World Health Organization，1998.

[100] 周毅，林海武，耿庆山，张媛. 远程医疗系统的构成及其新进展[J]. 中国数字医学，2009，4（09）：21-23.

[101] 张志彬. 远程医疗的应用及发展现状研究[J]. 医疗装备，2008（12）：4-6.

[102] 侯小丽，陈谊秋. 远程医疗的研究现状与发展前景[J]. 中国医疗器械信息，2013，19（07）：9-11+20.

[103] 曲蕴慧. 浅谈移动医疗系统的前景与应用[J]. 科技视界，2013（13）：182+90.

[104] 杜加懂. 智能医疗应用场景及需求分析[J]. 电信网技术，2013（08）：27-31.

[105] 倪明选，张黔，谭浩宇，罗吴蔓，汤小溪. 智慧医疗——从物联网到云计算[J]. 中国科学：信息科学，2013，43（04）：515-528.

[106] 王秀民，张军，袁浩，王泠，刘帆. 智能化病房基数药品管理系统的设计与实践[J]. 中国护理管理，2013，13（09）：10-12.

[107] 魏慧强，田从豁. 一个人类医学模式发展史的新里程碑[J]. 中华中西医临床杂志，2003（8）：884-886.

[108] 王鸿春，马仲良，鹿春江. 转变医疗模式政策研究[J]. 前线，2008（07）：46-49.

[109] 国务院办公厅. 中国防治慢性病中长期规划（2017—2025）[Z]. 2017.

[110] 吴小明，李安明. 我国健康管理的现状与思考[J]. 卫生经济研究，2009（5）：38-39.

[111] 范月蕾，马征远，毛开云. 个体化医疗技术与市场分析[J]. 生物产业技术，2017（03）：15-20.

[112] 庄礼帆. 浅析医疗器械设备的自动化发展及应用[J]. 时代农机，2018，45（06）：61-62.

[113] 李建功，赵文东，王宁，康桂霞. 移动医疗终端呈现四大发展趋势[J]. 通信世界，2011（30）：19.

[114] 陈骞. 智能可穿戴设备在医疗健康领域的发展与应用[J]. 上海信息化，2014（12）：83-85.

[115] Lavra et al.，Data mining and visualization for decision support and modeling of public health-care resources[J]. Journal of Biomedical Informatics，2007，40（4）：438-447.

[116] 于长春，贺佳，范思昌，马修强，陆健，贺宪民. 数据挖掘技术在医学领域中的应用[J]. 第二军医大学学报，2003（11）：1250-1252.

[117] 牟冬梅，冯超，王萍. 数据挖掘方法在医学领域的应用及SWOT分析[J]. 医学信息学杂志，2015（1）：53-57.

[118] Y. Bedard et al.，Integrating gis components with knowledge discovery technology for environmental health decision support[J]. International Journal of Medical Informatics，2003，70（1）：79-94.

[119] W. Li et al.，Multiparametric ultrasomics of significant liver fibrosis：A machine learning-based analysis[J]. European Radiology，2019，29（3）：1496-1506.

[120] O. Sporns，G. Tononi，and R. Kotter，The Human Connectome：A Structural Description of the Human Brain[J]. PLOS Computational Biology，2005，1（4）：245-252.

[121] F. J. Varela，J. Lachaux，E. Rodriguez，and J. Martinerie，The brainweb：phase synchronization and large-scale integration[J]. Nature Reviews Neuroscience，2001，2（4）：229-239.

[122] W. Li，Z. Wang，L. Zhang，L. Qiao，and D. Shen，Remodeling Pearson's correlation for functional brain network estimation and autism spectrum disorder identification[J]. Frontiers in neuroinformatics，2017（11）：55.

[123] J. Lehrer，Neuroscience：Making connections[J]. Nature，2009，457（7229）：524-527.

[124] E. T. Bullmore and O. Sporns，Complex brain networks：graph theoretical analysis of structural and functional systems[J]. Nature Reviews Neuroscience，2009，10（3）：186-198.

[125] C. J. Stam，B. F. Jones，G. Nolte，M. Breakspear，and P. Scheltens，Small-World Networks and Functional Connectivity in Alzheimer's Disease[J]. Cerebral Cortex，2006，17（1）：92-99.

[126] C. J. Stam et al.，Graph theoretical analysis of magnetoencephalographic functional connectivity in Alzheimer's disease[J]. Brain，2009，132（1）：213-224.

[127] K. Supekar，V. Menon，D. L. Rubin，M. A. Musen，and M. D. Greicius，Network Analysis of Intrinsic Functional Brain Connectivity in Alzheimer's Disease[J]. PLOS Computational

Biology, 2008, Vol. 4(6), p. e1000100.

[128] R. L. Buckner et al. , Cortical Hubs Revealed by Intrinsic Functional Connectivity: Mapping, Assessment of Stability, and Relation to Alzheimer's Disease[J]. The Journal of Neuroscience, 2009, 29 (6): 1860-1873.

[129] S. Micheloyannis et al. , Small-world networks and disturbed functional connectivity in schizophrenia[J]. Schizophrenia Research, 2006, 87 (1): 60-66.

[130] P. E, V. M, and S. P, Working memory in schizophrenia: An EEG study using power spectrum and coherence analysis to estimate cortical activation and network behavior. [J]. Brain Topogr, 2008 (21): 128-130.

[131] M. Rubinov et al. , Small-World Properties of Nonlinear Brain Activity in Schizophrenia[J]. Human Brain Mapping, 2009, 30 (2): 403-416.

[132] Y. Liu et al. , Disrupted small-world networks in schizophrenia[J]. Brain, 2008, 131 (4): 945-961.

[133] L. Wang et al. , Altered small-world brain functional networks in children with attention-deficit/hyperactivity disorder[J]. Human Brain Mapping, 2009, 30 (2): 638-649.

[134] X. Zhang et al. , Social network theory applied to resting-state fMRI connectivity data in the identification of epilepsy networks with iterative feature selection[J]. Journal of Neuroscience Methods, 2011, 199 (1): 129-139.

[135] S. Leistedt, N. Coumans, M. Dumont, J. P. Lanquart, C. J. Stam, and P. Linkowski, Altered Sleep Brain Functional Connectivity in Acutely Depressed Patients[J]. Human Brain Mapping, 2009, 30 (7): 2207-2219.

[136] J. Wang et al. , Parcellation - dependent small - world brain functional networks: A resting-state fMRI study[J]. Human Brain Mapping, 2009, 30 (5): 1511-1523.

[137] X. Liang et al. , Different correlation metrics reveal different topological patterns in the human brain functional networks[J]. NeuroImage, 2009, Vol. 47, pp. S170-S170.

[138] W. Li, L. Qiao, L. Zhang, Z. Wang, and D. Shen, Functional Brain Network Estimation with Time Series Self-scrubbing[J]. IEEE Journal of Biomedical and Health Informatics, 17 January 2019, pp. 1-1

[139] Y. He et al. , Regional coherence changes in the early stages of Alzheimer's disease: a combined structural and resting-state functional MRI study[J]. Neuroimage, 2007, 35 (2): 488-500.

[140] C. J. Honey, R. Kötter, M. Breakspear, and O. Sporns, Network structure of cerebral cortex shapes functional connectivity on multiple time scales[J]. Proceedings of the National Academy of Sciences, 2007, 104 (24): 10240-10245.

[141] M. D. Greicius, K. Supekar, V. Menon, and R. F. Dougherty, Resting-state functional connectivity reflects structural connectivity in the default mode network[J]. Cerebral cortex, 2009, 19 (1): 72-78.

[142] C. -h. Park, S. Y. Kim, Y. -H. Kim, and K. Kim, Comparison of the small-world topology

between anatomical and functional connectivity in the human brain[J]. Physica A：statistical mechanics and its applications，2008，387（23）：5958-5962.

[143] C. J. Honey et al.，Predicting human resting-state functional connectivity from structural connectivity[J]. Proc Natl Acad Sci U S A，2009，106（6）：2035-2040.

[144] M. Peifer et al.，Telomerase activation by genomic rearrangements in high-risk neuroblastoma[J]. Nature，2015，526（7575）：p. 700.

[145] A. Osterman and R. Overbeek，Missing genes in metabolic pathways：a comparative genomics approach[J]. Current opinion in chemical biology，2003，7（2）：238-251.

[146] A. Conesa，S. Götz，J. M. García-Gómez，J. Terol，M. Talón，and M. Robles，Blast2GO：a universal tool for annotation，visualization and analysis in functional genomics research[J]. Bioinformatics，2005，21（18）：3674-3676.

[147] M. R. Wilkins et al.，From proteins to proteomes：large scale protein identification by two-dimensional electrophoresis and arnino acid analysis[J]. Bio/technology，1996，14（1）：61.

[148] G. J. Milinovich，G. M. Williams，A. C. Clements，and W. Hu，Internet-based surveillance systems for monitoring emerging infectious diseases[J]. The Lancet infectious diseases，2014，14（2）：160-168.

[149] P. M. Polgreen，Y. Chen，D. M. Pennock，F. D. Nelson，and R. A. Weinstein，Using internet searches for influenza surveillance[J]. Clinical infectious diseases，47（11）：1443-1448，2008.

[150] A. Hulth，G. Rydevik，and A. Linde，Web queries as a source for syndromic surveillance [J]. PloS one，2009，Vol. 4(2)，p. e4378.

[151] J. Ginsberg，M. H. Mohebbi，R. S. Patel，L. Brammer，M. S. Smolinski，and L. Brilliant，Detecting influenza epidemics using search engine query data[J]. Nature，2008，Vol. 457(7232)，p. 1012.

[152] B. M. Althouse，Y. Y. Ng，and D. A. T. Cummings，Prediction of Dengue Incidence Using Search Query Surveillance[J]. PLOS Neglected Tropical Diseases，2011，Vol. 5(8)，p. e 1258.

[153] 于伟文，等. 利用网络数据分析我国活禽市场与人感染 H7N9 禽流感病例的地理关系[J]. 中华流行病学杂志，2014，35（3）：266-270.

[154] Q. Yuan，E. O. Nsoesie，B. Lv，G. Peng，R. Chunara，and J. S. Brownstein，Monitoring influenza epidemics in china with search query from baidu[J]. PloS one，2013，8（5）：p. e 64323.

[155] E. H. Chan，V. Sahai，C. Conrad，and J. S. Brownstein，Using web search query data to monitor dengue epidemics：a new model for neglected tropical disease surveillance[J]. PLoS neglected tropical diseases，2011，5（5）：p. e1206.

[156] 辛妍，Bio. Diaspora：基于大数据的疫情扩散预测[J]. 新经济导刊，2014（11）：44-48.

[157] J. O'Donovan and A. Bersin，Controlling Ebola through mHealth strategies[J]. The Lancet Global Health，January 2015，Vol. 3(1)，pp. e22-e22.

[158] 曾晓露，等. 基于遥感与地理信息的海南地区疟疾疫情相关性研究[J]. 第三军医大学学

报，2015，37（8）：821-826.

[159] 钟少波. GIS和遥感应用于传染病流行病学研究[D]. 北京：中国科学院，2006.

[160] K. L. Russell et al.，The Global Emerging Infection Surveillance and Response System（GEIS），a US government tool for improved global biosurveillance：a review of 2009[J]. BMC Public Health，2011 Mar 4，Vol. 11：S2.

[161] Y. Zou，Y. Peng，L. Deng，and T. Jiang，Monitoring infectious diseases in the big data era [J]. Science Bulletin，2015，60（1）：144.

[162] R. R. Kao，D. T. Haydon，S. J. Lycett，and P. R. Murcia，Supersize me：how whole-genome sequencing and big data are transforming epidemiology[J]. Trends in Microbiology，2014，22（5）：282-291.

[163] 蒋敏，李晓松，杜娟，段磊. 关联规则在挖掘患者就医行为模式研究中的应用[J]. 现代预防医学，2007，Vol34：1663-1669.

[164] 李卫红，陈业滨，闻磊. 基于 GA-BP 神经网络模型的登革热时空扩散模拟[J]. 中国图象图形学报，2015，20（7）：981-991.

[165] 秦永平，王丽萍，孙庆，李哲. 基于数据仓库的突发公共卫生事件预警预报系统[J]. 计算机工程与设计，2010，31（13）：3119-3122.

[166] I. -N. Lee，S. -C. Lee，and M. Embrechts，Important variable selection techniques with multiple solutions for medical information applications[J]. Medical informatics and the Internet in medicine，2002，27（4）：253-266.

[167] 张吉凯，胡毅玲，胡巢凤，罗耀星，林伟生，吴赤蓬. 聚类在流行病学分层分析中的应用[J]. 中华流行病学杂志，2003，24（7）：83-85.

[168] Y. Bédard et al.，Integrating GIS components with knowledge discovery technology for environmental health decision support[J]. International journal of medical informatics，2003，70（1）：79-94.

[169] S. Dreiseitl，L. Ohno-Machado，H. Kittler，S. Vinterbo，H. Billhardt，and M. Binder，A comparison of machine learning methods for the diagnosis of pigmented skin lesions[J]. Journal of biomedical informatics，2001，34（1）：28-36.

[170] 李江平，毕育学，颜虹. 数据挖掘技术在现场流行病学调查资料中的应用[J]. 中国初级卫生保健，2011（8）：9-12.

[171] G. Yang et al.，Rapid health transition in China，1990-2010：findings from the Global Burden of Disease Study 2010[J]. The lancet，2013，Vol. 381（9882）：1987-2015.

[172] G. J. Musa et al.，Use of GIS Mapping as a Public Health Tool-From Cholera to Cancer[J]. Health services insights，Nov 19，2013，p. 111(6).

[173] 赵金. GIS（地理信息系统）基于 HER（电子健康档案）在公共卫生中的应用[J]. 医学信息，2010，23（11）：3939-3941.

后记

HOU JI

本书共五章，详细介绍了信息医学及医学信息化的相关理论及应用知识：第一章主要介绍信息科学与技术、疾病以及医学大数据的相关概念；第二章主要介绍信息医学中的信息加工过程；第三章主要介绍信息医学中的信息高新技术；第四章主要介绍医疗信息化的基础平台；第五章主要介绍我国医疗卫生信息化行业现状及趋势。

本书由李泰峰、许毅主编，其中第一章第一、二节，第二章的第二节，第四章第二、三节，第五章由许毅编写；第四章第一节由舒韩钰子编写；第一章第三节、第三章第一节由李泰峰、曾行编写；第二章第一节、第三章第二节以及其他章节内容补充，由李泰峰、毕文伟负责。第四章内容的修改、完善由郭亨艺负责，全书由李泰峰、许毅、毕文伟负责统稿。

本书的出版与编写组各位成员的明确分工和不懈努力密不可分，再次向一同工作的同事们表示感谢！同时，感谢电子科技大学出版社对此书的出版给予的大力帮助和支持，以及本书责编的认真负责！最后，感谢书中所列参考文献的作者，没有他们的经验就没有此书的出版！

限于编者水平和时间，书中的不妥和错误之处在所难免，恳请广大读者及同行批评指正。

编　者

2019年8月

后记